DeepSeek
全场景应用

管永川 著

中国人民大学出版社
·北京·

图书在版编目（CIP）数据

DeepSeek 全场景应用/管永川著. -- 北京：中国人民大学出版社，2025.4. -- ISBN 978-7-300-33871-2
Ⅰ. TP18
中国国家版本馆 CIP 数据核字第 2025K37Y69 号

DeepSeek 全场景应用
管永川　著
DeepSeek Quanchangjing Yingyong

出版发行	中国人民大学出版社			
社　　址	北京中关村大街 31 号		邮政编码	100080
电　　话	010-62511242（总编室）		010-62511770（质管部）	
	010-82501766（邮购部）		010-62514148（门市部）	
	010-62511173（发行公司）		010-62515275（盗版举报）	
网　　址	http://www.crup.com.cn			
经　　销	新华书店			
印　　刷	中煤（北京）印务有限公司			
开　　本	720 mm×1000 mm　1/16		版　次	2025 年 4 月第 1 版
印　　张	22.25		印　次	2025 年 10 月第 3 次印刷
字　　数	402 000		定　价	79.00 元

版权所有　　侵权必究　　印装差错　　负责调换

前言
{掌握与 AI 对话的通用法则}

> 亲爱的读者，欢迎你翻开这本《DeepSeek 全场景应用》实用指南！

此刻，你手握的是一把通往智能时代的钥匙——它将为你开启与人工智能（AI）高效对话的能力之门。你正在使用的无论是 DeepSeek，还是豆包、腾讯元宝、通义、ChatGPT、Gemini、Grok、Claude 等任何主流 AI，这本书都将帮你突破平台限制，掌握与所有智能模型高效协作的核心秘诀。

在这个 AI 百花齐放的时代，新模型层出不穷，单一工具的技巧转瞬即逝。但有一条规律始终不变：精准的提问逻辑与有效的沟通策略，才是释放任意 AI 潜力的关键所在。

为什么你需要这本书？

如果你曾遇到这些困扰：
- 花费时间与 AI 对话，却总是得不到理想的回答。
- 在众多 AI 工具间切换，但始终找不到得心应手的感觉。
- 看到别人能用 AI 创造价值，自己却不知从何入手。
- 希望掌握一套"一次学习，终身受用"的 AI 对话方法。

那么，这本书将成为你在智能时代的必备指南。

超越工具界限，掌握核心能力

通过本书，你将收获：

- 通用提示词框架：以 DeepSeek 为例，适用于所有主流 AI 的黄金提问模板。
- 智能问题拆解法：让任何 AI 都能精准理解你的复杂需求。
- 回答优化技巧：在不同平台都能获得高质量输出的核心方法。
- 实战应用策略：将 AI 能力转化为个人生产力的完整路径。

如何从本书获得最大价值？

- 即学即用：每个技巧都可立即在你常用的 AI 上验证效果。
- 举一反三：书中的 DeepSeek 案例思路，可以轻松迁移到其他平台。
- 模板积累：建立属于你自己的高效提示词库。
- 融会贯通：将基础方法与个人使用场景深度结合。

全书精华导览：
- 基础篇：掌握与任何 AI 高效对话的底层逻辑。
- 行业应用篇：覆盖工作、学习、创作等多场景的实战方案。
- 进阶技巧篇：提升 AI 输出质量的深度优化技巧。
- 未来展望篇：在技术迭代中持续领先的思维模式。

AI 工具会不断进化，但人与机器协作的底层能力将成为你的持久竞争力。现在，让我们一起开启这段旅程，驶向 AI 高效能应用的快车道。

目 录
{CONTENTS}

第一部分 基础篇

第 1 章 认识你的 AI 小伙伴——DeepSeek ············ **003**

    1.1 DeepSeek 是什么，从哪里来 ············ 003
    1.2 DeepSeek 能做什么——核心功能介绍 ············ 004
    1.3 为什么选择 DeepSeek——与其他 AI 助手的比较 ············ 006
    1.4 入门必知：基本概念简明解释 ············ 007
    本章小结：认识你的 AI 小伙伴——DeepSeek ············ 009

第 2 章 如何正确"对话"——提示词设计指南 ············ **010**

    2.1 提示词的基本结构与黄金法则 ············ 010
    2.2 如何精准描述你的需求 ············ 012
    2.3 角色扮演与情境设置：让 AI 更懂你的需求 ············ 014
    2.4 如何设定回答的格式和范围 ············ 017
    2.5 实用提示词模板库 ············ 020
    本章小结：如何正确"对话"——提示词设计指南 ············ 027

第 3 章 DeepSeek 使用基础 ············ **029**

    3.1 界面简介：了解 DeepSeek 的"驾驶舱" ············ 029
    3.2 对话记录管理：整理你的"知识宝库" ············ 030
    3.3 文件上传功能：让 AI 帮你"读"文档 ············ 032

3.4 不同模式的选择：为不同任务选择合适的"工具" ……………… 034
3.5 疑难解答：解决使用中的常见问题 ………………………………… 036
本章小结：DeepSeek 基础操作要点 ……………………………………… 039

第二部分　行业应用篇

第 4 章　学习与教育应用 …………………………………………… 043

4.1 学生的秘密武器：考试复习与作业辅导 ……………………… 043
4.2 教师的得力助手：教学设计与评估 …………………………… 046
4.3 学术研究的智能支持 …………………………………………… 050
本章小结：学在 AI 时代 …………………………………………………… 054

第 5 章　职场办公应用 ……………………………………………… 055

5.1 文档小帮手：让写作变得轻松自如 …………………………… 055
5.2 数据助理：让数字说话 ………………………………………… 060
5.3 项目管理助理：从混乱到有序 ………………………………… 065
本章小结：让 AI 助长你的职场超能力 …………………………………… 070

第 6 章　营销与内容创作 …………………………………………… 071

6.1 社交媒体内容策划 ……………………………………………… 071
6.2 品牌营销与推广 ………………………………………………… 079
6.3 创意写作与内容优化 …………………………………………… 092
本章小结：DeepSeek 驱动的内容营销革新 …………………………… 105

第 7 章　技术与开发应用 …………………………………………… 107

7.1 编程辅助 ………………………………………………………… 107
7.2 产品设计与用户体验 …………………………………………… 117
7.3 技术文档与知识库 ……………………………………………… 121
本章小结：技术与开发的 AI 助力 ……………………………………… 126

第 8 章　金融与投资分析 …………………………………………… 128

8.1 市场研究与分析 ………………………………………………… 128

8.2 投资决策辅助 ······ 131
8.3 金融文档处理 ······ 135
本章小结：金融与投资的 AI 智能分析 ······ 138

第 9 章　医疗健康应用 ······ 140
9.1 健康管理与生活方式 ······ 140
9.2 医学知识辅助 ······ 143
9.3 医疗专业人员辅助 ······ 146
本章小结：医疗健康的智慧顾问与知识伙伴 ······ 150

第 10 章　法律与咨询服务 ······ 151
10.1 法律资料研究 ······ 151
10.2 咨询服务辅助 ······ 160
10.3 合规与风险管理 ······ 170
本章小结：法律与咨询的智能协作助手 ······ 180

第 11 章　创意与设计行业 ······ 182
11.1 创意构思与灵感激发 ······ 182
11.2 设计辅助与反馈 ······ 187
11.3 创意项目管理 ······ 190
本章小结：创意与设计的灵感催化引擎 ······ 194

第 12 章　解锁日常生活的智慧助手 ······ 196
12.1 明智决策：从纠结到果断 ······ 196
12.2 知识炼金术：从学习到掌握 ······ 200
12.3 关系炼金术：从困惑到连接 ······ 204
本章小结：日常决策与个人成长的智能化导航 ······ 207

第三部分　进阶技巧篇

第 13 章　多轮对话策略 ······ 211
13.1 对话规划与目标设定 ······ 211

13.2 渐进式信息引导技巧 …… 214
13.3 反馈利用与调整策略 …… 218
13.4 复杂问题的拆分与组合 …… 221
13.5 多轮对话中的记忆管理 …… 226
13.6 情境感知与上下文理解增强 …… 230
本章小结：从简单问答到深度思维协作 …… 235

第 14 章　深度思考模式应用 …… 238
14.1 适用场景与选择时机 …… 238
14.2 问题构建与思考链引导方法 …… 240
14.3 结果解读与应用 …… 243
14.4 与普通对话模式的协同使用 …… 244
14.5 典型案例分析与经验总结 …… 246
本章小结：让 AI 为你的决策分析与学习助力 …… 248

第 15 章　联网搜索高级应用 …… 249
15.1 搜索策略与关键词设计 …… 250
15.2 信息评估与筛选技巧 …… 252
15.3 搜索结果的深度整合 …… 254
15.4 联网搜索＋深度思考组合应用 …… 256
15.5 信息可靠性与时效性保障 …… 258
15.6 多源信息对比与综合 …… 259
本章小结：掌控信息海洋的搜索与知识整顿艺术 …… 261

第 16 章　专业领域知识提取 …… 263
16.1 领域专家模拟技巧 …… 263
16.2 专业术语与概念澄清 …… 266
16.3 跨领域知识整合方法 …… 268
16.4 知识边界识别与补充 …… 270
16.5 专业准确性保障与事实核查 …… 271
本章小结：领域专家思维复制——从外行到内行的知识转化之道 …… 273

第 17 章　优化输出质量 …… 275
17.1 结构化输出设计 …… 275

17.2 内容深度与广度平衡 ········· 279
17.3 数据可视化与呈现 ········· 282
17.4 个性化风格定制 ········· 284
17.5 迭代优化策略 ········· 287
本章小结：从普通输出到专业杰作的优化质量提升之术 ········· 291

第四部分　未来展望篇

第 18 章　DeepSeek 个人创业与收入倍增指南 ········· 295
18.1 DeepSeek 创业者的市场机会 ········· 295
18.2 DeepSeek 变现的黄金赛道 ········· 298
18.3 DeepSeek 创业者的核心能力养成 ········· 303
18.4 DeepSeek 实战变现模式详解 ········· 306
本章小结：DeepSeek 创富密码——从零打造个人 AI 商业王国 ········· 310

第 19 章　企业 DeepSeek 赋能与商业价值实现 ········· 311
19.1 企业 DeepSeek 转型战略与准备 ········· 311
19.2 企业 DeepSeek 核心应用场景 ········· 314
19.3 垂直行业 DeepSeek 应用实践 ········· 318
19.4 DeepSeek 企业实施方法与人才建设 ········· 321
本章小结：企业智能化转型指南——释放 DeepSeek 组织级红利 ········· 324

第 20 章　如何让 AI 成为你的超级助手：DeepSeek 生态让工作效率翻倍 ········· 326
20.1 随手可得的 AI 助手：无须下载，立即体验 DeepSeek ········· 326
20.2 办公效率倍增：一站式 AI 办公体验让你事半功倍 ········· 329
20.3 内容创作的革命性工具：图文视频一键生成 ········· 335
20.4 工具组合的魔力：DeepSeek＋专业工具让效率翻倍 ········· 338
20.5 未来工作方式：智能体协作与行业创新案例分享 ········· 343
本章小结：智能工具协同革命——开启 AI 驱动工作新纪元 ········· 346

第一部分

基础篇

第 1 章 认识你的 AI 小伙伴——DeepSeek

1.1 DeepSeek 是什么，从哪里来

如果你刚接触 AI，你可能会好奇：DeepSeek 究竟是什么？它和我们常听说的其他 AI 助手有什么不同？让我们用简单的语言来认识这位新朋友。

1. DeepSeek 的"身世"

DeepSeek 是中国自主研发的大语言模型（简单理解就是一种能理解和生成人类语言的 AI 助手），由深度求索公司（DeepSeek Inc.）于 2023 年推出。该公司的核心团队来自清华大学、微软亚洲研究院等顶尖学府和机构。

2. 成长历程

- 2023 年问世：首次亮相，便展现出了强大的语言理解和生成能力。
- 模型升级：2024 年 5 月发布升级版，技术能力大幅提升，中文理解能力尤为出色。
- 功能拓展：2025 年 1 月增加了看图说话的能力，并能通过联网获取最新信息。
- 专业应用：逐步推出针对教育、金融、法律等领域的专业解决方案。

3. DeepSeek 的"超能力"

从技术角度看，DeepSeek 具有以下特点：

- "大脑"容量超大：最新版本拥有数千亿参数，相当于阅读过海量书籍的

知识储备。
- 学习范围广泛：训练数据覆盖多个领域，以中文资料为主，所以特别懂中国用户。
- 持续学习进步：通过人类反馈不断调整，使其更符合用户期望。
- 知识保持更新：通过联网功能获取最新信息，不会出现知识过时。
- 中文特别在行：针对中文做了特别的优化，理解和表达都很地道。

简单来说，DeepSeek 就像一位知识渊博、反应迅速、持续学习的智能伙伴，特别擅长用中文交流，理解中国用户的需求。

1.2 DeepSeek 能做什么——核心功能介绍

DeepSeek 提供了多种功能，可以满足不同场景的需求。了解这些功能就像认识新朋友的各种特长，能让你知道在什么情况下向它寻求什么样的帮助。

1.2.1 普通对话模式：随时随地的交谈伙伴

1. 这是什么
就像和朋友聊天一样自然流畅的交流模式，是 DeepSeek 的基本功能。

2. 有什么特点
- 反应快：几乎立即回应你的问题。
- 对话自然：像真人一样流畅交谈。
- 话题广泛：从日常生活到专业知识都能聊一聊。
- 记得上下文：能理解对话的前后关联。

3. 适合用来做什么
- 快速查询信息。比如，"什么是区块链"。
- 寻找创意灵感。比如，"给我一些周末活动的创意"。
- 修改润色文字。比如，"帮我修改这封邮件"。
- 简单学习辅导。比如，"解释牛顿第一定律"。

> **小提示**
>
> 　　普通对话模式下，简单明了的问题就能得到很好的回答，无需复杂设置。如果需要快速得到答案，这是最佳选择。

1.2.2 深度思考模式：处理复杂问题的强力工具

1. 这是什么

当你需要更深入、全面的分析时使用的模式，就像请专家仔细思考一个问题。

2. 有什么特点

- 分析更深入：考虑问题的多个方面和可能性。
- 回答更全面：提供系统性的解答。
- 逻辑更严密：思路清晰，论证有力。
- 响应稍慢：因为"思考"需要时间。

3. 适合用来做什么

- 复杂问题分析。比如，"分析中美贸易关系的未来走向"。
- 决策辅助。比如，"比较三种投资策略的优缺点"。
- 系统性知识梳理。比如，"总结人工智能在医疗领域的应用"。
- 多因素评估。比如，"分析开设新店面的可行性"。

> **小提示**
>
> 使用深度思考模式时，尽量提供充分的背景信息，并明确你的具体需求。耐心等待回复，因为高质量的思考需要时间。

1.2.3 联网搜索模式：获取最新信息的窗口

1. 这是什么

DeepSeek 能够搜索互联网获取最新信息，突破知识、时间限制的功能。

2. 有什么特点

- 获取实时信息：可查询最新事件和数据。
- 提供来源：告诉你信息从哪里来，更可靠。
- 整合分析：不只是搜索，还会整合信息并进行分析。

3. 适合用来做什么

- 查询最新新闻和事件。比如，"最近的奥运会情况如何"。
- 获取实时数据。比如，"今年的通货膨胀率是多少"。
- 了解市场动态。比如，"最近的智能手机的市场趋势"。
- 事实核查。比如，"这个说法是否准确"。

> **小提示**
>
> 当你需要最新信息时，明确告诉 DeepSeek 你需要联网查询。"联网搜索"与"深度思考"模式结合使用，效果更佳。

1.2.4 图文理解能力：不止于文字的交流

1. 这是什么

DeepSeek 不仅能理解文字，还能"看懂"图片，实现图文结合的交流。

2. 有什么特点

- 识别图像内容：能理解图片中的物体、场景和文字。
- 分析图片信息：对图像内容进行解读。
- 混合输入处理：同时处理图片和文字的问题。

3. 适合用来做什么

- 图片内容描述。比如，"这张图片上有什么"。
- 图表数据解读。比如，"解析这个销售图表的趋势"。
- 提取图片中的文字。比如，"提取这张名片上的联系方式"。
- 基于图片的创意。比如，"根据这张图片写一个小故事"。

> **小提示**
>
> 上传图片时，清楚说明你希望 DeepSeek 关注图片的哪些方面，以获得更精准的回答。图片越清晰，分析结果就越准确。

1.3 为什么选择 DeepSeek——与其他 AI 助手的比较

在众多 AI 助手中，DeepSeek 有哪些独特优势？对中国用户而言，了解这些差异可以帮助你选择最适合的工具。

1. 中国特色优势

- 中文理解更到位：DeepSeek 对中文的理解特别深入，能捕捉语言中的微妙之处和文化背景。比如，它能理解"打酱油"不只是字面意思，而是指"路过"或"不重要"。
- 了解中国国情：对中国的社会制度、政策法规、文化传统都有全面的认识。比如，讨论教育问题时，它了解中国的高考制度和应试教育的特点。

- 贴近本地生活场景：针对中国用户的日常需求进行优化，比如了解春节习俗、中国式职场文化等本土化场景。

2. 功能组合优势

- 深度思考＋联网搜索的组合拳：既能做深度分析，又能获取最新信息，相当于把"思考家"和"信息通"的能力结合起来。
- 图文结合的交互方式：可以上传图片进行分析，比如阅读图表、解读截图等，拓展了应用范围。
- 模式灵活切换：可以根据需求自由切换不同功能模式，优化使用体验。

3. 特别擅长的领域

- 教育辅导：了解中国教育体系和考试制度，能提供针对性的学习帮助。
- 职场应用：熟悉中国职场文化，能帮助起草具有本土风格的商务文档。
- 创意写作：能创作符合中国读者审美的内容，理解中文创作的特点。
- 专业咨询：在医疗、法律、金融等领域具备中国的相关知识。

DeepSeek 与其他 AI 助手的对比如表 1-1 所示。

表 1-1 DeepSeek 与其他 AI 助手的对比

对比角度	DeepSeek	其他 AI 助手
中文理解	深入理解中文表达习惯和文化内涵	可能对中文特殊表达理解有限
本土知识	熟悉中国国情和社会现实	对中国特色内容的了解不够深入
实时信息	通过联网获取最新信息	知识可能有时间限制
思考深度	有专门的深度思考模式	分析深度可能不够
应用场景	针对中国用户对场景进行优化	场景适配可能不够本土化

通过了解这些差异，你可以在适合的场景中充分发挥 DeepSeek 的优势，获得更好的使用体验。

1.4 入门必知：基本概念简明解释

在使用 DeepSeek 之前，了解一些基本概念会让你更轻松上手。别担心，我们会用最简单的语言解释这些概念。

1. 大语言模型

想象一个阅读过海量书籍、文章和网页的超级学霸，能记住几乎所有的内容，并且善于理解和表达——这就是大语言模型（LLM）的基本概念。DeepSeek 正是这样的一个"数字学霸"，通过学习大量文本，它学会了理解和生成人类语言。

2. 提示词

提示词就是你对 DeepSeek 说的话，是你向 AI 表达的需求。就像你跟朋友说"帮我查一下今天的天气"一样，你需要用清晰的语言告诉 DeepSeek 你想要什么。提示词的质量直接影响回答的质量，后面的章节会教你如何设计好的提示词。

3. 上下文

上下文是对话的前后关联。DeepSeek 能"记住"你们之前聊过的内容，这样你就不用每次都重复背景信息。比如，如果你们正在讨论一部电影，你可以直接问"导演是谁？"而不用说"这部电影的导演是谁？"

4. 令牌

令牌（Token）是 AI 处理文本的基本单位，有点像计算机看文字的方式。在中文中，大约 2~3 个字符对应一个令牌。这个概念对普通用户来说不太重要，普通用户只需知道对话有长度限制，超长的内容可能需要分段处理。

5. 参数

参数可以理解为 AI 的"知识容量"。参数越多，AI 通常越"聪明"，能力越强。DeepSeek 拥有数千亿参数，这是它能够处理复杂问题的基础。

6. 输出控制

这是指可以告诉 DeepSeek 你希望它如何回答，比如回答的长度、格式、风格等。例如，你可以要求"用表格形式"或"不超过 500 字"，DeepSeek 会尽量按照你的要求来回答。

7. 知识截止日期

AI 的基础知识有一个时间限制，超过这个日期的事情它可能不知道。比如，若 DeepSeek 的知识截至 2024 年 10 月，则它可能不知道 2024 年 11 月发生的事情。不过，通过联网功能，它可以获取最新信息。

8. 多轮对话

多轮对话是指持续的来回交流，而不是一问一答就结束。通过多轮对话，你可以逐步引导 DeepSeek，让其回答更符合你的期望。比如，你可以先问一个大问题，然后根据回答继续提问深入的细节。

9. DeepSeek 的思维方式

为了更好地使用 DeepSeek，了解它如何"思考"很有帮助。

- DeepSeek 不是真正"理解"内容，而是基于大量数据学习的模式来预测合适的回答。
- 它像一个统计学家，根据过去见过的文本来生成新内容。
- 清晰具体的指令能帮助它做出更准确的回答。
- 它可能很有创意，但也可能产生事实错误。
- 对于专业领域的内容，最好批判性地检查其回答。

掌握这些基础概念，你就可以更加得心应手地使用 DeepSeek 了。接下来的章节中，我们将学习如何设计高效的提示词，这是使用 AI 助手的关键技能。

本章小结：认识你的 AI 小伙伴——DeepSeek

本章介绍了 DeepSeek 作为中国自主研发的大语言模型的基本情况和核心功能。

核心功能：

（1）普通对话模式：提供快速、自然的交流体验。

（2）深度思考模式：处理复杂问题，提供深入分析。

（3）联网搜索模式：获取最新信息，突破知识、时间的限制。

（4）图文理解能力：分析图片内容，实现图文结合交流。

比较优势：相比其他 AI 助手，DeepSeek 对中文理解更到位，熟悉中国国情，贴近本地生活场景，在教育辅导、职场应用、创意写作和专业咨询等领域具有特殊优势。

基本概念：解释了大语言模型、提示词、上下文、令牌、参数等概念，帮助用户理解 AI 助手的工作原理和使用方法。

【关键启示】

（1）DeepSeek 是一个强大的 AI 助手，特别适合中国用户的需求。

（2）了解 DeepSeek 的不同功能模式，可以针对不同需求选择合适的使用方式。

（3）掌握基本概念有助于更有效地使用 AI 助手。

（4）DeepSeek 的思维方式与人类不同，清晰的指令能帮助获得更准确的回答。

（5）DeepSeek 是一个实用的智能工具，能在日常工作和学习中提供实际帮助，合理使用它可以为你节省时间和精力。

第 2 章 如何正确"对话"——提示词设计指南

与 AI 交流的关键在于如何提问。就像问路时,"附近有地铁站吗"和"请问最近的地铁站怎么走,我需要去市中心"会得到不同质量的回答。本章将教你如何设计高效的提示词,让 DeepSeek 成为你的得力助手。

2.1 提示词的基本结构与黄金法则

2.1.1 提示词的四大组成部分

完整有效的提示词通常包含以下要素:

(1)指令:明确告诉 DeepSeek 你需要它做什么,比如"分析""总结""创作"等。

(2)背景:提供必要的情况说明,帮助 DeepSeek 理解任务所处的环境。

(3)内容:需要 DeepSeek 处理的具体材料或信息。

(4)期望:说明你对回答的格式、长度或风格等的要求。

这四部分不必每次都全部包含,但提供得越完整,其回答通常越准确。

2.1.2 提示词设计的五条黄金法则

1. 要明确,不要含糊

✘ 含糊不清:"帮我写点关于健康的东西"。

✓ 明确具体:"请写一篇 800 字的文章,介绍上班族每天可以做的 5 个简单的健身动作"。

2. 要具体，不要笼统

✘ 笼统泛泛："给我一份营销方案"。

✓ 具体详细："为北京一家新开的奶茶店设计一个针对大学生的社交媒体营销方案，预算 5 000 元"。

3. 要相关，不要偏题

只提供与任务直接相关的信息，避免无关内容干扰 DeepSeek 的理解。

4. 要有条理，不要混乱

使用编号、分段或小标题，让复杂指令更有结构，易于理解。

5. 要善于调整，不要一成不变

根据 DeepSeek 的回答，适当调整你的提问方式，这是一个互动过程。

2.1.3 五种常见的提示词类型

1. 简单问答型：直接询问信息或解释

什么是元宇宙？请用通俗易懂的方式解释。

2. 任务指派型：要求完成特定任务

请为我的小型咖啡店设计一个春节促销活动方案，包含活动时间、折扣信息和宣传口号。

3. 角色扮演型：让 DeepSeek 以特定身份回应

请你作为一位有 10 年经验的职业规划顾问，分析我目前的职业困境并提供建议。

4. 步骤引导型：引导 DeepSeek 按步骤思考

请帮我分析这个销售问题。首先找出销售下滑的可能原因，然后提出三项改进措施，最后设计一个实施计划。

5. 格式指定型：要求特定的输出格式

请以表格的形式对比三种常见的理财方式：基金、股票和储蓄。从风险、收益和适合人群三方面进行比较。

通过合理组合这些要素和类型，你可以设计出适合各种需求的有效提示词，让 DeepSeek 更好地为你服务。记住，与 AI 交流是一门艺术，需要不断练习和完善。

2.2 如何精准描述你的需求

向 DeepSeek 精准描述你的需求就像向厨师详细说明你的口味偏好一样重要，以下方法可以帮你更准确地表达需求。

2.2.1 使用明确的行动动词

以清晰的动词开始你的指令，直接告诉 DeepSeek 应该做什么。

- 分析：深入研究某个主题，找出关键因素。

  分析 2024 年电动汽车市场的三大变化趋势。

- 比较：对比两个或多个事物的异同点。

  比较在线教育和传统课堂的优缺点。

- 总结：提炼关键信息，保留核心要点。

  总结这篇关于气候变化的文章的主要观点。

- 解释：用通俗易懂的方式阐述复杂概念。

  解释人工智能的工作原理，使 10 岁的孩子也能理解。

- 列举：以条目形式提供多个相关项目。

  列举提高工作效率的 10 个实用技巧。

- 评估：根据特定标准进行判断。

  评估这三种营销策略的可行性和潜在效果。

- 创作：生成原创内容。

  创作一篇关于春天的散文，风格温馨感人。

- 改进：优化现有内容。

  改进这封求职信，使其更专业、更有说服力。

2.2.2 明确任务的范围和界限

通过具体的参数来限定任务范围。

- 数量限制：指定数字。

提供 5 个周末亲子活动的创意。
- 时间范围：明确时间段。

  分析最近三年中国电商行业的发展变化。
- 地域限制：指定地区。

  介绍上海地区的特色小吃。
- 深度要求：说明分析深度。

  深入分析人工智能对就业市场的长期影响。
- 受众定位：指明面向的人群。

  请写一篇面向小学三年级学生的科普文章，解释为什么会下雨。

2.2.3 使用精确的限定词

通过限定词进一步提高描述的精确度。
- 程度限定：如"详细""简要"。

  请详细解释如何开始股票投资，包括开户流程和基本策略。
- 方式限定：如"图文结合""步骤式"。

  请用步骤式说明如何制作一个简单的家庭比萨。
- 风格限定：如"正式""幽默"。

  用幽默风趣的语气写一篇关于办公室生活的短文。
- 结构限定：如"分段""要点式"。

  以要点式列出健康饮食的十大原则。

2.2.4 提供处理示例

通过示例说明你期望的处理方式或结果格式。

请分析以下客户反馈，提取主要问题并分类。
格式示例：
-产品质量：问题1，问题2。
-客户服务：问题3，问题4。

客户反馈内容：[放入客户反馈文本]。

对比：不好的提问与好的提问。

✘ 不好的提问：

帮我写一个广告。

存在的问题：没有提供任何具体信息，DeepSeek 无法知道广告的产品、目标受众、风格等。

✓ 好的提问：

请为我的手工皮具店编写一则微信公众号广告文案。产品是定价 600 元的手工真皮钱包，目标受众是 25～40 岁的都市白领。文案应强调产品的精湛工艺和持久耐用的特点，风格要简洁大气，字数控制在 300 字以内，并附上一个吸引人的标题。

优点：明确了产品、受众、卖点、风格、内容长度和格式要求。

通过这些精确的表达方法，你可以大幅提高 DeepSeek 理解任务的准确性，获得更符合预期的回答。记住，在与 AI 交流时，清晰的表达比复杂的技巧更重要。

2.3 角色扮演与情境设置：让 AI 更懂你的需求

有时，让 DeepSeek 扮演特定角色或理解特定情境能让它提供更贴切的回答。这就像告诉一个演员应该扮演什么角色，以及剧情背景是什么一样。

2.3.1 角色扮演技巧

角色扮演是指定 DeepSeek 以特定身份回应，这样可以获得专业视角的回答。

1. 专业人士角色

让 DeepSeek 扮演特定领域的专家。

请以资深营销总监的角色，评估我的产品推广计划的优缺点。

常用专业角色示例：
- 行业专家：市场营销专家、产品经理、人力资源总监。
- 学术角色：历史学教授、物理学家、文学评论家。
- 技术角色：软件工程师、数据科学家、UI 设计师。

- 创意角色：资深编剧、广告创意总监、小说家。

2. 指定经验水平

明确角色的经验丰富程度，获得合适专业度的回答。

> 请作为一位有 15 年经验的小学语文老师，设计一个提高孩子阅读兴趣的家庭活动。

经验水平参考如下：
- 初级：1~3 年经验，基础知识扎实。
- 中级：3~7 年经验，有丰富的实践经验。
- 高级：7~15 年经验，深入理解领域内的复杂问题。
- 资深：15 年以上经验，对行业有全面和深刻的见解。

3. 多角度分析

要求从多个角度看问题，获得全面视角。

> 请从父母、老师和孩子三个角度，分析限制孩子玩电子游戏的利弊。

4. 特定受众导向

指定内容面向的受众，调整专业度和表达方式。

> 请面向 6~8 岁儿童，以科普作家身份，解释为什么天空是蓝色的。

5. 情境设置技巧

情境设置是为任务提供具体场景和背景，帮助 DeepSeek 更好地理解需求的上下文。

6. 提供背景信息

描述与任务相关的关键背景。

> 背景：我是一家新开的咖啡店的店主，店面位于大学城附近，主要客户是大学生和年轻上班族。目前面临客流量不足的问题。
>
> 任务：请设计一个提升客流量的促销活动方案。

7. 目标明确化

明确说明任务的目的和期望达成的效果。

> 目标：通过这封邮件，我希望说服客户续签我们的服务合同，同时维护良好的长期合作关系。邮件语气要专业但友好。

8. 限制条件说明

提供任务相关的限制或特殊要求。

限制条件：活动预算不超过 3 000 元，实施时间需控制在一周内，且必须考虑店内只有 3 名员工的人力情况。

9. 场景模拟

创建一个具体场景，使任务更加真实。

场景：假设你是一家小型科技公司的人事经理，需要处理一位关键技术人才提出的离职请求。这名员工已有 3 年的工作经验，是团队的核心成员，他提出离职的主要原因是薪资和职业发展问题。

任务：请设计一个挽留方案，包括沟通策略和可能的调整建议。

2.3.2 组合使用示例

结合角色设定和情境构建，可以创建非常精准的提示词。以下是几个综合应用的例子。

例 1：商业策略咨询。

角色：请你扮演一位拥有 8 年快餐行业经验的市场顾问。

背景：我们是一家成立于南京的小型餐饮连锁企业，目前在该城市有 5 家门店，主要顾客是附近的上班族。最近发现几家竞争对手开始主打健康食品概念，这对我们的客流量造成了一定影响。

任务：请分析当前中国快餐市场的健康饮食趋势，并针对我们的情况，提出一套菜单调整方案，包含新品开发方向和营销策略两部分。

目标：在 3 个月内使客流量提升 15%，使客单价增加 10%。

限制：方案实施预算不超过 5 万元，且需要能够在现有的厨房设备条件下实现。

例 2：教育内容设计。

角色：请你扮演一位有 10 年教学经验的小学语文老师，曾获得市级优秀教师称号。

背景：我正在为小学三年级的学生准备一堂关于寓言故事《狐狸和乌鸦》的阅读课。学生普遍阅读兴趣一般，但对动物故事比较感兴趣。

任务：请设计一个40分钟的课堂活动，包含导入环节、故事讲解、互动讨论和延伸活动。活动要生动有趣，能吸引小学生的注意力。

目标：希望通过这堂课激发学生的阅读兴趣，同时培养他们的思考能力和道德观念。

限制：活动应能在普通教室内完成，可用的教具只有黑板、粉笔和一些简单的手工材料。

2.3.3 使用技巧总结

有效的角色设定与情境构建应注意以下几点：
- 具体真实：设定要贴近真实场景，提供具体而非笼统的信息。
- 相关性强：提供的背景信息应与任务直接相关，避免无关细节。
- 目标明确：清晰说明期望达成的效果。
- 量身定制：根据任务选择合适的角色和情境描述。
- 适度详细：提供足够的信息以帮助理解任务，但避免过于冗长。

通过掌握角色设定和情境构建技巧，你可以引导DeepSeek更精准地理解你的需求，提供更贴合实际的回答。

2.4 如何设定回答的格式和范围

当你向朋友请教问题时，有时你会说"给我一个简短的建议"或"详细解释一下"。对DeepSeek也一样，明确说明你希望回答的格式和范围能让你获得更满意的结果。

2.4.1 控制内容的长度和深度

1. 指定字数或篇幅

明确告诉DeepSeek你需要的内容长度。

请写一篇600字左右的文章，介绍人工智能在家庭生活中的应用。

不同场景的内容长度建议：
- 短文本（300字以内）：适合简短说明、概要、信息摘要。
- 中等长度（300～800字）：适合一般性文章、简报、说明。
- 长文本（800～2 000字）：适合深度分析、详细报告。
- 超长文本（2 000字以上）：适合研究报告、白皮书等。

2. 设定专业程度

指定内容的专业程度，以适应不同受众。

> 请以适合初学者的专业度，解释什么是区块链技术。避免技术术语，使用生活化的比喻。

常见专业程度划分：
- 小白级：完全没有相关知识的人也能理解。
- 入门级：有基本了解但非专业人士。
- 专业级：适合该领域的从业者。
- 专家级：适合该领域的资深人士和研究者。

3. 指定风格和语气

明确内容的风格特点和表达语气。

> 请用温暖、鼓励的语气，给刚入职的新员工写一封欢迎信。风格要正式且友好，体现公司的人文关怀。

常用风格指定：
- 正式/非正式。
- 学术/通俗。
- 严肃/轻松。
- 专业/对话式。
- 客观/感性。

4. 内容元素要求

明确要包含或排除的内容元素。

> 请分析近期房地产市场的趋势，必须包含价格变化、政策影响和购房建议三部分，不要讨论国际市场情况。

2.4.2 指定特定的输出格式

1. 结构化格式

告诉 DeepSeek 你希望内容如何组织。

> 请按以下结构分析这家公司的经营状况：
> （1）收入分析（含同比增长）。

(2) 成本结构分析。
(3) 利润率评估。
(4) 发展前景预测。
(5) 投资建议。

2. 表格形式

要求使用表格展示信息，以便于比较和阅读。

请以表格形式对比三种热门编程语言（Python、Java、JavaScript）的优缺点，从学习难度、应用领域、就业前景和社区支持四个方面进行比较。

3. 列表形式

适合条目化信息的展示。

请列出提高工作效率的10种实用方法，每种方法包含简短描述和一个实施小提示。

4. 问答形式

以问答形式呈现内容，适合教学和解释。

请以问答形式创建一段关于健康饮食的内容，包含8个常见问题及其简明解答。

5. 自定义模板

提供具体模板，要求按模板格式填充内容。

请按以下模板为我的新产品写5个社交媒体宣传文案。
标题：[引人注目的产品亮点]。
正文：[2～3句产品介绍]。
号召行动：[鼓励用户行动的一句话]。
话题标签：[3～5个相关话题标签]。

2.4.3 综合示例

下面是一个结合各种格式和范围控制的完整示例。

任务：请创建一份关于中国新能源汽车市场的分析报告。
格式要求：

—长度：1 000～1 200 字。
—专业度：适合有基础商业知识但非汽车行业专家的管理者。
—风格：客观专业，数据支持。
—语言：简洁明了，避免过多的专业术语。
内容结构：
（1）执行摘要（100 字以内，概括核心发现）。
（2）市场现状（包含市场规模、主要品牌、增长率等关键数据）。
（3）消费者分析（购买人群特征和购买决策因素）。
（4）技术发展趋势（关注三个主要的技术方向）。
（5）政策环境分析（相关政策对市场的影响）。
（6）未来三年预测（以要点形式呈现）。
（7）企业策略建议（针对想进入该市场的企业）。
其他要求：
（1）每个主要部分后面都提供简短小结。
（2）至少包含一个案例分析。
（3）注意突出中国市场的特点，不要过多讨论国际市场。

通过精确设置格式和范围要求，你可以确保 DeepSeek 的回答更符合你的实际需求，减少二次修改的工作量。

2.5 实用提示词模板库

下面是一系列经过验证的高效提示词模板，可以直接复制使用，只需替换相关内容。这些模板就像烹饪食谱，为你提供成功的基本结构，你只需添加自己的"食材"。

2.5.1 常用单轮对话模板

1. 信息查询模板

请提供关于［主题］的详细信息，重点包括：
（1）［要点 1］。
（2）［要点 2］。
（3）［要点 3］。
要求：

- 内容深度：[基础/中级/高级]。
- 语言风格：[通俗易懂/专业/学术]。
- 字数限制：约[字数]字。

2. 方案设计模板

请为以下场景设计一个详细方案：
背景：[描述背景情况]。
目标：[说明期望达成的目标]。
受众：[描述目标人群]。
资源限制：[说明可用资源和限制条件]。
要求：
(1) 方案需包含[具体要求1]。
(2) 方案需考虑[具体要求2]。
(3) 输出格式：[说明输出格式要求]。

3. 内容创作模板

请创作一篇[内容类型]，主题为[主题]。
具体要求：
- 字数：约[字数]字。
- 风格：[描述风格特点]。
- 目标受众：[描述目标读者]。
- 必须包含的要点：[列出必要要点]。
- 结构：[说明内容结构]。
特别注意：[补充任何特殊要求]。

4. 分析评估模板

请分析以下[内容/情况/数据]：
[提供需要分析的内容]
分析要求：
(1) 评估[方面1]。
(2) 分析[方面2]。
(3) 总结[方面3]。
分析深度：[基础/深入/专业]。
输出格式：[描述期望的输出格式]。

5. 比较对比模板

请比较以下［对象/方案/产品］：
A：［描述 A］。
B：［描述 B］。
C：［描述 C］（可选）。
比较维度：
(1)［维度 1］。
(2)［维度 2］。
(3)［维度 3］。
(4)［维度 4］。
输出要求：
-格式：表格形式。
-结论：提供综合评估和最佳选择建议。
-其他：［任何其他要求］。

2.5.2 多轮对话模板

1. 分步骤解决问题模板

我需要解决一个关于［领域］的复杂问题。请帮我分步骤思考。
问题描述：［详细描述问题］。
第一步，请帮我分析这个问题的核心是什么，以及可能涉及的关键因素。
（等待回复后）
第二步，基于以上分析，请提出可能的解决方案。
（等待回复后）
第三步，请评估每个方案的优缺点和可行性。
（等待回复后）
第四步，请推荐最佳方案并提供实施步骤。

2. 反馈迭代模板

请帮我创作一份［内容类型］。
初始要求：［描述初始需求］。
（等待初稿回复后）

感谢你的初稿。现在请根据以下反馈进行修改：
(1) [反馈点 1]。
(2) [反馈点 2]。
(3) [反馈点 3]。
(等待修改后)
再次感谢。最后请对以下方面做最终优化：
(1) [优化点 1]。
(2) [优化点 2]。

3. 专家咨询模板

我想就[主题]向你进行专业咨询。请从[专家类型]的角度回答我的问题。

背景信息：[提供相关背景]。
初始问题：[提出第一个问题]。
(等待回复后)
基于你的回答，我想进一步了解[后续问题]。
(等待回复后)
最后，请就[特定方面]提供具体建议和实施方案。

2.5.3 创作类模板

1. 文章写作模板

请撰写一篇关于[主题]的[文章类型]。
文章要求：
-标题：需吸引人且准确反映内容。
-受众：[目标读者]。
-风格：[风格描述]。
-字数：约[字数]字。
-结构：引言、[2～4个主要部分]、结论。
-内容要点：必须包含[关键要点]。
-语调：[语调描述]。
-专业程度：[专业水平要求]。
特别要求：
-[任何额外要求 1]。

－［任何额外要求2］。

2. 营销文案模板

请为［产品/服务］创作一套营销文案。
产品信息：
－产品名称：［名称］。
－主要功能/特点：［描述主要特点］。
－目标用户：［描述目标用户］。
－核心卖点：［列出卖点］。
－价格策略：［描述价格信息］。
文案需求：
(1) 产品宣传口号（20字以内）。
(2) 产品描述（100字左右）。
(3) 社交媒体短文案5条（每条60字以内）。
(4) 产品优势列表（5～8点）。
(5) 常见问题解答（3～5个问答对）。
风格要求：［描述风格要求］。
情感诉求：［描述希望唤起的情感］。

3. 脚本创作模板

请创作一个［视频/短剧/广告］脚本，主题为［主题］。
基本信息：
－时长：约［时长］分钟。
－目标受众：［目标观众］。
－核心信息：［需要传达的核心信息］。
－风格基调：［风格描述］。
脚本要求：
－角色设置：［描述主要角色］。
－场景设置：［描述主要场景］。
－结构：［描述故事结构］。
－特殊元素：［任何需要包含的特殊元素］。
格式要求：
－标准脚本格式，包含场景描述、对白和动作指示。

—场景转换清晰。

—对白自然流畅。

2.5.4 分析类模板

1. 数据分析模板

请分析以下数据集：

[数据描述或数据本身]。

分析需求：

(1) 总体趋势分析。

(2) 关键指标解读：[列出需关注的指标]。

(3) 异常值识别及可能的原因。

(4) 比较分析：[需要比较的维度]。

(5) 相关性分析：[需要分析相关性的变量]。

分析输出要求：

—主要发现（不少于5点）。

—数据可视化描述（用文字描述如何以图表呈现）。

—建议和行动点（基于数据的3～5条建议）。

—分析局限性说明。专业水平：[基础/中级/高级]。

2. SWOT分析模板

请对[公司/产品/项目/情况]进行SWOT分析。

背景信息：

[提供相关背景信息]。

分析需求：

(1) 优势（strengths）：详细分析内部积极因素。

(2) 劣势（weaknesses）：详细分析内部消极因素。

(3) 机会（opportunities）：详细分析外部有利因素。

(4) 威胁（threats）：详细分析外部不利因素。

(5) 综合评估：基于SWOT分析提出策略建议。

输出格式：

—每个维度列出5～8点，每点附简要解释。

—使用表格形式呈现主要分析结果。

—策略建议部分应包含3～5个具体可行的行动点。

3. 竞品分析模板

请对以下［产品/服务/公司］进行竞品分析。
目标对象：［分析主体］。
主要竞争对手：
(1)［竞争对手 A］。
(2)［竞争对手 B］。
(3)［竞争对手 C］。
分析维度：
-产品功能对比。
-价格策略对比。
-目标用户对比。
-市场定位对比。
-营销策略对比。
-用户体验对比。
-技术实力对比。
-市场份额对比。
输出要求：
-表格形式呈现主要对比结果。
-每个维度的优劣势分析。
-差异化竞争优势识别。
-潜在威胁分析。
-战略调整建议。

4. 用户画像模板

请基于以下信息，创建［产品/服务］的用户画像。
产品/服务描述：［描述］。
已知用户数据：［提供已有的用户相关数据］。
市场定位：［描述市场定位］。
用户画像要求：
(1) 创建3～5个典型用户画像。
(2) 每个用户画像包含：
-基本人口统计信息（年龄、性别、职业、收入等）。
-行为特征（使用习惯、购买决策因素等）。

-需求和痛点。
　　-价值观和生活方式。
　　-使用场景。
　　-对产品的期望。
　　输出格式：
　　-每个用户画像需有具体人物的名字和简短描述。
　　-系统性呈现各维度的特征。
　　-为每个用户画像提供产品优化或营销建议。

　　通过灵活运用这些模板，你可以显著提高与 DeepSeek 交流的效率和质量。这些模板设计基于实际应用场景，覆盖了常见的需求类型，可以根据具体情况进行个性化调整。记住，最好的提示词是那些根据你的具体需求定制的提示词。

　　随着使用经验的积累，你会逐渐发展出适合自己的提示词风格和技巧，让 DeepSeek 成为你工作和生活中不可或缺的智能助手。

本章小结：如何正确"对话"——提示词设计指南

　　本章详细阐述了如何设计有效的提示词，以获得更符合期望的 AI 回答：
　　● 提示词的基本结构：一个完整的提示词包含指令、背景、内容和期望四个要素，提供得越完整，回答通常越准确。
　　● 提示词设计的五条黄金法则：提问时要明确具体、相关有序，并根据回答灵活调整提问方式。
　　● 精准描述需求的方法：使用明确的行动动词，界定任务范围，选用精确的限定词，并提供具体示例说明你的期望。
　　● 角色扮演与情境设置：通过让 DeepSeek 扮演特定角色（如专业人士）或理解特定情境，获取更贴切的回答。
　　● 设定回答的格式和范围：控制内容的长度、深度、专业程度、风格和语气，以及指定特定的输出格式（如结构化格式、表格、列表等）。
　　● 实用提示词模板库：提供了多种常用模板，包括单轮对话模板、多轮对话模板、创作类模板和分析类模板。

　　【关键启示】
　　（1）提示词的质量直接影响 AI 回答的质量，掌握提示词设计技巧至关重要。

（2）清晰具体的指令能帮助 DeepSeek 更准确地理解需求。

（3）角色设定和情境构建能让回答更贴近实际需求。

（4）明确期望的格式和范围可以减少二次修改的工作量。

（5）灵活运用提示词模板能显著提高与 DeepSeek 交流的效率。

提示词设计是一门艺术，需要不断练习和完善。通过本章介绍的方法和技巧，你可以大幅提高 DeepSeek 回答的准确性和实用性，让 AI 助手成为工作和生活中真正的"得力助手"。

第 3 章
{DeepSeek 使用基础}

3.1 界面简介：了解 DeepSeek 的"驾驶舱"

想象一下，DeepSeek 就像是一辆智能汽车，而界面就是你的驾驶舱。在开始我们的旅程前，先来认识一下这个驾驶舱的各个部分吧。

1. 如何进入 DeepSeek

直接访问官方网站：https://chat.deepseek.com。

2. DeepSeek 界面的四大区域

登录后，你会看到四个主要区域（见图 3-1）。

图 3-1　DeepSeek 界面示例

（1）左侧边栏。就像汽车的控制面板，这里可以：
- 点击"开启新对话"开始新的交流。
- 查看历史对话记录。
- 下载 App 和调整个人设置。

（2）中间对话区。这是你与 DeepSeek 交流的主舞台，显示你们的对话内容。

（3）底部输入区。在这里：
- 输入你的问题或请求。
- 上传文件。
- 使用语音输入（如果你的设备支持的话）。

（4）功能控制区。提供特殊"驾驶模式"的选择：
- 普通对话模式（默认模式）。
- 深度思考模式（适合复杂问题）。
- 联网搜索模式（获取最新信息）。

> **小提示**
>
> 想让 DeepSeek 更好地理解你的需求，试试下面这些处理方式：
> - 使用清晰的段落，不要把所有内容挤在一起。
> - 对于复杂的请求，可以用数字标记（比如 1、2、3）。
> - 重要的词可以用引号或加粗来突出。

3. 移动端的特别之处

在手机上使用 DeepSeek 时：
- 界面会自动调整为更适合小屏幕的竖直布局。
- 可以使用手指滑动、长按等操作。
- 语音输入在外出时特别方便。

了解这些基本布局后，你就可以开始探索 DeepSeek 的更多功能了。就像学会了汽车的基本控制后，下一步就是学习如何驾驶它去各个地方了。

3.2 对话记录管理：整理你的"知识宝库"

想象 DeepSeek 的对话历史就像是你个人的知识宝库，好好整理它，你就能随时找到过去的智慧结晶。不管你是通过哪个设备访问，只要登录相同的账号，你的对话记录都会同步保存。

1. 整理对话的基本技巧

（1）查看你的历史对话。

- 左侧边栏会显示你的历史对话。如果左侧边栏处于隐藏状态，点击左侧"打开边栏"图标，所有历史对话就会显示出来。
- 最新的对话会排在最前面。
- 每个对话都会显示标题和最后的更新时间。

（2）给对话取个好名字。

- 新对话默认使用内容开头的部分作为标题。
- 给对话重命名：点击对话旁边的"…"，选择"重命名"。
- 取名小窍门：使用具体的名称，比如"2024年春季旅行计划"，而不是简单的"旅行"。

（3）快速找到特定对话。

- 可以在键盘上按下 Command＋F（MacOS）或 Ctrl＋F（Windows）在浏览器内搜索。
- 使用特别的关键词搜索，比如项目名称、日期或特殊词汇。

2. 保持对话整洁的小习惯

（1）定期整理。

- 每周花几分钟给新对话重命名。
- 每月检查一次，删除不重要的对话。

（2）提高对话质量。

- 一个对话专注一个主题，不要混杂太多不同的问题。
- 开始新话题时，创建新的对话，而不是在旧对话中继续。
- 在对话开始时简单描述你的需求，方便日后查找。

（3）保存重要内容。

- 重要的对话可以导出保存（可以导出为 ZIP 压缩文件）。
- 也可以将内容复制到 Word 或其他文档中。

3. 在不同设备上使用

（1）保持同步。

- 确保在所有设备上登录相同的账户。
- 不管是在电脑上还是手机上，你的对话记录都会同步。

（2）从手机到电脑的无缝切换。

- 在手机上开始的对话，也可以在电脑上继续。

- 在不同的设备上，操作可能略有不同。

4. 保护你的隐私

谨慎对待敏感信息。
- 定期导出或删除含有敏感信息的对话。
- 避免在对话中分享过于私密的个人信息。

5. 让对话历史成为你的助手

（1）提高学习效率。
- 定期回顾重要对话，复习知识点。
- 对相关主题的对话进行比较，加深理解。

（2）提升工作效率。
- 保存常用的问题模板，避免重复输入。
- 分析你最常问的问题类型，提前准备好提问方式。

通过这些简单的管理方法，你的 DeepSeek 对话历史将变成一个整洁有序、随时可查的个人知识库，让你的学习和工作事半功倍。

3.3 文件上传功能：让 AI 帮你"读"文档

DeepSeek 不仅能回答问题，还能"读"各种文件，帮你分析和处理文档内容。掌握这个功能，就像拥有了一位随时待命的文档助理。

1. 上传文件的基础知识

（1）DeepSeek 能读什么类型的文件？
- 文档类：TXT、Word 文档（DOCX）、PDF、Markdown 等。
- 图片类：JPG、PNG 等。
- 数据类：CSV、Excel 表格（XLSX）等。

（2）怎么上传文件？
- 方法一：点击输入框旁边的"上传附件"图标。
- 方法二：直接把文件拖入对话框。
- 方法三：在手机上从相册或文件管理器中选择。

（3）文件大小有限制吗？
- 单个文件最大 100MB。
- 一次对话最多可上传 50 个文件。
- 如果文件太大，可以分割文件或压缩后再上传。

2. 上传文件后该怎么做

（1）确认文件已上传成功。
- 看一下界面上是否显示了文件名。
- 如果上传失败，检查文件格式和大小是否符合要求。

（2）告诉 DeepSeek 你想要它做什么。
- 给出明确的指令，比如："请总结这份报告的主要观点"。
- 指明你关注的文档部分："请分析第二章的数据"。
- 说明你希望得到什么形式的结果："请提取关键数据并制作成表格"。

（3）文/上传了一份报告，可以这样说：

> 我刚上传了这份季度报告，请：
> ① 提取报告中的主要财务数据。
> ② 总结市场分析部分的要点。
> ③ 列出报告中提到的所有未来计划。

3. 不同类型文件的处理技巧

（1）处理 PDF 或 Word 文档。
- 指定页码："请分析第 10～15 页的内容"。
- 查找特定部分："请提取所有关于'财务分析'的段落"。
- 检查格式："请检查这份报告的格式是否一致"。

（2）处理 Excel 或 CSV 数据文件。
- 数据分析："请分析这份销售数据，找出销售最好的三类产品"。
- 数据可视化建议："请告诉我这些数据适合用什么图表展示"。
- 数据清理："请找出这些数据中可能存在的错误或异常值"。

（3）处理图片。
- 描述内容："请描述这张图片的主要内容"。
- 提取文字："请提取图片上的所有文字"。
- 分析图表："请分析这张图表显示的趋势"。

4. 进阶使用技巧

（1）比较多个文档。

上传多个相关文档一起分析，例如："我上传了三份不同部门的计划，请比较它们的异同点"。

(2) 处理大型文档的策略。
- 分步骤处理："请先概述整个文档的内容，之后我会指定需要深入分析的部分"。
- 按章节处理："请先分析第一章的内容"。

(3) 文档转换与提取。
- 格式转换："请将这份研究报告转成 PPT 大纲"。
- 提取特定内容："请从这份报告中提取所有数据点和关键发现"。

5. 常见问题及解决方法

(1) 文件上传不成功。
- 检查文件格式是否支持。
- 确认文件大小是否超出限制。
- 试试用不同的浏览器。

(2) DeepSeek 似乎没有正确理解文件的内容。
- 确保文档清晰可读。
- 给予 DeepSeek 更具体的指导。
- 对于扫描的文档，确保文字清晰。

(3) 文件太大或太复杂导致处理不完整。
- 把任务分成多个小步骤。
- 只请求分析文档的特定部分。
- 提出更具体的问题。

通过掌握文档上传功能，你可以让 DeepSeek 帮你处理各种文件，节省大量阅读和分析文档的时间。无论是学习、研究还是工作，这个功能都能成为你的得力助手。

3.4　不同模式的选择：为不同任务选择合适的"工具"

DeepSeek 提供了几种不同的工作模式，就像一件多功能工具，你可以根据需要选择合适的"工具头"。选对模式，事半功倍。

1. DeepSeek 的三种主要模式

(1) 普通对话模式（默认模式）。
- 就像日常聊天，适合简单问答和一般交流。
- 反应速度快，是日常使用的首选。

（2）深度思考模式。
- 就像深度分析，适合复杂问题和需要仔细推理的情况。
- 回答更全面，但需要稍等片刻。

（3）联网搜索模式。
- 就像实时查询，能获取网络上的最新信息。
- 适合需要最新数据或事实核查的情况。

2. 如何选择合适的模式

用下列简单方法来决定使用哪种模式。

（1）问自己：这是什么类型的问题？
- 简单问答或基础知识→普通对话模式。
- 复杂分析或需要深入思考→深度思考模式。
- 需要最新信息或事实验证→联网搜索模式。

（2）考虑时间因素。
- 需要快速回复→普通对话模式。
- 可以等待更全面的分析→深度思考模式。
- 信息必须是最新的→联网搜索模式。

3. 各种模式的最佳使用场景

（1）普通对话模式适用于：
- 日常问答（比如"什么是光合作用"）。
- 简单内容创作（写短文、邮件等）。
- 基础学习辅导（解释概念、简单题目）。
- 日常对话和简单建议。

（2）深度思考模式适用于：
- 复杂问题分析（比如"分析人工智能对就业市场的影响"）。
- 多角度评估（比如"比较三种投资策略的优缺点"）。
- 高质量内容创作（论文、报告、长篇文章）。
- 深度逻辑推理和因果分析。

（3）联网搜索模式适用于：
- 查询最新事件和新闻。
- 获取实时数据（比如"今天的天气如何"）。
- 获取产品信息和价格。
- 核实最新事实和信息。

4. 如何切换模式

（1）切换的最佳时机。
- 当初始回答不够深入时 → 切换到深度思考模式。
- 当可能需要最新的信息时 → 切换到联网搜索模式。
- 当对话进展不顺利时 → 考虑换个模式重新开始。

（2）怎么切换。
通过界面上的开关按钮切换模式。

5. 组合使用不同模式的技巧

有时，组合使用不同模式能获得最佳效果。
（1）联网搜索＋深度思考。
先用联网搜索获取最新的信息，再用深度思考模式分析这些信息。例如："请先搜索今年的经济数据，然后深入分析未来趋势"。
（2）循序渐进的使用方法。
先用普通对话模式了解基础知识，再用联网搜索补充最新信息，最后用深度思考模式整合分析。例如：学习一个新领域时，先了解基础概念，再调查最新发展，最后做深度分析。

6. 使用模式的小提示

（1）明确你的期望。
- 开始前想清楚你需要什么类型的回答。
- 考虑时间、深度和准确性的平衡。

（2）给模式一个公平的评价。
- 每种模式有其适用场景和局限性。
- 即使是深度思考模式，复杂问题也可能需要多轮交流。

通过灵活选择和切换模式，你可以让 DeepSeek 更好地为你服务，就像选择合适的工具完成不同任务一样简单高效。记住，选对模式往往比精心设计问题更能提升回答质量。

3.5　疑难解答：解决使用中的常见问题

使用 DeepSeek 时，难免会遇到一些小问题。表 3-1 至表 3-6 汇总了常见问题、可能的原因和简单解决方法，帮你快速排除故障，享受顺畅体验。

1. 输入和回应问题

表 3-1

遇到的情况	可能的原因	解决办法
DeepSeek 没有回应或回应很慢	• 网络不稳定 • 系统繁忙 • 问题太复杂	• 检查网络连接 • 刷新页面重试 • 将复杂问题拆分成小问题
回答突然中断	• 网络中断 • 内容限制	• 要求"请继续" • 重新表述问题 • 检查是否触及敏感内容
无法输入或提交问题	• 浏览器问题 • 登录状态异常	• 换个浏览器试试 • 清除浏览器缓存 • 重新登录账户
提示内容太长	• 超出输入限制	• 缩短文本 • 分多次输入 • 简化格式

2. 回答质量问题

表 3-2

遇到的情况	可能的原因	解决办法
回答与问题不相关	• 问题不清楚 • 系统理解错误	• 使用更明确的表述 • 重新开始对话 • 提供具体例子说明需求
回答太笼统	• 问题太宽泛 • 未开启深度思考	• 提出更具体的问题 • 开启深度思考模式 • 缩小问题范围
回答包含错误信息	• 知识有限 • 未使用联网搜索	• 开启联网搜索核实 • 提供正确信息纠正
回答重复或太长	• 指令不明确	• 要求简洁回答 • 设定明确的格式 • 指定字数限制

3. 文件处理问题

表 3-3

遇到的情况	可能的原因	解决办法
无法上传文件	• 格式不支持 • 文件太大	• 转换为支持的格式 • 压缩或分割文件

续表

遇到的情况	可能的原因	解决办法
文件内容处理不正确	• 文件格式复杂 • 文件质量问题	• 使用更标准的格式 • 提高文件清晰度 • 提供额外说明
图片无法识别	• 图片格式问题 • 图片不清晰	• 尝试 JPG 或 PNG 格式 • 提高图片质量 • 添加文字描述
图表数据解读不准确	• 图表太复杂 • 缺少说明	• 提供图表说明 • 指出需要关注的数据

4. 账户和隐私问题

表 3-4

遇到的情况	可能的原因	解决办法
对话历史不同步	• 设备登录不同 • 同步失败	• 确认所有设备使用相同的账户 • 手动触发同步
无法删除历史对话	• 操作权限问题 • 同步延迟	• 清除缓存 • 检查账户设置 • 等待系统同步完成
担心隐私安全	• 敏感信息处理顾虑	• 避免输入高度敏感信息 • 查看隐私政策 • 使用通用示例代替真实数据

5. 功能使用问题

表 3-5

遇到的情况	可能的原因	解决办法
深度思考模式没有效果	• 问题不适合深度分析 • 设置未生效	• 尝试更复杂的问题 • 确认模式已切换成功
联网搜索结果不准确	• 搜索词不精确 • 搜索索引延迟	• 使用更精确的关键词 • 明确需要最新信息
代码生成不正确	• 需求描述不清晰 • 复杂度超出能力范围	• 提供更详细的代码需求 • 分步骤请求代码
创意内容质量不高	• 指导不足 • 风格描述模糊	• 提供具体创意方向 • 给出参考示例

6. 手机使用特有问题

表 3 - 6

遇到的情况	可能的原因	解决办法
界面显示不全	• 屏幕适配问题	• 尝试横屏使用 • 更新到最新版本
语音输入不准确	• 环境噪声 • 口音识别问题	• 在安静的环境下使用 • 放慢语速 • 重要词汇用文字输入
电池消耗快	• 长时间连接 • 处理大量数据	• 不用时关闭应用 • 减少连续使用时间

【实用技巧】

(1) 遇到不满意的回答。
- 换个方式提问，增加具体细节。
- 直接说明哪部分不满意："请更具体地解释第二点"。
- 尝试不同角度："请从用户体验角度重新分析"。

(2) 处理复杂的专业问题。
- 把大问题分解成小问题逐步解决。
- 提供背景信息："我是初学者，请用简单的术语解释"。
- 使用专业术语提高精准度（如果你熟悉的话）。

(3) 提高使用效率的小窍门。
- 保存常用问题模板，反复使用。
- 使用键盘快捷键快速操作。
- 对成功的对话进行标记，方便以后参考。

记住，与 AI 交流是一个逐步改进的过程。通过不断调整你的提问方式和使用习惯，你会发现 DeepSeek 变得越来越好用。就像学习任何新工具一样，熟能生巧。

本章小结：DeepSeek 基础操作要点

在本章，我们学习了 DeepSeek 的基本使用方法，掌握了以下关键技能：

(1) 界面认知：了解了四大界面区域，学会了基本导航和输入方式。

(2) 对话管理：掌握了整理和管理对话历史的方法，包括重命名、搜索等。

（3）模式选择：了解了普通对话、深度思考和联网搜索三种模式的特点和使用场景。

（4）问题排除：获得了解决常见问题的实用技巧，确保了顺畅的使用体验。

这些基础知识就像是驾驶技能，掌握了它们，你就能更加自如地驾驭 DeepSeek 这辆智能"汽车"，前往知识的各个角落。接下来的章节中，我们将学习如何使用更高级的功能，让 DeepSeek 成为你更强大的思考伙伴。

【实践建议】

（1）尝试使用三种不同的模式解决同一个问题，比较结果差异。

（2）上传一个 PDF 文档，并尝试让 DeepSeek 提取其中的关键信息。

（3）整理你的对话历史，为重要对话添加清晰的名称。

（4）遇到一个 DeepSeek 使用问题，并使用本章提供的方法解决它。

掌握了这些基础，你就迈出了成为 DeepSeek 高效用户的重要一步！

第二部分 行业应用篇

第 4 章
学习与教育应用

> 拿起你的 AI 助教：DeepSeek 如何改变学习方式？

"期末考试下周就开始了，但我还有整本《红楼梦》没读完……"
"要准备一场关于区块链的演讲，但我对这个话题知之甚少……"
"需要设计一份英语口语测试，我想要有新意又不能太难……"

这些都是我们在教育和学习过程中常见的困境。无论你是学生、教师，还是终身学习者，DeepSeek 都能成为你的得力助手。本章将通过实际案例，展示如何在日常学习和教育场景中有效运用 DeepSeek，让学习更高效，让教学更有创意。

4.1 学生的秘密武器：考试复习与作业辅导

> 不只是问答：让 DeepSeek 成为你的专属导师。

大多数学生初次使用 DeepSeek 时，都会简单地提问，"请给我讲解牛顿第三定律"或"帮我写一篇关于环保的作文"。这样的提问虽然能得到回答，但远未发挥 AI 的潜力。

让我们看看高三学生小张是如何用 DeepSeek 复习高考物理的。

1. 初始提问

　　解释一下力学中的动量守恒定律。

【DeepSeek 回应】DeepSeek 的回答虽然准确，但过于教科书化，没有针对高考的特点。经过老师指导，小张学会了如何提出更有效的问题。

2. 改进后的提问

我是高三学生，正在准备物理高考。请帮我梳理动量守恒定律的知识点，包括：① 基本概念和公式；② 适用条件和常见误区；③ 与能量守恒的区别和联系；④ 2~3个典型的高考题型和解题思路。解释要深入浅出，突出解题关键点。

【DeepSeek 回应】这次 DeepSeek 的回答完全不同。它提供了针对高考的系统知识梳理，不仅解释了概念，还点出了考试中的常见陷阱和解题技巧。最重要的是，它给出了典型题型分析，帮助小张掌握了应对各类动量相关问题的方法。

关键提示：在学习场景中，告诉 DeepSeek 你的学习阶段、目标和具体需求，会让回答更具有针对性。

4.1.1 作业辅导：从答案到思路

"帮我解答这道题"可能是学生最常向 DeepSeek 提出的请求，但获取正确答案并不等于获得知识。研究表明，理解解题思路比记忆答案更能促进长期的学习效果。

看看初中生小李是如何使用 DeepSeek 解决数学难题的。

1. 初始提问

如果 $f(x)=3x^2-4x+2$，求 $f(a+h)-f(a)$。

【DeepSeek 回应】DeepSeek 直接给出了计算结果。但这并没有帮助小李真正理解这个问题。

2. 改进后的提问

我在学习函数的平均变化率，遇到一道题目：如果 $f(x)=3x^2-4x+2$，求 $f(a+h)-f(a)$。

我的尝试：

我把 $f(a+h)$ 展开得到 $3(a+h)^2-4(a+h)+2$，但接下来不太确定如何正确处理平方项。请给我一个解题思路，不要直接告诉我最终答案，而是引导我理解每一步的数学原理，尤其是二项式展开的应用。

【DeepSeek 回应】这次，DeepSeek 不再只给出答案，而是提供了详细的思路指导：

（1）先解释了函数差 $f(a+h)-f(a)$ 在微积分中的重要性。

(2) 引导如何正确展开 $(a+h)^2$。

(3) 提示如何合并同类项。

(4) 解释结果与导数的关系。

最重要的是，DeepSeek 没有直接给出最终答案，而是引导小李自己完成计算过程。这种方法不仅解决了当前的问题，还帮助他掌握了解决同类问题的方法。

> **【真实对话示例】**

学生："这道题我不太理解：一次函数 y＝kx＋b 的图像过点（2，3）和（4，6），求 k 和 b 的值。"

DeepSeek："这是一道求一次函数参数的题目。我来引导你解题：

已知函数 y＝kx＋b 的图像过两点（2，3）和（4，6），这意味着这两个点的坐标都满足函数方程。

我们可以分别代入这两个点的坐标：

- 代入点（2，3）：3＝k×2＋b。
- 代入点（4，6）：6＝k×4＋b。

这样我们就得到了两个方程：3＝2k＋b，6＝4k＋b。

你能尝试解这个方程组，求出 k 和 b 的值吗？"

学生："我试试看。从第一个方程得到 b＝3－2k，代入第二个方程：6＝4k＋(3－2k)，6＝4k＋3－2k，6＝2k＋3，3＝2k，k＝1.5。

然后，b＝3－2k＝3－2×1.5＝3－3＝0，所以，k＝1.5，b＝0。"

DeepSeek："很好的解题过程！你正确地使用了代入消元法来解这个方程组。让我来验证一下你的答案：

我们得到 k＝1.5，b＝0。

代回原函数 y＝kx＋b，得到 y＝1.5x＋0，简化为 y＝1.5x。

验证点（2，3）：y＝1.5×2＝3 √；验证点（4，6）：y＝1.5×4＝6 √。

两点都满足，所以你的答案是正确的：k＝1.5，b＝0。

几何意义：这表示直线的斜率是 1.5（每向右移动 1 个单位，y 值增加 1.5），且直线通过原点（因为 b＝0）。"

这种互动式的学习方式能大大提高理解深度、增强记忆效果。

4.1.2 考前突击的智能方法

距离考试只有一周，却还有大量内容需要复习，这是许多学生的噩梦。传统方法是通读教材或刷题，但效率往往不高。DeepSeek 可以帮助你建立更智能的复习策略。

研究生小刘在准备管理学考试时，使用了以下提问：

> 我下周二要参加管理学期末考试，但时间有限，只有 3 天的复习时间。请帮我：
> （1）根据管理学课程的重点和考试特点，制定一个 3 天的高效复习计划。
> （2）识别管理学中最核心的 10 个概念和理论，并简明扼要地解释它们之间的联系。
> （3）提供 2~3 种有效记忆这些理论框架的方法。
> （4）设计一份自测题，帮我检验复习效果。
> 我已有的资料：教材《现代管理学》和本学期的课堂笔记。

【DeepSeek 回应】DeepSeek 不仅提供了一个详细的 3 天复习计划，还指出了管理学中最常考的核心概念及其联系，并设计了一套记忆策略和自测题。这种针对性强的辅导使小刘在有限的时间内抓住了重点，考试取得了好成绩。

【实用技巧】知识关联记忆法

对于需要记忆大量概念的学科，简单罗列知识点通常效果有限。试试这个提问：

> 请将［学科］的［相关知识点］通过一个连贯的故事或场景串联起来，创建知识关联。每个概念需要在故事中自然出现，并通过情境解释其核心含义和应用。故事应当生动有趣，便于记忆。

例如，一位文学专业的学生用这种方法记忆了 20 世纪文学流派的特点，DeepSeek 创造了一个虚构的文学沙龙故事，不同流派的代表人物在沙龙中交流，自然地展示了各流派的特点和差异。这种情境化记忆比单纯背诵的效果要好得多。

4.2　教师的得力助手：教学设计与评估

> 课程设计：从灵感到完整教案。

每位教师都经历过设计新课程的挑战——如何在有限的课时内覆盖必要的知

识点？如何设计既能达成教学目标又能吸引学生的活动？

看看中学语文教师王老师是如何使用 DeepSeek 设计《论语》教案的。

1. 初始提问

帮我设计一节关于《论语》的语文课。

【DeepSeek 回应】这样的提问过于笼统，DeepSeek 提供的教案也必然缺乏针对性。

2. 改进后的提问

我需要为初中二年级的学生设计一节关于《论语》的语文课。学生之前没有系统接触过《论语》，但对"己所不欲，勿施于人"等常见名句有所了解。

课程目标：
(1) 理解《论语》的基本背景和文化价值。
(2) 学习 3~5 个经典章句并理解其现代意义。
(3) 培养学生对传统文化的兴趣。

教学条件：45 分钟的课时，40 人的班级，多媒体教室。

请帮我设计一个互动性强、能调动学生积极性的教案，包括：
- 创新的导入方式。
- 核心内容讲解框架。
- 2 个课堂活动设计。
- 作业建议。

【DeepSeek 回应】这个提问提供了充分的背景信息和具体需求，DeepSeek 据此设计了一个结构完整、活动丰富的《论语》教案。

- 导入设计：通过"你会如何回应？"的现代情境引入孔子思想。
- 核心内容：精选了 4 个适合初中生理解的章句，每句配有故事和现代解读。
- 活动设计：包括"论语情景剧"和"现代版论语创作"。
- 板书设计和时间分配。
- 差异化作业选项。

这个教案既符合教学目标，又考虑到了学生的特点和课堂的实际情况，大大减轻了王老师的备课负担。

4.2.1 试题设计：超越简单的题目生成

许多教师使用 DeepSeek 生成测试题，但简单地要求"生成 10 道数学题"只能得到基础的练习题。优秀的测试题应该与教学目标一致，覆盖不同能力层次，并能有效区分学生的水平。

1. 初始提问

    请生成 10 道关于化学元素周期表的测试题。

2. 改进后的提问

    我需要为高一学生设计一份关于化学元素周期表的测验，用于课堂小测。
    教学背景：
    －学生刚学习完化学元素周期表的基本规律、元素分类和周期性变化。
    －测验目的是检验基础知识的掌握情况并识别学生的概念误区。
    －班级学生水平差异较大。
    请设计 15 道题目，包含：
    －5 道基础记忆题（周期表结构、元素分类等，较低难度）。
    －5 道理解应用题（元素性质分析、规律应用等，中等难度）。
    －5 道分析推理题（根据周期规律预测性质、解决实际问题等，较高难度）。
    每道题附上参考答案和考点说明。也请标注出可能的常见错误思路，帮助我识别学生的概念误区。

【DeepSeek 回应】这种提问方式让 DeepSeek 生成的测验题不仅涵盖了不同难度和认知层次，还附带了教学诊断信息，帮助教师识别学生的学习盲点。

【实用技巧】能力导向的测评矩阵

想设计更系统的评估工具，尝试使用这个模板：

　　请为［学科单元］设计一个评估矩阵：横轴为核心知识点（列出 5～7 个），纵轴为认知能力层次（记忆、理解、应用、分析、评价、创造）。在每个交叉点设计 1～2 道适合的题目，确保整套评估全面检测学生对各知识点的不同认知水平。

这种方法可以帮助教师确保评估覆盖了所有重要的知识点和能力目标，而不是集中在某些浅层次的能力上。

4.2.2　个性化教学：因材施教的智能方案

每个班级都有学习能力和风格各异的学生，但教师往往难以为每位学生提供定制化指导。DeepSeek 可以帮助设计差异化的教学策略。

上海市某小学的数学教师张老师面临一个特殊的挑战：班上有一位数学学习有困难的学生小明，常常跟不上班级的进度。张老师是这样向 DeepSeek 求助的：

> 我班上有一位三年级的学生（小明）在数学学习上有困难，特别是在计算和应用题方面。我需要为他设计一个为期 1 个月的个性化辅导计划。
>
> 学生情况：
> - 对数字的基本概念理解得不牢固，尤其是进位和退位计算。
> - 难以理解应用题中的数量关系。
> - 注意力容易分散，但对游戏化的活动比较感兴趣。
> - 缺乏学习的自信心。
>
> 学校资源：
> - 每周可以安排 2 次各 30 分钟的个别辅导。
> - 有平板电脑和基础数学教具。
> - 家长愿意配合但不知如何有效辅导。
>
> 请帮我设计一个循序渐进的辅导方案，包括：
> (1) 具体的学习目标分解。
> (2) 每次辅导的活动设计（希望有趣味性）。
> (3) 适合的教学方法和工具建议。
> (4) 进步评估方式。
> (5) 家长配合指南。

【DeepSeek 回应】DeepSeek 根据这些信息设计了一个全面的个性化辅导方案，包括：

- 将复杂计算技能分解为小目标（如 10 以内的加减、进位概念等）。
- 设计了具体的游戏化的活动（数字接龙、购物情景模拟等）。
- 推荐了适合小明认知特点的多感官教学方法。
- 设计了非竞争性的进步评估方式，强调自我进步而非与他人比较。
- 提供了简单实用的家长辅导建议。

这个方案不仅考虑了学生的学习困难，也充分利用了他的兴趣点，同时整合了可用的学校和家庭资源，是一个真正可行的个性化教学方案。

【实用技巧】学习风格匹配

教育研究表明，不同学生有不同的学习风格偏好。你可以让 DeepSeek 帮助设计适合不同学习风格的教学活动。

请根据以下学习风格特点，为［知识点］设计 3 种不同的教学活动。
(1) 视觉型学习者：偏好图表、图像和视觉组织工具。
(2) 听觉型学习者：通过听和讨论来学习效果最佳。
(3) 动觉型学习者：喜欢动手实践和体验式学习。
每种活动需要详细说明目标、步骤、所需材料和预期效果。活动设计应直接针对同一个学习目标，但以不同学习风格偏好者能接受的方式呈现。

4.3 学术研究的智能支持

> 在文献的海洋中找到方向。

研究生和学者经常需要在海量的文献中寻找有价值的信息和研究方向。传统的文献检索虽然能找到相关论文，但难以快速构建对研究领域的整体认识。

北京某大学的硕士生李明正在确定研究方向，他这样使用 DeepSeek：

1. 初始提问

请介绍人工智能在教育领域的应用。

【DeepSeek 回应】DeepSeek 提供了一个概括性介绍，但对确定具体研究方向帮助有限。

2. 改进后的提问

我是教育技术专业的硕士生，正在寻找人工智能在 K12 教育中应用的研究方向。请帮我：
(1) 梳理过去 3 年这一领域的主要研究热点和趋势。
(2) 分析目前研究中存在的 3～5 个主要问题或局限性。
(3) 推荐 3 个有研究潜力但尚未充分探索的方向。
(4) 每个方向简述可能的研究问题和研究方法。
(5) 对每个方向的实际应用前景和挑战进行评估。
我的研究兴趣主要在个性化学习和学习分析方面，偏好实证研究方法。

【DeepSeek 回应】这种提问提供了充分的背景和需求信息，让 DeepSeek 能够提供更具指导性的回答：

- 分析了个性化学习系统、学习分析预警模型、智能评估工具等热点领域。
- 指出了当前研究中的数据隐私、算法偏见、跨文化适应性等问题。

- 推荐了3个有潜力的研究方向：情感计算在教育中的应用、混合现实与AI融合教学、低资源环境下的AI教育解决方案。
- 详细说明了每个方向可能的研究问题、方法和应用价值。

这种分析帮助李明快速构建了对研究领域的系统认识，发现了符合自己兴趣且有价值的研究空白，为确定研究方向提供了重要参考。

4.3.1 研究设计：从问题到方法

确定研究问题后，下一步是设计合适的研究方法。这一过程需要考虑理论基础、方法选择、可行性和伦理问题等多个方面。

上海某大学的博士生张婷正在准备进行一项关于社交媒体使用与青少年心理健康关系的研究，她向 DeepSeek 请教：

> 我计划开展一项关于社交媒体使用对中国青少年心理健康影响的研究。我的初步研究问题是：不同类型的社交媒体使用行为（主动社交与被动浏览）如何影响青少年的心理健康状况？
>
> 请帮我设计一个可行的研究方案，考虑以下方面：
> (1) 理论框架选择。
> (2) 研究设计类型（横断/纵向/混合）及理由。
> (3) 抽样策略和样本量建议。
> (4) 主要变量的操作化定义和测量工具。
> (5) 数据收集方法和流程。
> (6) 可能的混淆变量和控制方法。
> (7) 数据分析策略。
> (8) 研究局限性和应对策略。
>
> 我倾向于使用混合研究方法，并能接触到 3～4 所中学进行数据收集。预计研究周期为 8～10 个月。

【DeepSeek 回应】DeepSeek 提供了一个全面的研究设计方案，包括：
- 推荐使用社会比较理论和使用与满足理论作为理论框架。
- 建议采用混合研究设计：先质性访谈探索，再量化调查验证，最后纵向追踪关键变量。
- 给出了详细的抽样策略，包括样本量计算和分层抽样建议。
- 提出了具体的变量操作方案，如将"主动社交"定义为内容创作和互动行为。

- 推荐了适合中国青少年的心理健康量表和数据收集流程。
- 提出了可能的混淆变量（如家庭因素、学业压力）及控制方法。
- 说明了数据分析计划，包括质性分析和量化统计方法。
- 指出了潜在研究局限和伦理考量。

这份研究设计方案既考虑了学术规范，也兼顾了实际可行性，为张婷的研究提供了清晰的路线图。

【实用技巧】多元研究设计优化

复杂的研究问题往往需要多角度的研究设计。试试如下提问方式：

> 请为我的研究问题"[研究问题]"设计三种不同的研究方法：
> （1）一种以定量为主的方法。
> （2）一种以定性为主的方法。
> （3）一种混合方法。
>
> 对于每种方法，请分析其优势、局限性、所需资源和可能的发现类型。然后基于我的条件[描述自己的研究能力、资源和时间限制]，推荐最合适的方法并说明理由。

这种方法可以帮助研究者看到多种可能的研究路径，更全面地评估每种方法的价值和可行性，做出更明智的研究设计决策。

4.3.2 从数据到洞察：学术数据分析辅助

数据分析是许多研究者的挑战，从选择合适的统计方法到正确地解释结果，都需要专业知识。DeepSeek可以成为研究者的数据分析顾问。

北京某高校的社会学博士生王力收集了大量城市居民环保行为的调查数据，但在分析时遇到了困难。他是这样向DeepSeek求助的：

> 我有一组关于城市居民环保行为的调查数据，但在分析时遇到了一些问题。数据包括：
> −人口统计变量：年龄、性别、受教育程度、收入水平（共4个变量）。
> −环保态度量表：环境关注度、环境责任感、环保知识（共3个量表，每个包含5~7个题项）。
> −环保行为测量：日常节能、垃圾分类、绿色消费、环保活动参与（共4个变量）。
> −社会因素：社会规范感知、政策支持感知（共2个变量）。

我的研究问题是：

（1）不同人口特征的居民在环保行为上有何差异？

（2）环保态度与环保行为之间的关系如何？是否受到社会因素的调节？

我尝试使用了相关分析和多元回归，但结果不够清晰。我不确定是否需要使用更复杂的统计方法，如路径分析或结构方程模型。

请帮我：

（1）推荐适合的统计分析方法和步骤。

（2）解释为什么这些方法适合我的研究问题。

（3）提供分析流程指南，包括前提条件检验。

（4）解释如何解读和呈现结果。

【DeepSeek 回应】DeepSeek 提供了详细的统计分析方案，包括：

● 建议先进行探索性分析（描述统计、相关分析）来检查数据特征。

● 推荐使用多层次分析：ANOVA/t 检验比较不同人口特征的差异；多层次回归分析检验态度与行为的关系；调节效应分析检验社会因素的影响。

● 解释了为何结构方程模型适合分析这类数据，并提供了模型构建指南。

● 详细说明了每种分析的前提条件和检验方法（如正态性、多重共线性检验）。

● 提供了结果解读框架和可视化建议。

这种专业的统计分析指导帮助王力选择了最合适的分析方法，正确解释了数据中的模式和关系，大大提升了研究质量。

【实用技巧】数据分析加速

对于不熟悉统计的研究者，可以使用这个提问框架获取更具指导性的分析帮助：

我有一组［描述你的数据］，想要回答以下研究问题：［列出问题］。

作为统计初学者，请帮我：

（1）用通俗易懂的语言解释最适合的分析方法。

（2）提供一步步的分析操作指南（以［你使用的统计软件］为例）。

（3）列出关键决策点和需要注意的问题。

（4）提供一个结果解读模板，说明如何正确理解各项统计指标。

（5）解释如何在学术论文中正确报告这些结果。

这种提问方式特别适合统计基础不牢固的研究者，可以获得既专业又容易理解的分析指导。

本章小结：学在 AI 时代

本章通过真实案例展示了 DeepSeek 如何在学习与教育场景中发挥强大的作用：

- 作为学生的个性化学习顾问，提供考试复习策略、作业辅导和学习方法指导。
- 作为教师的教学助手，协助设计课程、评估和个性化的教学方案。
- 作为研究者的学术支持工具，辅助文献梳理、研究设计和数据分析。

DeepSeek 不是替代学习和思考的工具，而是提高学习效率和解决问题的能力的助手。掌握本章介绍的提问技巧和应用方法，你将能在 AI 时代的学习与教育中获得显著优势。

【关键启示】

（1）提供足够的背景信息和具体需求，让 DeepSeek 了解你的学习阶段和目标。

（2）寻求思路而非答案，培养解决问题的能力而非依赖。

（3）善用多轮对话，通过追问和反馈不断精进结果。

（4）将 DeepSeek 视为学习旅程中的伙伴，而非终点。

AI 不会取代好学生和好教师，但善用 AI 的学生和教师将取代不用 AI 的同行。

第 5 章
{职场办公应用}

> 职场小助手：让 DeepSeek 成为你的办公室搭档。

"下午 3 点要做季度报告，但数据还是一团乱麻……"
"客户的投诉邮件躺在收件箱里，我该怎么回复才专业？"
"团队项目进度混乱，需要整理出一个清晰的计划……"

是不是很熟悉这些场景？无论你是刚入职场的小白还是经验丰富的老手，这些工作中的常见挑战都可能让人头疼。别担心，DeepSeek 可以成为你的职场好伙伴，帮助你更轻松地处理文档、分析数据和管理项目。

在这一章，我们将通过真实的工作场景，手把手教你如何借助 DeepSeek 提升工作效率，让你在职场中脱颖而出。无需专业技能，只要跟着本章的方法做，你也能像职场高手一样高效工作。

5.1 文档小帮手：让写作变得轻松自如

5.1.1 写出有料的报告：从一般到出色

每个职场人都遇到过这样的情况：老板让你写一份重要报告，但你不知道从何下手，或者写出来的内容平淡无奇。很多人第一次使用 DeepSeek 时，只是简单地提问："帮我写一份市场分析报告"，得到的结果常常过于笼统。

小李是一家公司的市场经理，需要为老板准备一份智能家居市场的分析报告。她的提问过程是这样的。

1. 初始提问

   帮我写一份智能家居行业的市场分析报告。

【DeepSeek 回应】DeepSeek 确实生成了一份报告，但内容非常笼统，像是从网上复制粘贴的通用信息，没有针对小李所在的公司的实际情况，也没有提供有价值的见解。小李的老板看了直摇头。

2. 为什么效果不好

这个提问过于简单，缺少关键信息：
- 没有说明报告的目的是什么。
- 没有提供公司的背景和需求。
- 没有指明报告需要包含哪些内容。
- 没有说明预期的受众是谁。

3. 改进后的提问

小李改进了她的提问方式：

> 我需要为管理层准备一份关于中国智能家居市场的分析报告，用于支持我们公司进入智能安防产品领域的决策。
>
> 需要涵盖以下内容：
> - 目前中国智能家居市场的规模、增长率和主要细分市场。
> - 智能安防领域的竞争格局（主要是智能门锁、摄像头等产品）。
> - 消费者对智能安防产品的主要需求和痛点。
> - 市场机遇和挑战。
>
> 我们公司是传统安防设备制造商，希望报告能分析我们的优势如何转化为智能产品市场的竞争力。报告篇幅约 2 000 字，语言专业客观，需要引用一些行业数据支持观点。

【DeepSeek 回应】这次 DeepSeek 生成了一份有针对性的市场报告，不仅包含中国智能家居市场的具体数据和趋势，还特别分析了传统安防厂商转型智能领域的机遇和挑战。报告结构清晰，论点有数据支持，老板看了连连点头，认为这份报告为决策提供了有价值的参考。

【提升效果的关键】
- 明确目的：说明报告的用途是辅助决策。
- 提供背景：说明公司是传统安防设备制造商。
- 具体内容要求：列出需要包含的几个方面。
- 明确受众：管理层需要的是决策参考而非基础知识。
- 格式要求：字数和风格的具体要求。

> **小提示**
>
> 写商务报告时，记得告诉 DeepSeek 你的具体需求、报告目的和预期读者，这样才能得到真正有用的内容。记住：给 AI 的信息越具体，得到的结果就越有价值。

5.1.2 邮件写作高手：从词不达意到恰到好处

邮件是职场交流的重要工具，但写好一封专业邮件并不容易，特别是面对重要客户或处理投诉时。

小王是销售代表，需要给一个看过产品演示但还在犹豫的重要客户发送跟进邮件。他的提问过程是这样的。

1. 初始提问

> 帮我写一封跟进邮件给客户。

【DeepSeek 回应】DeepSeek 生成了一封非常通用的邮件模板，没有针对性，看起来像群发的营销邮件，客户收到后可能会直接删除。

2. 为什么效果不好

- 没有提供客户信息和关系历史。
- 没有说明当前的销售阶段和客户顾虑。
- 没有明确邮件目标。
- 没有提供产品的相关信息。

3. 改进后的提问

小王改进了他的提问方式：

> 请帮我写一封客户跟进邮件。背景如下：
> 客户：张总，某大型制造企业采购总监。
> 关系历史：上周四我们进行了产品演示，介绍了我们的智能生产线监控系统。
> 当前状态：张总表示对产品感兴趣，但担心系统与其现有设备的兼容性。
> 我的目标：希望安排一次现场测试，展示系统的兼容能力，推进销售进程。
> 时间紧迫性：他们计划在一个月内做出采购决定，有竞争对手也在接触。

邮件需要：
- 感谢客户参加演示会。
- 简要回应他的兼容性疑虑。
- 提议进行现场测试。
- 友好但不过于销售化的语气。

【DeepSeek 回应】这次 DeepSeek 生成了一封非常专业且有针对性的邮件，不仅回应了客户的核心顾虑，还自然地提出了现场测试的建议。邮件语气得体，既表现出专业性又不过于推销。小王稍做修改后发出，客户很快回复并同意了现场测试的安排。

【提升效果的关键】
- 提供客户信息：包括职位和公司背景。
- 说明关系历史：之前的接触和沟通内容。
- 指明当前状态：客户的兴趣点和顾虑。
- 明确邮件目标：想通过这封邮件达成什么。
- 给出邮件要素：需要包含的关键点和语气要求。

> **小提示**
> 在写重要邮件时，先想清楚你的目标和对方的需求，再开始写作。记住：好的商务邮件不仅仅是文字表达，更是关系维护和目标达成的工具。

5.1.3 会议纪要整理：从杂乱的笔记到清晰的记录

开完会后，整理会议纪要往往是一项令人头疼的任务，既费时又容易遗漏重点。DeepSeek 可以帮你轻松将散乱的笔记转化为条理清晰的会议纪要。

小张是一名项目经理，刚参加完一个重要的产品规划会议，记了一大堆零散的笔记，需要整理成正式会议纪要分享给团队。她的提问过程是这样的。

1. 初始提问

   帮我整理会议纪要。

【DeepSeek 回应】这种不提供具体信息的提问无法得到有效帮助，DeepSeek 只能生成一个通用的会议纪要模板，没有实际内容。

2. 改进后的提问

小张调整了提问方式，提供了会议的具体信息和她的笔记。

请帮我将以下会议笔记整理成正式的会议纪要：
会议信息：
-会议名称：2023年Q4产品路线规划会议。
-时间：2023年9月15日，14：00—16：30。
-参会人员：产品部（李明、王芳）、技术部（张强、刘伟）、市场部（陈静）、我（项目经理）。

原始笔记：
-李总开场，回顾Q3完成情况，提到A功能延期，B功能已完成。
-讨论Q4重点，技术部提议将资源集中在C功能上，预计需要2个月。
-争论点：市场部希望D功能优先级更高，认为客户需求强烈。
-王芳展示了用户调研结果，70%的用户期待E功能。
-决定：Q4将同时推进C功能和E功能，D功能推迟到明年Q1。
-张强提到技术挑战，需要增加2名开发人员，李总批准。
-下一步：各部门于下周五前提交详细计划。
-陈静负责准备客户沟通方案，说明D功能延期的原因。
-约定10月初进行第一次进度审查。
请以正式会议纪要格式整理，重点突出决定事项和后续行动项，并合理组织讨论内容。

【DeepSeek回应】小张收到了一份结构清晰、重点突出的会议纪要，包括会议概要、讨论要点、决策事项和行动项目四部分。会议中的争论点和最终决策都清晰呈现，每个参会者的任务和截止日期也明确标注。小张稍作调整后发送给了团队，获得了好评，团队成员也明确了各自的任务和期限。

【提升效果的关键】
- 提供会议基本信息：名称、时间、参会人员。
- 包含完整的原始笔记。
- 说明需要突出的重点（决定事项和行动项）。
- 要求按正式会议纪要格式组织内容。

【实用技巧】可视化会议记录
想让会议纪要更加视觉化、易于理解，尝试这样提问。

请将这份会议记录转化为视觉化格式，包括：
（1）关键决策的思维导图，显示决策逻辑和依据。

(2) 行动项目的甘特图时间线，显示任务、负责人和截止日期。
(3) 将讨论的优先级问题制作成 2×2 阶矩阵图（重要性×紧急性）。
最终格式应简洁清晰，便于团队理解和执行。

这样可以得到更加直观的会议纪要，特别适合复杂项目的团队协作。

5.2　数据助理：让数字说话

5.2.1　数据分析小帮手：让复杂数据变简单

很多人一面对数据就头疼，不知道如何从一堆数字中提取有价值的信息。即使你不是数据分析师，有了 DeepSeek 的帮助，也能轻松读懂数据背后的故事。

小王需要为管理层会议分析一份季度销售数据，但她不是数据分析专家。她的提问过程是这样的。

1. 初始提问

分析这份销售数据。

【DeepSeek 回应】由于没有提供具体数据和分析需求，DeepSeek 无法提供有价值的分析，只能回复一些通用的数据分析方法。

2. 改进后的提问

小王改进了她的提问，提供了具体数据和分析需求。

请帮我分析以下季度销售数据，为管理层会议准备洞察。
数据概述：2023 年第二季度（4—6 月）全国各区域 4 种产品线的销售数据。

销售额（万元）：
—华北地区：产品 A(320)、产品 B(450)、产品 C(210)、产品 D(180)。
—华东地区：产品 A(480)、产品 B(520)、产品 C(360)、产品 D(290)。
—华南地区：产品 A(390)、产品 B(430)、产品 C(240)、产品 D(320)。
—西部地区：产品 A(210)、产品 B(180)、产品 C(150)、产品 D(90)。
同比增长率：
—华北地区：产品 A(5%)、产品 B(12%)、产品 C(−3%)、产品 D(8%)。
—华东地区：产品 A(15%)、产品 B(7%)、产品 C(20%)、产品 D(5%)。
—华南地区：产品 A(10%)、产品 B(5%)、产品 C(2%)、产品 D(25%)。
—西部地区：产品 A(−2%)、产品 B(−5%)、产品 C(3%)、产品 D

（15％）。

市场份额：

—产品 A：我司（32％）、竞争对手 X（28％）、竞争对手 Y（25％）、其他（15％）。

—产品 B：我司（35％）、竞争对手 X（30％）、竞争对手 Y（20％）、其他（15％）。

—产品 C：我司（25％）、竞争对手 X（35％）、竞争对手 Y（20％）、其他（20％）。

—产品 D：我司（20％）、竞争对手 X（15％）、竞争对手 Y（40％）、其他（25％）。

分析需求：

(1) 识别表现最佳和最差的产品线与区域组合。
(2) 发现同比增长的关键趋势。
(3) 分析与竞争对手相比的市场表现。
(4) 提出 2～3 个关键洞察和建议，重点关注如何优化产品 C 和 D 的表现。

管理层特别关注华东和华南市场的增长机会，以及如何应对产品 C 在华北地区的下滑。

【DeepSeek 回应】DeepSeek 生成了一份全面的数据分析报告，包括区域和产品表现分析、增长趋势分析、市场竞争分析和针对性建议。报告不仅展示了华东地区产品 C 的显著增长和西部地区产品 B 的下滑，还指出了产品 D 在面对竞争对手 Y 的挑战。分析中包含具体的增长机会和改进措施，为管理决策提供了有价值的参考。

【提升效果的关键】

- 提供完整的数据：包括销售额、增长率和市场份额。
- 明确分析需求：列出具体想了解的问题。
- 说明管理层的关注点：帮助 AI 聚焦于最重要的方面。
- 提出具体的洞察和建议：不仅要有数据描述，还要有可操作的建议。

【实用技巧】竞品分析框架

想获取更深入的竞品分析，尝试这个提问框架。

请基于提供的市场数据，进行 SWOT 框架的竞争分析：

(1) 我们相对于主要竞争对手的优势和劣势。
(2) 市场趋势带来的机会和威胁。
(3) 不同区域的竞争策略建议。

分析需重点关注产品 C 在华北地区的竞争态势，以及应对竞争对手 X 的策略建议。

这种结构化的竞争分析能帮你全面了解市场格局，制定更有针对性的竞争策略。

5.2.2 数据可视化指导：让报表更直观

数据分析之后，如何有效展示结果也是一门学问。好的数据可视化能让复杂数据变得直观易懂，帮助决策者快速理解关键信息。

小李需要为季度财务报告设计数据可视化方案，但不确定如何选择合适的图表类型和设计方式。她向 DeepSeek 寻求帮助：

> 请为季度财务报告设计数据可视化方案。我有以下数据需要呈现：
> -过去 8 个季度的收入、成本和利润数据。
> -各产品线的收入占比和同比增长。
> -不同费用类别的分布和变化。
> -现金流和运营资金的变化趋势。
>
> 目标受众是公司高管，他们关注整体业绩趋势、盈利能力变化和成本结构。报告将用于季度管理层会议，以 PPT 形式呈现，10~15 页。
>
> 请推荐最合适的图表类型和设计方式，包括：
> (1) 每类数据应使用什么类型的图表及理由。
> (2) 图表配色和标注建议。
> (3) 如何组织这些图表以形成逻辑清晰的报告结构。
> (4) 需要特别强调的关键数据点如何视觉化突出。

【DeepSeek 回应】DeepSeek 提供了一份详细的数据可视化方案，为每类数据推荐了最合适的图表类型，并解释了选择理由。例如，建议为收入、成本和利润趋势使用组合折线图，为产品线收入占比设计饼图和柱状图的组合，为费用分析设计瀑布图等。方案还包括配色建议、报告结构设计和重点数据突出技巧，使小李能够设计出既专业又直观的财务报告。

【提升效果的关键】
- 明确说明要展示的数据类型。

- 提供目标受众信息和他们的关注点。
- 说明呈现方式（PPT）和预期篇幅。
- 列出具体的设计需求（图表类型、配色、结构等）。

【实用技巧】叙事性数据呈现

想让你的数据报告更有说服力？尝试这样提问。

> 请帮我将这份数据分析转化为数据故事形式的报告，包括：
> (1) 一条清晰的叙事主线，从问题到发现再到建议。
> (2) 3~5个关键"啊哈时刻"，即数据中最引人注目的发现。
> (3) 每个发现配合一个简洁有力的可视化建议。
> (4) 一个引人入胜的开场和一个有力的结尾。
> 目标是让非专业人士也能理解数据背后的业务含义和价值。

这种叙事性的数据呈现比单纯的图表和数字更能吸引注意力，帮助决策者真正理解数据的业务意义。

5.2.3 决策分析助手：让选择更明智

面对复杂的工作决策，如何权衡多种因素并做出最佳选择？DeepSeek 可以帮助你进行系统的决策分析，减少决策偏差。

产品经理小陈需要决定下一个产品开发周期的功能优先级，面临三个可能的功能方向，他向 DeepSeek 咨询：

> 我需要为产品团队确定下个季度开发的功能优先级，有三个候选方向：
> A 方案：用户请求最多的社交分享功能。
> -预计开发时间：2个月。
> -技术复杂度：中等。
> -用户调研满意度：85%。
> -预期增加活跃度：15%。
> -商业价值：间接（提高分享率）。
> B 方案：高级数据分析仪表板。
> -预计开发时间：3个月。
> -技术复杂度：高。
> -用户调研满意度：65%。
> -预期增加付费转化：10%。

-商业价值：直接（增加收入）。

C 方案：性能优化和用户界面改进。

-预计开发时间：1.5 个月。

-技术复杂度：低。

-用户调研满意度：70%。

-预期减少流失率：8%。

-商业价值：间接（提高留存）。

团队资源有限，只能选择一个方向作为主要开发任务。我们团队的目标与关键结果（OKR）的重点是提高用户留存和增加收入。产品已上线两年，当前最大的用户反馈是性能偶尔卡顿。

请帮我分析这三个方案的优缺点，并基于多因素分析推荐优先级最高的方案。也请考虑是否有可能的组合或分阶段实施的策略。

【DeepSeek 回应】DeepSeek 提供了一份系统的决策分析报告，全面评估了三个方案在开发效率、用户影响、业务价值、战略一致性和风险等多个维度的表现。通过加权评分比较，推荐了一个分阶段实施策略：先实施 C 方案解决基础性能问题，然后规划 B 方案以增加收入，最后考虑 A 方案。这个分析帮助小陈规避了仅凭直觉的决策风险，做出了更加全面和客观的选择。

【提升效果的关键】
- 详细描述每个选项的关键参数。
- 提供决策背景和约束条件（资源有限）。
- 说明团队的 OKR 和当前产品状况。
- 要求多因素分析和具体的建议。
- 要求考虑组合或分阶段的可能性。

【实用技巧】情景规划分析

在高度不确定的环境中做决策，可以尝试情景规划分析。

请为我的决策问题进行情景规划分析：

（1）设计三种可能的未来情景（乐观、基准、悲观）。

（2）分析我的每个选项在三种情景下的表现和风险。

（3）识别在多数情景下表现良好的"稳健选项"。

（4）提供情景监测指标，帮助我及早识别哪种情景正在成为现实。

我的决策问题是：［描述你的决策问题和可选方案］。

关键不确定因素包括：[列出主要的不确定因素]。

这种多情景分析方法特别适用于在高不确定性的环境中做出更有韧性的决策，避免"押注"单一未来。

5.3 项目管理助理：从混乱到有序

5.3.1 项目计划制定：让目标变得可实现

好的项目计划是成功的基础，但制定一个详细且可行的计划往往很有挑战。DeepSeek 可以帮你设计出结构清晰、切实可行的项目计划。

项目经理小方需要为一个客户关系管理（CRM）系统实施项目制定详细计划，她的提问过程是这样的。

1. 初始提问

> 帮我做一个项目计划。

【DeepSeek 回应】这种过于笼统的提问无法得到有针对性的帮助，DeepSeek 只能提供一个通用的项目计划模板，没有具体内容和实际指导价值。

2. 改进后的提问

小方调整了提问方式，提供了项目的具体信息和需求：

> 请帮我制定一个客户关系管理（CRM）系统实施项目的详细计划。
> 项目背景：
> -我们是一家 200 人的中型贸易公司，需要实施一套 CRM 系统替代目前的 Excel 管理方式。
> -已选定 SugarCRM 作为解决方案，需要进行一定的定制开发。
> -项目需要在 6 个月内完成，预算 30 万元。
> -团队包括我（项目经理），2 名 IT 人员，以及各部门指派的业务代表。
> 项目范围：
> -客户资料管理、销售机会跟踪、合同管理、售后服务记录。
> -与现有 ERP 系统的基础数据集成。
> -数据迁移（约 5 000 条客户记录）。
> -用户培训（约 50 名系统用户）。
> 主要挑战：
> -业务部门对新系统接受度不高。

- IT 团队在 CRM 系统的实施方面经验有限。
- 公司流程不够标准化,需要同步优化。

请提供:

(1) 项目阶段划分和时间线。
(2) 主要任务分解和工作包设计。
(3) 关键里程碑设置。
(4) 资源分配建议。
(5) 风险识别和应对策略。
(6) 沟通计划框架。

【DeepSeek 回应】小方收到了一份全面且可行的项目计划,将项目分为 7 个阶段:准备、分析、设计、开发、测试、上线和支持。每个阶段都有明确的工作包和可交付成果,设置了 9 个关键里程碑作为项目控制点。计划还包括针对主要风险(如用户抵触、数据质量问题)的具体应对措施,以及详细的资源分配建议。这份计划不仅包含常规的任务和时间安排,还特别关注项目的人员因素和变更管理,展现了对具体项目环境的深入理解。

【提升效果的关键】

- 提供完整的项目背景。
- 明确项目范围和交付内容。
- 坦诚说明主要挑战。
- 具体列出需要的计划要素。

【实用技巧】敏捷项目规划

传统计划不适合你的项目时,可以尝试敏捷方法。

请帮我设计一个敏捷方法的[项目类型]项目计划,包括:
(1) 产品愿景和项目目标。
(2) 初步的产品待办列表,按优先级排序。
(3) 发布规划和迭代周期设计。
(4) 团队组成和职责建议。
(5) 敏捷仪式(如每日站会、评审会)的时间安排。

这是一个[描述项目规模和复杂度]的项目,团队有[描述团队情况],时间框架为[时间长度]。

敏捷方法特别适合需求可能变化或不明确的项目,通过迭代交付创造价值。

5.3.2　风险管理助手：未雨绸缪

项目成功的关键之一是有效的风险管理。提前识别潜在风险并制定应对策略，能让你在问题出现前就做好准备。

IT项目经理小强正在准备一个系统升级项目，他向DeepSeek咨询风险管理建议：

> 我正在准备一个核心业务系统升级项目的风险管理计划。项目情况如下：
>
> 项目描述：
> -将公司现有ERP系统升级到最新版本。
> -升级涉及数据库迁移、界面变更和新功能启用。
> -系统服务于全公司500名员工，包括销售、仓储、财务等核心部门。
> -计划在周末48小时内完成切换。
> -项目团队包括内部IT团队（5人）和外部顾问（3人）。
>
> 已知关键风险点：
> -数据迁移过程中可能出现数据丢失或损坏。
> -用户对新界面可能有适应困难。
> -系统切换时间窗口非常紧张。
> -部分定制开发功能可能与新版本不兼容。
>
> 请帮我：
> （1）识别其他可能的重要风险。
> （2）对所有风险进行优先级评估（概率和影响程度）。
> （3）提供具体的风险应对策略（规避、转移、减轻或接受）。
> （4）设计风险监控方案和预警指标。
> （5）制定应急预案框架，特别是针对最高优先级的风险。

【DeepSeek回应】小强得到了一份全面的风险管理计划，不仅深入分析了他提出的已知风险，还识别出了多个他未曾考虑的潜在风险，包括业务连续性、性能问题和人员依赖等方面。该计划使用5×5阶风险矩阵对风险进行优先级排序，为每种风险设计了具体的应对策略，如为数据迁移风险设计多重备份方案。此外，还提供了风险监控指标和触发条件，以及针对最高优先级风险的详细应急预案。在实际项目实施过程中，小强团队遇到了几种预测的风险，但由于有了充分准备，团队能够从容应对，没有造成严重影响。

【提升效果的关键】
- 提供完整的项目背景信息。
- 列出已经识别的风险点。
- 明确需要的风险管理要素。
- 提出具体的应对策略和监控方案。

【实用技巧】风险关联性分析

想得到更深入的风险分析，试试这个提问。

> 请对我的项目进行风险关联性分析：
> （1）绘制主要风险之间的关联网络，显示如何相互触发或放大。
> （2）识别风险链和级联效应路径。
> （3）找出关键的风险节点（如果被触发会引发多种其他风险）。
> （4）设计整合式风险应对策略，同时解决多种相关风险。
> 我的项目是：[项目描述]。
> 已识别的主要风险包括：[列出主要风险]。

这种关联性分析可以帮助你理解风险之间的相互作用，制定更有效的风险管理策略。

5.3.3 团队协作优化：从各自为政到紧密配合

在多人协作的项目中，建立高效的团队合作机制至关重要。即使是分布在不同地点的团队，也能通过合理的流程和工具实现高效协作。

技术主管小张负责管理一个分布在不同城市的开发团队，但团队协作效率不高。他向 DeepSeek 寻求帮助：

> 我管理着一个分布式开发团队，面临一些协作挑战，需要优化团队工作方式。
>
> 团队情况：
> - 10 人团队：6 名开发（北京、上海），2 名设计（广州），2 名测试（北京）。
> - 主要使用敏捷 Scrum 方法，2 周一个迭代。
> - 目前正在开发一个新的电子商务平台。
>
> 当前挑战：
> - 跨地域沟通效率低，常出现信息不同步。

——任务依赖关系不清晰，经常出现阻塞等待。
——代码审查反馈周期长，影响开发进度。
——团队凝聚力不足，成员主动性有待提高。

我们使用的工具：Jira（任务管理）、GitLab（代码库）、钉钉（沟通）、飞书文档（文档协作）。

请帮我设计：
（1）改进的团队协作流程和会议框架。
（2）任务分配和跟踪的最佳实践。
（3）提高远程团队凝聚力的策略。
（4）优化使用现有工具的方法以减少沟通摩擦。
（5）建立更好的知识共享和技术协作机制的途径。

【DeepSeek 回应】小张收到了一套综合的团队协作优化方案，包括重新设计的会议框架（地区内每日简会＋全体隔日同步），基于"特性团队"的任务分配策略（将不同地域的开发、设计和测试组成虚拟特性团队），以及明确的任务状态定义和交接标准。方案还建立了"伙伴系统"，让跨地域团队成员结对合作，增强连接。此外，还提供了工具集成与流程自动化建议，以及完整的知识管理策略。小张采纳并实施了这些建议和策略后，团队协作效率显著提升，代码合并冲突减少了 60％，任务阻塞时间缩短了 40％，团队满意度也有所提高。

【提升效果的关键】
- 详细描述团队组成和分布。
- 说明当前使用的工作方法和工具。
- 明确列出具体的挑战点。
- 提出全面的优化需求。

【实用技巧】责任分配矩阵

想要更清晰地定义团队角色和责任，尝试这样提问。

请为我的项目团队创建一个 RACI 责任分配矩阵：
（1）横轴列出项目的主要流程/任务。
（2）纵轴列出所有相关角色/团队成员。
（3）用 R（负责人）、A（审批人）、C（咨询人）、I（知情人）标注每个人在每项任务中的角色。
（4）标注出关键决策点和审批流程。

我的项目是：[项目描述]。
团队成员包括：[列出团队成员及其职责]。
主要任务/流程包括：[列出主要任务/流程]。

RACI 矩阵可以清晰定义每个人的职责边界，减少"这不是我的工作"或"我不知道该找谁"的情况，是团队协作的重要工具。

本章小结：让 AI 助长你的职场超能力

本章通过实际案例展示了如何在职场办公场景中善用 DeepSeek，提升工作效率和质量。

- 文档助手：帮助你高效创作专业报告、邮件和会议纪要。
- 数据顾问：协助你分析数据、设计报表和做出明智的决策。
- 项目伙伴：支持你规划项目、管理风险和促进团队协作。

要点在于学会向 DeepSeek 提出有效的问题。不要只问"帮我写个报告"，而要提供具体背景、目的和需求。记住：AI 需要足够的信息才能提供高质量的帮助。

【实践建议】
（1）提供背景：简要说明情境、目的和受众。
（2）明确需求：具体说明你需要什么类型的帮助。
（3）提供相关资料：分享必要的数据或信息。
（4）说明偏好：指明风格、格式或重点关注点。
（5）迭代改进：通过追问和反馈不断完善结果。

DeepSeek 不是取代你思考的工具，而是放大你专业能力的助手。善用这一工具，你将能以更少的时间完成更多高质量的工作，在职场中脱颖而出。

正如一位成功的经理所说："未来，不是 AI 会替代人类，而是会用 AI 的人将替代不会用 AI 的人。"掌握本章介绍的技巧，你将成为那个善用 AI 提升自我的职场赢家。

第 6 章
{营销与内容创作}

> 用 AI 激发创意：DeepSeek 如何改变内容营销？

"我的微信公众号已经一个月没有更新了，但不知道写什么……"

"短视频太火了，但我总觉得自己的创意不够吸引人……"

"客户要求修改产品描述，说不够打动人，但我已经改了 5 遍……"

这些是我们日常接触到的内容创作者和营销人员常见的困境。在信息爆炸的时代，创造真正吸引人的内容变得越来越具有挑战性。本章将带你探索如何借助 DeepSeek，让你的营销内容更有创意和说服力，让你的品牌传播更加高效。

6.1 社交媒体内容策划

6.1.1 微信公众号文章创作

> 从千篇一律到独具特色。

陈悦是一名经验丰富的公众号运营者。"4 000 万公众号，我真不知道怎么才能脱颖而出，"她叹着气说，"每次写文章都感觉是在复制别人的模式。"

陈悦说，她最初尝试使用 AI 辅助写作时，只是简单地输入：

> 请帮我写一篇关于健康饮食的微信公众号文章。

【DeepSeek 回应】DeepSeek 回应了一篇格式正确的文章，但内容缺乏个性和吸引力，很难在竞争激烈的公众号环境中获得关注和转发。

"这样的文章技术上没有问题，但就是缺少打动人的力量，"陈悦说，"后来，我换了一种思路。"

她打开手机,展示她后来使用的提问方式:

请帮我创作一篇微信公众号文章,主题是"办公室久坐人群的健康饮食指南"。

目标受众:
-25~35 岁的都市白领,主要从事互联网和金融行业。
-工作忙碌,经常加班,饮食不规律。
-有一定的健康意识,但缺乏实操知识和执行力。

文章目标:
-提供实用且容易执行的办公室健康饮食建议。
-内容专业可信,但表达轻松不说教。
-增加与读者的共鸣和互动。

风格要求:
-标题需要吸引人但不过度夸张。
-开头用情景化的描述引起共鸣。
-内容结构清晰,易于快速浏览。
-语气友好幽默,像朋友间的分享。
-适当加入一些网络流行语,但不要过度。

内容框架需包含:
(1) 办公室常见饮食误区及危害。
(2) 3~5 个简单易行的改善建议。
(3) 可以在办公室准备的健康零食推荐。
(4) 简单的一周健康饮食规划示例。

额外需求:
-在文章中加入 2~3 处互动设计(如调查、提问等)。
-文末加入适合的引导转发和留言的话术。
-全文 1 500 字左右,需要包含小标题和 emoji 表情。

【DeepSeek 回应】DeepSeek 基于这个详细提问创作的文章具有鲜明特色,包括引人注目的标题《久坐 8 小时,你的身体正在偷偷抗议!办公室达人的明智饮食指南》,开头用生动的情景描述引起共鸣,内容既专业又接地气,融入了幽默元素和互动设计,结尾自然引导分享和留言。文章整体风格与目标受众高度匹配,各部分内容紧密围绕"办公室久坐人群"这一特定人群的需求展开。

"这篇文章发布后的表现让我惊喜，"陈悦笑着说，"阅读量是我平均水平的2.3倍，点赞和转发数据都创了新高。关键是，评论区特别活跃，很多读者分享了自己的办公室饮食故事。"

1. 真实对话示例

接下来，我们看看初次尝试使用 DeepSeek 的用户是如何得到指导的。

瑜伽教练小林最近开设了一家瑜伽馆，她想写一篇公众号文章来推广新课程，但不知从何下手。

小林：

> 我需要写一篇微信公众号文章，介绍我们瑜伽馆的新课程，有什么建议？

【DeepSeek 回应】DeepSeek 没有直接提供一篇完成的文章，而是引导她思考文章创作的关键要素，包括明确目标受众、设计情感共鸣开场、突出课程特色、添加真实细节、规划视觉元素和设计清晰的行动指引。这种指导性回应帮助小林形成了自己的思路，而不是被动地接受一篇通用文章。

受到启发，小林提供了更多具体信息：

> 是的，请帮我起草。新课程是"都市舒压瑜伽"，针对25～40岁的上班族，特点是结合呼吸疗法和传统瑜伽体式，课程40分钟，午休时间也能参加。我们的瑜伽馆在国贸CBD，教练都有国际认证。

【DeepSeek 回应】DeepSeek 创作了一篇高度定制化的文章，标题为《都市舒压瑜伽：献给疲惫都市人的40分钟"救赎"》，开头描述了办公室工作者的疲惫状态，突出了课程的简短时长和专业性，融入了真实学员反馈和具体优惠信息。文章结构清晰，语言生动，精准地击中目标受众的痛点，并设计了强有力的转化路径。

2. 公众号内容的四个层次

通过大量实践，发现公众号内容创作可以分为四个层次，每一层都能从 DeepSeek 获得不同程度的支持。

第一层：基础内容。简单提问如"写一篇关于咖啡的文章"能得到基本合格的内容，但缺乏个性和吸引力，适合临时应急或收集一般性信息。

第二层：定制内容。提供目标受众、风格要求和框架，如前面陈悦的例子，能得到更有针对性的内容，适合大多数公众号运营者的日常需求。

第三层：策略内容。这一层次不是只关注单篇文章，而是关注整体内容策略，考虑长期运营和品牌建设。例如：

请帮我为一家主打手工皮具的小众品牌设计一个月的微信公众号内容策略。

品牌信息：
-主打手工制作的真皮钱包、包袋和皮带。
-目标客户是25～45岁、注重品质的都市专业人士。
-价格定位中高端，强调匠人精神和可持续时尚。
-刚开始运营公众号，目前粉丝不到1 000人。

目标：
-建立品牌调性，传递匠人精神和产品价值。
-提高粉丝互动率和转化率。
-形成稳定的内容节奏。

请提供：
(1) 一个月的内容主题日历（每周2～3篇）。
(2) 每个主题的核心目的和内容框架。
(3) 通过内容促进销售转化的方法。
(4) 提高粉丝互动的策略建议。

第四层：创新内容。这一层次追求突破常规形式，创造真正新颖的内容模式，能够建立品牌独特性和用户记忆点。

我想为我的咖啡品牌公众号开发一个创新的内容系列，区别于市面上常见的咖啡知识科普或产品推广。请帮我设计一个独特的内容概念。

希望这个系列能：
-体现咖啡与生活方式的深度联结。
-有独特的叙事角度或创意表现形式。
-具有社交传播潜力。
-能形成读者期待的固定栏目。

请提供：
(1) 3～5个创新内容系列概念。
(2) 每个概念的独特卖点和发展潜力。
(3) 最具潜力的一个概念的详细规划（包括3～5期内容主题）。
(4) 通过这个系列建立品牌独特性的方法。

【专家视角】创新栏目设计方法

资深内容创意总监周晓明发现，最成功的公众号创新栏目通常来自"跨界思维法"。他建议：选择看似与你的领域无关的 3 个行业（如电影、游戏、旅行），分析它们的叙事模式和用户互动方式，然后将这些元素创造性地融入你的内容。例如，一家金融公司借鉴美食节目的"盲品"环节，创建了"盲测理财产品"系列，让普通用户在不知道品牌的情况下评价不同理财产品，引发了广泛关注。

【实用技巧】公众号选题策略

选题是公众号运营的永恒挑战。当你陷入创意枯竭时，尝试使用如下提问方式获取灵感。

> 我运营一个关于［你的领域］的公众号，目标读者是［目标读者描述］。请帮我生成 30 个有潜力的选题创意，分为以下几类：
> （1）解决读者痛点的实用内容。
> （2）引发情感共鸣的故事性内容。
> （3）传递专业见解的思考性内容。
> （4）适合社交分享的话题性内容。
> （5）适合重大节日或热点的应景内容。
> 每个选题请提供主标题、副标题、内容简介，以及这个选题的潜在传播点或价值点。

6.1.2 短视频脚本与文案

1. 抓住 8 秒注意力

"你知道吗？现在抖音用户决定是否继续观看一个视频，只需要 8 秒。"短视频导演李强在咖啡会上感叹道，"这 8 秒比电影开场的 3 分钟还重要。"

在抖音、快手等短视频平台，内容创作者面临的最大挑战是如何在极短的时间内抓住用户的注意力。许多创作者尝试使用 AI 生成内容，但往往只是简单地要求：

> 写一个关于减肥的短视频脚本。

【DeepSeek 回应】DeepSeek 生成了一个覆盖减肥基础知识的通用脚本，内容无错误，但缺乏吸引力和记忆点，没有清晰的目标受众定位，也没有考虑短视频的特殊表达需求和平台特性，难以在海量内容中获得关注。

李强分享了他的经验："为什么有些看似普通的视频却能获得百万播放量？秘密通常在于精心设计的开场和清晰的受众定位。"

他展示了他实际使用的提问方式：

请帮我创作一个抖音短视频脚本，主题是"上班族的 15 分钟快速健身法"。

目标受众：
- 25～35 岁的年轻上班族。
- 健身意愿强但时间有限。
- 对快速见效的方法特别感兴趣。

视频风格：
- 实用知识＋轻松幽默。
- 节奏紧凑，信息密度高。
- 视觉上简洁有力，适合职场人士。

脚本要求：
（1）开场必须在 3 秒内抓住注意力（使用强烈的对比、悬念或情感触发）。
（2）总时长控制在 60～90 秒。
（3）包含 3～5 个实用的快速健身动作，每个动作要有名称和要点。
（4）加入一些与目标用户共鸣的职场元素。
（5）结尾有明确的互动引导和关注理由。

需要特别注意：
- 脚本需采用分镜头格式，包括画面描述、旁白和动作指导。
- 语言要接地气，使用一些流行的网络用语增加亲和力。
- 避免过于专业的健身术语。

【DeepSeek 回应】DeepSeek 生成了一个高度结构化的短视频脚本，开场通过"疲惫上班族趴在办公桌上"的画面和"又是一天 996，健身房的卡已经吃灰两个月了"的旁白直击目标用户痛点。脚本采用分镜头格式清晰呈现视听元素，设计了"办公椅深蹲"等与职场环境结合的创新动作，使用了"薪资再高也换不来健康"等情感触发点，并在结尾设计了"你最想在办公室偷偷做哪个动作？"的互动问题。整个脚本既专业又接地气，针对性强，符合短视频平台的表达特点。

"使用这个脚本拍摄的视频获得了超过 50 万的播放量，是我账号平均水平的 8 倍，"李强兴奋地说，"关键是，转化率特别高，有超过 2 000 人保存了这个视频，说明内容真正解决了他们的需求。"

可以注意到，李强的提问详细说明了目标受众的特征、视频风格的定位和具体要求，特别强调了短视频特有的开场设计和互动策略，这些细节极大地提升了内容的针对性和有效性。

关键提示：短视频脚本需要格外注重开场的吸引力和整体节奏感，告诉 DeepSeek 你的平台特点和目标受众能得到更有针对性的内容。最关键的是，不要只提供主题，而要描述目标用户的具体特征和实际需求。

2. 不同平台的内容差异化

"我昨天在抖音爆了，但搬运到 B 站却只有几十的播放量……"一次线下活动中，一位内容创作者抱怨道。

不同短视频平台有不同的用户群体和内容偏好，一个在抖音火爆的视频可能在 B 站完全没有反响。理解这些差异对内容创作至关重要。

王芳是一家 MCN 机构的内容总监，她分享了她如何使用 DeepSeek 规划多平台内容。

> 我需要为一个美食博主规划多平台的内容策略。她专注于家常菜谱分享，有一定的烹饪专业背景。请帮我分析以下平台的内容策略差异。
> 目标平台：
> －抖音（追求点赞和评论量）。
> －小红书（追求收藏和种草效果）。
> －B 站（追求专业度和粉丝忠诚度）。
> 具体需要：
> （1）分析各平台用户特点和内容偏好。
> （2）针对同一道家常菜"红烧排骨"，分别设计适合三个平台的内容呈现方式。
> （3）每个平台的内容框架、亮点设计和互动策略。
> （4）如何通过差异化的内容建立跨平台的影响力。
> 请特别注意平台调性的差异，以及如何在保持个人风格一致的同时适应不同平台的特点。

【DeepSeek 回应】DeepSeek 提供了详尽的多平台内容策略分析，不仅总结了各平台的用户特点和偏好，还针对"红烧排骨"这一具体菜品设计了差异化的内容方案。对于抖音，推荐 15～60 秒的短视频，强调视听冲击力和情绪共鸣；对于小红书，推荐图文＋短视频组合，突出美感和生活品质；对于 B 站，推荐 5～10 分钟的深度内容，融入科普和原理解析。每个平台的方案都包含具体的标题示例、内容结构和互动设计，同时保持了博主的专业烹饪背景这一核心定位。

这个案例展示了平台差异化策略的重要性，针对相同的主题，根据平台特性和用户偏好定制内容形式和表达方式，能够显著提升内容想要达到的效果。

【常见错误】短视频内容创作的三个误区

通过与多位内容创作者合作，发现使用 AI 辅助短视频创作时有三个常见的误区：

✗ 误区一：过于通用。许多创作者只提供大致主题，如"请写一个美食视频脚本"，得到的内容缺乏特色。

✓ 正确做法：提供独特视角、风格定位和受众特征，如"为偏好低脂饮食的都市年轻女性创作一个展示藜麦沙拉制作的视频"。

✗ 误区二：忽视视听语言。短视频是视听结合的媒介，许多人只关注文字内容。

✓ 正确做法：在提问中明确要求包含画面描述、声音设计、动作指导和转场效果，打造完整的视听体验。

✗ 误区三：忽视平台特性。不同平台的算法推荐机制和用户偏好有很大差异。

✓ 正确做法：明确指定目标平台，并参考该平台的热门内容模式，如"设计一个符合抖音垂直屏幕、快节奏、强情绪的 15 秒开场"。

【实用技巧】热点追踪脚本

如何追热点创作短视频？一位热点内容高手分享了她的提问模板。

> 请帮我为最近的热点"[具体热点]"设计一个[平台名]短视频脚本。
> 我的账号定位：[你的内容风格和人设]。
> 我的专业领域：[你的专业背景或特长]。
> 热点切入角度：[你想从什么独特角度切入这个热点]。
> 请提供：
> （1）15 秒、30 秒和 60 秒三个版本的脚本。
> （2）每个版本的开场吸睛点和结尾互动设计。
> （3）在不跟风的前提下，从我的专业角度给这个热点增加新价值的方法。
> （4）2~3 个可能的标题选项。

6.2 品牌营销与推广

6.2.1 营销活动策划

1. 从概念到执行

"又到了策划'618'活动的时候,"营销总监李强在早会上说,"但我希望今年我们能做点不一样的活动。"

成功的营销活动需要创意概念、详细规划和精准执行的结合。许多营销人员在第一次尝试使用 DeepSeek 时,提问过于笼统:

> 帮我想一个营销活动。

【DeepSeek 回应】DeepSeek 提供了一个通用的营销活动概念,包含基本框架和常规元素,但缺乏针对特定产品、品牌或目标受众的个性化考虑,难以从众多同类活动中脱颖而出或产生显著效果。

后来,李强展示了他实际使用的提问方式。

> 请帮我策划一个夏季新品饮料的线上营销活动。
> 产品信息:
> —产品:一款含有玫瑰花茶和柠檬的气泡水饮料,主打低糖、天然、提神醒脑。
> —目标受众:25~35 岁的都市年轻白领,尤其是女性。
> —价格定位:15 元/瓶,中高端市场。
> —核心卖点:自然提神,不含咖啡因,办公室解乏佳品。
> 活动目标:
> —在小红书和抖音平台提升品牌知名度。
> —吸引 5 000 名以上用户参与活动。
> —实现 2 000 瓶的直接销售转化。
> —建立"时尚办公室必备饮品"的品牌形象。
> 活动限制条件:
> —预算:10 万元(含 KOL[①] 合作费)。
> —时间:7—8 月,为期一个月。

---

① 即关键意见领袖。

－现有资源：有自己的小红书和抖音账号，粉丝各1万左右；合作过5位中小型美妆和生活博主。

希望包含：
(1) 活动创意概念和名称。
(2) 传播策略和平台选择理由。
(3) 具体执行计划和时间线。
(4) 预算分配建议。
(5) 效果评估指标和监测方法。
(6) 潜在风险和应对措施。

【DeepSeek 回应】DeepSeek 提供了一个名为"解锁夏日活力时刻——办公室花茶革命"的完整营销方案。方案包含具体的传播策略（区分小红书和抖音的不同侧重点）、四周详细执行计划（从预热到持续阶段）、精确的预算分配方案（KOL 合作 6 万元、平台广告投放 2 万元等）以及多维度的评估指标设计。方案充分考虑了产品特性、目标受众和平台特点，既有创意亮点，又有扎实的执行规划，完全可以作为实际操作指南。

【专家视角】有效营销活动的三个支柱

资深营销策略师张玲认为，成功的营销活动通常建立在三个核心支柱之上：
- 情感连接：活动需要触动目标受众的特定情感需求或价值观。
- 参与机制：设计低门槛但有吸引力的用户参与方式。
- 传播引擎：构建能够推动内容自发传播的结构和激励机制。

她建议在向 AI 请求营销方案时，明确要求关注这三个维度。例如，一个减肥产品活动的成功不仅仅是促销，而是建立了"21 天改变挑战"的情感叙事、简单的每日打卡参与机制和"对比照片"的社交传播引擎，使活动获得了"病毒式"传播。

关键提示：营销活动策划需要同时考虑创意性和可执行性，向 DeepSeek 提供充分的品牌和产品背景以及明确的目标和限制条件是获得高质量方案的关键。记住，好的活动策划应该像一张地图，不仅指明目的地，还要标注出详细的路线和可能的障碍。

2. 多渠道营销协同

"现在的营销就像交响乐，不是一个渠道独奏，而是多个渠道协同演奏，才能奏出动人的品牌乐章。"市场协同专家王丽在一次分享会上如是说道。

现代营销通常需要跨平台、多渠道协同才能达到最佳效果。DeepSeek 可以帮助你设计整合的营销传播策略。

王丽作为一家新创企业的市场经理，如何使用 DeepSeek 规划产品发布的多渠道营销？

请帮我设计一个新产品上市的多渠道营销传播方案。产品和目标如下：

产品：一个智能家居控制中心，可通过语音和手机 App 控制家中所有智能设备。

目标用户：25～45 岁，中高收入，科技爱好者和忙碌的家庭。

价格：1 299 元/台。

主要卖点：

-一站式控制所有品牌的智能设备。

- AI 学习用户习惯，提供个性化、自动化的方案。

-隐私保护，数据本地存储不上云。

-简单设置，即插即用。

营销目标：

-在 3 个月内实现 5 000 台的销量。

-建立"智能家居集成专家"的品牌形象。

-获取 1 万名潜在用户的联系信息。

可用渠道和资源：

-数字渠道：官网、微信公众号、小红书、抖音、知乎。

-线下渠道：3 家北京核心商圈的体验店。

-合作资源：可接触科技媒体和智能家居 KOL。

-预算：50 万元营销费用。

请提供：

(1) 整体传播策略和核心信息。

(2) 各渠道的具体内容策略和重点。

(3) 线上线下活动的协同设计。

(4) 三个月的传播时间表。

(5) 预算分配建议。

(6) 投资回报率（ROI）跟踪和优化建议。

【DeepSeek 回应】DeepSeek 提供了一个全面的多渠道营销方案，以"智慧之家，由你掌控"作为核心传播概念，针对不同渠道设计了差异化但协同的内容策略：知乎定位为深度内容平台发布行业分析，微信作为私域流量核心分享用户案例，小红书展示产品融入精致家居生活，抖音制作对比类短视频，线下体验店打造沉浸式体验。方案设计了线上＋线下的闭环互动模式，制定了分为预热期、发布期和转化期的三个月时间表，并提供了详细的预算分配建议和 ROI 跟踪指标。整个方案既有战略高度又有战术细节，充分考虑了不同渠道的特性和受众心理。

3. 跨平台内容协同的三个原则

基于多个营销案例的分析，总结了跨平台内容协同的三个核心原则。

原则一：同一信息，不同表达。核心信息保持一致，但根据平台特性调整表达方式和深度。例如，同样是产品功能介绍，抖音可能是 15 秒的演示视频，知乎则是 2 000 字的深度解析。

原则二：渠道互相引流，不重复。各渠道内容既独立成篇，又能引导用户探索其他渠道的独特内容。例如，抖音视频结尾提示"想了解技术细节，关注我们的知乎账号"。

原则三：内容台阶，层层深入。从浅层认知到深度转化，设计内容漏斗，引导用户沿着决策路径前进。例如，先通过抖音形成初步认知，再到小红书了解使用场景，然后在知乎解答疑虑，最后通过公众号获取专属优惠。

"大多数失败的多渠道营销活动，本质上都是多个孤立的单渠道活动拼凑而成的，"一位资深营销总监说，"真正的协同不是内容的简单复制，而是精心设计的用户旅程。"

6.2.2 产品描述与卖点提炼

1. 从特性到价值

"我们花了两年时间开发这款产品，投入了最好的材料和技术，但销量却远低于预期……"产品经理陈欣在咨询会上沮丧地说。当看到她的产品页面时，问题一目了然——满屏都是技术参数和功能列表，却几乎没有说明这些特性对用户的实际价值。

产品描述是转化的关键，但许多人只关注产品功能特性，而忽略了真正打动用户的价值主张。使用 DeepSeek 可以帮助你实现从特性到价值的转化。

看一位电商运营者刘芳是如何提升产品描述的。

> 请帮我优化以下产品描述，使其更具吸引力和说服力。
> 产品：高端智能跑步机。
> 当前描述：

"我们的T8Pro智能跑步机采用2.5HP静音电机,最高速度可达18km/h,15段自动调节坡度,内置12种预设训练模式,10英寸高清触控屏,支持蓝牙音箱功能,可折叠以节省空间,承重达120kg。"

目标受众:

—主要是25~45岁的都市白领和年轻家庭。

—重视健康生活方式但时间有限。

—愿意为高品质产品支付溢价。

销售平台:天猫旗舰店,价格区间为4 000~5 000元。

请提供:

(1) 重新组织的产品描述,包括吸引人的标题和分段内容。

(2) 将技术参数转化为用户价值点的方法。

(3) 情感诉求和场景化描述。

(4) 用户可能的疑虑和反对点的解决方案。

(5) 有效的购买号召和保障承诺。

【DeepSeek回应】DeepSeek提供了一套全面的价值转化方案,创作了标题为"T8Pro智慧跑步空间｜把健身房级体验带回家,为繁忙的生活创造的15分钟高效训练"的产品描述。描述按功能板块重新组织,如"静享专业级跑步体验"突出静音特性对家庭生活的价值,"定制你的马拉松之路"将技术参数转化为个性化体验。同时通过场景化描述,如"清晨5点或深夜11点都能自在锻炼,不惊扰熟睡的家人"触发情感共鸣,并针对性解决用户可能的顾虑,如噪声、空间占用等问题。整个描述将技术特性转化为生活价值和情感体验,使产品更具吸引力。

【提示词工坊】产品特性转化为价值的公式

想要系统性地提升产品描述,尝试这个特性-价值转化公式:

初始提示词:

> 请帮我优化产品描述。

分析:过于简单,没有提供产品信息、目标受众和优化目标。

改进版1:

> 请帮我将产品特性转化为用户价值,产品是一款智能手表。

分析:提供了产品类型,但仍然缺乏具体特性、目标用户和使用场景。

最终优化版:

请帮我将以下产品特性转化为具体的用户价值和情感诉求。
产品：［产品名称］。
目标用户：［用户描述］。
产品特性列表：
（1）［特性1］＋［技术参数］。
（2）［特性2］＋［技术参数］。
（3）［特性3］＋［技术参数］。
……
对于每个特性，请提供：
（1）这个特性解决的具体用户问题或痛点。
（2）用户使用后的实际收益和体验改善。
（3）以情感化和场景化的方式表达这一价值的方法。
（4）可能的用户顾虑和如何在描述中解决。
最后，请按照"特性-益处-情感"的公式，为每个特性创建简洁有力的价值主张句。

【DeepSeek 回应】DeepSeek 为每个产品特性提供了系统化的价值转化分析，包括具体痛点解决、实际用户收益、情感化表达和疑虑解决方案。特别有价值的是，每个特性都得到了一个遵循"特性-益处-情感"结构的价值主张句，如"50米防水性能，让你在游泳、淋浴或雨天无须取下手表，尽情享受生活的每一刻而不被打断"。这些转化后的表述直接连接产品功能与用户日常生活，大大增强了产品描述的说服力和吸引力。

2. 差异化卖点提炼

"市场上的竞品越来越多，客户总是问'你们和别家有什么不同？'我感觉自己的回答总是苍白无力……"一位创业者在咖啡厅诉苦。

在竞争激烈的市场中，如何让你的产品脱颖而出？差异化卖点是关键。DeepSeek 可以帮助你分析竞品，提炼真正的差异化优势。

看看创业者张明如何使用 DeepSeek 寻找产品差异化定位。

请帮我为新产品分析竞争格局并提炼差异化卖点。
产品：一款针对3～6岁儿童的 AI 互动绘本应用。
核心功能：
－100多个原创绘本故事，支持语音朗读。
－AI 角色互动，孩子可以与故事角色对话。

－实时绘画识别，孩子的涂鸦可以变成动画融入故事。

－家长控制面板，可查看学习进度和推荐个性化内容。

主要竞品分析：

（1）竞品 A：拥有 500 多个绘本库，有基础语音朗读，无 AI 互动，月费 15 元。

（2）竞品 B：有 AI 对话功能，内容较少（50 多个），动画制作精良，月费 28 元。

（3）竞品 C：免费基础版＋付费内容，有简单涂鸦功能，无 AI 互动，内置广告较多。

我们的潜在优势：

－原创内容质量高，由儿童教育专家和作家创作。

－AI 互动技术领先，可理解儿童不完整的语言表达。

－绘画识别准确度高，支持复杂场景生成。

－无广告，注重儿童隐私保护。

目标定价：月费 25 元或年费 198 元。

请帮我：

(1) 分析市场竞争格局和空白点。

(2) 提炼 3～5 个最有力的差异化卖点。

(3) 为每个卖点创作有说服力的描述（适用于产品页面）。

(4) 设计一个能体现核心差异化价值的产品标语。

(5) 针对可能的用户疑虑，提供有效的回应策略。

【DeepSeek 回应】DeepSeek 提供了深入的竞争分析和差异化策略，首先识别出市场空白点是"高质量内容＋先进 AI 互动＋无广告安全环境"的结合。然后提炼出 4 个核心差异化卖点："故事活起来"（AI 角色互动）、"想象力变魔法"（实时绘画融入故事）、"为成长而设计"（教育专家内容体系）和"安全无忧"（无广告与隐私保护）。为每个卖点创作了生动具体的描述，如将 AI 互动描述为"不只是听故事，而是与故事对话"，直击情感需求。最后提供产品标语"绘本之上，想象无限——让 AI 点亮孩子的创造力宇宙"，并设计针对价格、内容量、屏幕时间等方面的可能疑虑的回应策略。

【实用技巧】独特卖点发掘框架

想要发现产品的真正独特卖点，可以尝试这个系统性分析框架。

请帮我通过系统分析发掘产品的独特卖点。

产品：[产品名称和简介]。

分析维度：

（1）功能维度：我们有哪些功能是竞品没有的？哪些功能实现方式更优？

（2）用户体验维度：我们在哪些方面提供了更好的用户感受？

（3）情感维度：我们能满足用户哪些更深层的情感需求？

（4）价值观维度：我们代表了什么样的理念和生活方式？

（5）社会认同维度：使用我们的产品能给用户带来什么样的身份认同？

对于每个潜在卖点，请分析：

-相对竞品的独特程度（1～5分）。

-对目标用户的吸引力（1～5分）。

-可信度和可证明性（1～5分）。

-传播性和话题潜力（1～5分）。

最后，请根据综合评分，提取 3～5 个最有力的卖点，并为每个卖点创建：

（1）简洁有力的标题（5～7字）。

（2）支持性的子标题（15～20字）。

（3）具体化的证明点（能支持这一卖点的事实或数据）。

【DeepSeek 回应】DeepSeek 提供了一个多维度、评分导向的卖点分析框架，不仅从功能层面，还从用户体验、情感需求、价值观和社会认同等深层次维度挖掘差异点。对每个潜在卖点进行 4 个维度的量化评分，确保选择的卖点既独特又有吸引力和可信度。最终提炼出的卖点配有简洁标题、支持性的子标题和具体证明点，形成了一套完整的差异化传播体系。

6.2.3 用户画像与精准营销

1. 从数据到洞察

"我们有大量的用户数据，但总觉得没有真正了解用户……"电商平台的营销总监王华在咨询会上表达了她的困惑，这也是许多营销人员面临的共同挑战。

用户画像是精准营销的基础，但许多企业只停留在基础人口统计特征，缺乏对用户深层动机和行为的理解。DeepSeek 可以帮助你从数据中提取洞察，构建多维度用户画像。

看看王华是如何使用 DeepSeek 分析用户数据的。

请帮我基于以下用户数据分析，构建我们电商平台的用户画像和精准营销策略。

平台概况：

我们是一家主打中高端家居产品的电商平台，月活用户约50万，主要销售家具、家纺、厨卫和家居饰品。

用户数据摘要：

-人口特征：女性占65%，25～40岁占73%，一二线城市占80%。

-购买行为：平均客单价1 200元，复购率32%，周末浏览量是工作日的2.3倍。

-内容互动：家居搭配和装修案例的内容阅读量最高，视频内容停留时间是图文的1.8倍。

-转化路径：从首次浏览到购买平均需要4.2次访问，社交媒体引流转化率高于搜索引擎。

-产品偏好：北欧风格和日式风格产品销量领先，客厅和卧室家具是销售主力。

业务目标：

（1）提高用户复购率。

（2）提高客单价。

（3）提高25～35岁男性用户的比例。

请帮我：

（1）构建2～3个核心用户画像，包括人口特征、行为特征、需求痛点和消费决策因素。

（2）针对每个用户画像，设计差异化的营销策略和内容方向。

（3）提供提高用户复购率和客单价的具体策略。

（4）分析如何吸引更多25～35岁的男性用户。

（5）推荐3～5个可以立即实施的精准营销活动。

【专家视角】用户画像构建的四个维度

想要构建更全面的用户画像，建议关注如下四个维度。

维度一：人口统计特征。年龄、性别、收入、职业等基础信息是用户画像的起点，这些数据通常易于获取，但提供的洞察有限。

维度二：行为特征。购买频次、浏览习惯、决策路径等实际行为数据可以反映用户如何与产品互动，这些数据更难获取但价值更高，能够显示用户的真实偏好而非自我报告。

维度三：心理特征。价值观、生活方式、关注点、痛点等内在因素可以解释用户为什么这样行动，这些信息通常需要通过调研和内容互动分析获取，但对于理解用户动机至关重要。

维度四：情境特征。使用场景、触发条件、环境因素等外部条件揭示用户何时何地会有特定需求，这一维度常被忽视，但对于设计有效的触达策略非常关键。

"只有将这四个维度结合起来，才能真正理解用户，"一位用户研究专家说，"例如，知道用户是'35岁的女性'（人口统计）只是起点；了解她'周末浏览但工作日购买'（行为特征）、'追求品质但注重性价比'（心理特征）以及'通常在孩子睡着后才有时间认真选购'（情境特征），才能真正洞察她的需求和决策路径。"

【实用技巧】心理洞察挖掘

基础数据往往不足以理解用户的深层次动机，尝试这种方法挖掘用户的心理洞察。

> 请帮我基于以下用户数据，挖掘可能的心理洞察：
> 用户群体：[简要描述]。
> 已知数据：
> -[行为数据1]。
> -[行为数据2]。
> -[行为数据3]。
> ……
> 请从以下角度分析潜在的心理动机：
> （1）功能性需求背后的情感需求（例如：购买速度快的产品不只是为了效率，可能是为了展示自己是个"高效率人士"）。
> （2）明显行为背后的隐藏目标（例如：反复比较价格可能不是单纯为了省钱，而是为了证明自己是"精明的消费者"）。
> （3）社会认同与自我认知的影响（例如：选择某品牌可能是为了融入特定社交圈层）。
> （4）理性与情感的冲突点（例如：声称注重性价比但实际购买高端产品）。
> 对于每个洞察，请提供：
> （1）洞察描述。

（2）支持这一洞察的数据线索。
（3）如何在营销中利用这一洞察。
（4）如何通过用户研究进一步验证这一洞察。

【DeepSeek 回应】DeepSeek 提供了一系列深度心理洞察分析，超越了表面的对用户行为背后隐藏的动机的数据挖掘。例如，将"用户经常浏览但不购买高端产品"这一行为解读为"理想自我与现实自我的拉扯"，并提出营销中可通过分期付款、限时折扣等方式缓解这种冲突。分析还识别出"寻求专业认可""追求个人独特性"等深层次的动机，并为每个洞察提供了营销建议和进一步的研究方向。这些洞察可以帮助营销团队超越功能性诉求，触达用户的情感需求和身份认同。

2. 个性化内容与触达策略

了解了用户画像后，如何将这些洞察转化为个性化的内容和触达策略？DeepSeek 可以帮助你设计精准的用户旅程和内容矩阵。

看看美妆品牌的数字营销主管李娜是如何使用 DeepSeek 设计个性化的营销策略的。

请帮我为我们的护肤品牌设计个性化的内容和触达策略。相关信息如下：

品牌与产品：
-中高端护肤品牌，主打成分透明和温和配方。
-核心产品线包括基础护理、抗老化和敏感肌系列。
-主要销售渠道为官网、天猫旗舰店和线下高端商场。

用户画像：
（1）护肤研究者：25～35 岁，对成分和功效有研究，注重科学护肤，喜欢研究产品成分表。
（2）忙碌的都市女性：30～45 岁，工作繁忙，喜欢简单高效的护肤方案，愿意为省时间付费。
（3）敏感肌人群：年龄分布广，有明确的肌肤问题，对产品安全性极为关注。

用户数据：
-拥有 10 多万注册用户，包含基础会员信息和购买历史。
-用户平均浏览 4.5 个产品后才会做出购买决定。
-内容互动率：成分科普和使用方法的内容互动率最高。

—转化率：肌肤问题针对性解决方案的转化率是一般内容的 2.3 倍。

需求：

(1) 设计差异化的内容策略，满足不同用户画像的需求。

(2) 建立个性化的触达机制，在正确的时间通过正确的渠道推送合适的内容。

(3) 设计自动化的用户旅程，提高复购率和客单价。

(4) 通过内容营销提升品牌专业形象和用户黏性。

请提供：

(1) 针对三种用户画像的内容主题和形式建议。

(2) 个性化触达的时机、渠道和内容组合策略。

(3) 关键用户旅程节点的自动化触达设计。

(4) 内容效果评估指标和优化机制建议。

【DeepSeek 回应】DeepSeek 提供了全面的个性化策略方案，为三种用户画像设计了差异化的内容策略：为"护肤研究者"提供了成分深度解析和科学护肤原理；为"忙碌的都市女性"创建了简化护肤流程和多效合一产品内容；为"敏感肌人群"分享了温和护理技巧和真实用户修复历程。同时设计了基于行为触发和生命周期的精准触达机制，如浏览未购买的 72 小时内推送产品科学依据，首次购买 7 天后推送使用技巧等。方案还包括多渠道协同触达策略和详细的效果评估指标，形成了一套完整的个性化营销体系。

【专家视角】个性化与隐私的平衡

数字营销专家刘志强提醒我们，个性化的策略必须在效果和隐私之间取得平衡。他建议采用"分层个性化"策略：

- 公开层：基于用户主动提供的信息和明确偏好（如注册时选择的兴趣）。
- 行为层：基于用户的网站行为和购买历史。
- 推断层：基于算法预测的潜在需求和偏好。

每深入一层，个性化程度就越高，但也需要更谨慎的隐私考量和更透明的用户沟通。例如，一家服装品牌的实践是：在邮件底部简单说明"您收到此邮件是因为您曾浏览过类似产品"，这种透明度反而提高了用户对个性化内容的接受度。

【实用技巧】个性化内容矩阵构建方法

想要系统规划内容策略，可以尝试如下内容矩阵构建方法。

请帮我构建一个个性化内容矩阵：

品牌/产品：[简要描述]。
目标用户群体：[主要用户画像]。
请从两个维度构建内容矩阵：
维度一：用户旅程阶段。
-认知阶段：初次了解品牌/产品。
-考虑阶段：对比评估多个选择。
-决策阶段：准备做出购买决定。
-体验阶段：首次使用产品。
-忠诚阶段：重复购买和推荐。
维度二：内容类型。
-教育型内容：解决问题和传授知识。
-启发型内容：提供新视角和思路。
-娱乐型内容：提供轻松休闲体验。
-说服型内容：提供购买理由和证明。
-转化型内容：直接促进行动。
对矩阵中的每个交叉点，请提供：
(1) 合适的内容主题和形式。
(2) 内容目标和关键信息。
(3) 最佳分发渠道和触达时机。
(4) 效果评估指标。

【DeepSeek 回应】DeepSeek 创建了一个有 25 个交叉点的完整的内容矩阵，系统地规划了用户旅程各阶段的不同类型的内容。例如，在认知阶段的教育型内容建议为"行业问题解析博客"，目标是建立品牌专业性；而在决策阶段的说服型内容则是"用户见证和案例研究"，目标是提供社会证明以消除购买顾虑。每个交叉点都配有具体主题建议、内容形式、分发渠道和评估指标，形成了一套全面且可执行的内容规划体系。

【实用技巧】个性化触达规则设计

想要设计自动化的个性化触达规则，可以尝试如下方法。

请帮我设计一套个性化触达规则系统：
业务场景：[简要描述你的产品/服务]。
用户数据点：[可获取的用户数据，如浏览历史、购买记录等]。
可用的触达渠道：[如邮件、短信、应用内消息等]。

请设计以下类型的触达规则：
（1）行为触发型规则。
-触发条件：[具体用户行为]。
-等待时间：[触发后多久发送]。
-内容重点：[应该传达什么信息]。
-优先渠道：[最适合的触达方式]。
-排除条件：[什么情况下不触发]。
（2）时间触发型规则。
-时间节点：[基于用户生命周期的时间点]。
-目标用户：[符合什么条件的用户]。
-内容重点：[应该传达什么信息]。
-个性化要素：[如何让内容更相关]。
-测试方案：[如何测试效果]。
（3）细分群体规则。
-目标细分：[特定用户群体描述]。
-触达策略：[频率、时间、渠道组合]。
-内容差异化：[与其他群体的内容区别]。
-预期效果：[希望达成的转化目标]。
-评估指标：[如何衡量成功]。

【DeepSeek 回应】DeepSeek 设计了一套完整的个性化触达规则，包含多种触发逻辑和条件组合。行为触发型规则覆盖了产品浏览、购物车放弃、首次购买等关键行为节点；时间触发型规则设计了基于注册周期、购买周期的系统性触达；细分群体规则则针对高价值用户、流失风险用户等特定群体制定了差异化策略。每条规则都包含具体的触发条件、等待时间、内容重点、渠道选择和排除逻辑，形成了一套自动化但高度个性化的用户触达机制。

6.3 创意写作与内容优化

6.3.1 创意构思与头脑风暴

1. 突破创意瓶颈

"每天写十条产品文案，我感觉自己的脑子已经被榨干了……"广告文案撰稿人小王苦恼地抱怨道，"每次都是千篇一律的'高品质''专业选择''优惠价格'。"

创意是内容营销的核心，但面对长期的内容创作，创意枯竭是普遍的挑战。DeepSeek 可以作为你的创意伙伴，帮助你突破思维限制。

看看广告创意总监张伟是如何使用 DeepSeek 进行头脑风暴的。

> 我需要为一个环保洗衣液品牌做创意头脑风暴，希望你能帮我拓展思路。
>
> 品牌背景：
> -主打生物酶技术，可在低温水中高效去污。
> -包装使用 100% 可回收材料，浓缩配方减少塑料使用。
> -定位为中高端市场，目标用户是环保意识较强的年轻家庭。
> -主要竞争对手都在强调"温和不伤手"和"强效去污"。
>
> 创意挑战：
> -避免环保产品常见的"说教"和过于严肃的刻板形象。
> -找到环保与生活品质的情感连接点。
> -在拥挤的洗涤剂市场中提高品牌辨识度。
>
> 请帮我：
> （1）提供多角度的创意思路，突破常规环保产品的传播框架。
> （2）每个思路提供具体的表现形式建议。
> （3）评估每个创意的优缺点和潜在影响。
> （4）推荐 2~3 个最有潜力的创意方向并深入发展。

【DeepSeek 回应】DeepSeek 提供了多角度的创意激发，包括"温度视角"（低温也能洗净，为地球降温）、"生物视角"（将生物酶拟人化为微型超级英雄）、"时间视角"（强调当下选择对未来的影响）和"平行宇宙视角"（创造海洋生物能与人类对话的世界）等创新概念。每个创意思路都配有具体的表现形式建议、创意延展方向和优缺点分析，帮助评估可行性和潜在影响。推荐的重点方向既有创意亮点又考虑了执行的可行性，为后续创意开发提供了清晰的方向。

【提示词工坊】创意思维的四种模式

想要系统化地激发创意，可以尝试如下四种思维模式。

初始提示词：

> 请帮我为一个咖啡品牌提供创意。

分析：过于笼统，没有提供品牌背景、目标受众和创意挑战。

改进版 1：

请帮我为一个精品咖啡品牌提供创意，目标是年轻白领。

分析：增加了品牌类型和目标受众，但仍缺乏具体挑战和思维框架。

最终优化版：

请使用以下四种创意思维模式，为［产品/品牌］生成创意概念。

产品/品牌信息：［简要描述］。

目标受众：［受众描述］。

创意挑战：［当前面临的创意难题］。

请运用这四种思维模式展开思考：

(1) 反向思维：挑战常规假设。

提示问题：如果［产品］不是用来［常规用途］的，而是……

(2) 关联思维：连接表面上不相关的概念。

提示问题：［产品］和［看似无关的事物］有什么共同点？

(3) 极限思维：将概念推向极端。

提示问题：如果［产品特性］被放大到极致会怎样？

(4) 类比思维：借用其他领域的模式。

提示问题：如果［产品体验］像一场［其他领域的活动］，会是什么样子？

对每个创意概念，请提供：

(1) 核心创意描述（25字以内）。

(2) 可能的表现形式（广告、内容、活动等）。

(3) 与目标受众的情感连接点。

(4) 潜在的传播价值。

【DeepSeek 回应】DeepSeek 运用四种思维模式生成了一系列突破性创意概念。反向思维产生了"咖啡不是饮品而是时间的容器"的概念；关联思维连接了"咖啡和天气预报的共同点"；极限思维探索了"如果咖啡香气可视化"的创意；类比思维将"咖啡体验类比为音乐会"。每个概念都包含核心创意描述、具体表现形式建议、情感连接点分析和传播价值评估，形成了全面的创意构思体系。

【实用技巧】四象限创意法

面对创意挑战，尝试这种结构化的头脑风暴方法。

请帮我使用四象限创意法，为［产品/服务/问题］进行创意头脑风暴。

背景信息：

[简要描述背景]。

四个思维象限：

(1) 放大象限：如果将核心特点/问题放大 10 倍会怎样？

(2) 缩小象限：如果将规模/时间/成本缩小到极致会怎样？

(3) 消除象限：如果消除产品/服务中的某个关键要素会怎样？

(4) 逆转象限：如果颠倒常规做法/观念会怎样？

对于每个象限，请提供：

(1) 3~5 个创意火花。

(2) 每个创意的核心概念和表现形式。

(3) 将这个创意转化为实际的营销或内容方案的方法。

【DeepSeek 回应】DeepSeek 运用四象限创意法生成了一系列突破性创意构想。在放大象限，探索了"如果环保影响放大 10 倍"的营销概念；在缩小象限，提出了"微型洗衣产品"的创新方向；在消除象限，挑战了"没有泡沫的洗衣液"的可能性；在逆转象限，颠覆了"衣物保护洗衣液而非相反"的常规认知。每个象限提供了 3~5 个具体创意火花，包括核心概念、表现形式和实施建议，系统性地拓展了思考空间，产生了多个可能的创新方向。

2. 创意标题与话题生成

"我有满脑子的好内容，但总是卡在标题上……"自媒体创作者李明在一次交流会上坦言，"一个好标题对阅读量的影响可能达到 300%，因此我每次都要绞尽脑汁。"

标题和话题是内容营销的第一道门槛，决定了内容能否获得关注。DeepSeek 可以帮助你生成有吸引力的标题和话题创意。

看看李明是如何使用 DeepSeek 生成内容标题的。

请帮我为我的健康生活自媒体账号生成有吸引力的内容标题和话题创意。

账号定位：

-面向 25~45 岁的都市上班族，关注平衡工作与健康的生活方式。

-内容风格轻松实用，强调"小改变大不同"的理念。

-已有粉丝较认可的内容方向：简易健康食谱、办公室微运动、减压技巧。

我计划创作的内容主题：

(1) 办公室久坐人群的护脊指南。

(2) 快节奏生活中的正念减压方法。

(3) 适合忙碌的上班族的 15 分钟健康早餐。

(4) 改善睡眠质量的方法。

对于每个主题，请提供：

(1) 5 个不同风格的标题选项（问题式、数字列表式、对比式、故事式等）。

(2) 2～3 个能引发讨论的话题角度。

(3) 潜在的热点关联或切入点。

希望标题风格：

-避免过度夸张的标题党风格。

-保持专业可信但不枯燥。

-有一定的好奇心和情感触发。

-切中目标用户痛点。

【DeepSeek 回应】DeepSeek 为每个内容主题提供了多样化的标题创意和讨论角度。以护脊指南为例，生成了 5 种不同风格的标题选项，如问题式"久坐腰痛是宿命？3 位脊柱专家教你办公室护脊秘诀"，数字列表式"上班族必备：7 个动作缓解 95％的腰背疼痛"等，并提供了引发讨论的话题角度，如"工作效率与身体健康是鱼和熊掌吗"，以及热点关联建议，如结合人体工学的办公设备评测。其他主题同样获得了针对目标受众定制的多样化标题创意，每个标题都考虑了吸引力、专业性和情感触发的平衡。

【专家视角】标题创作的 AICDA 公式

想要创作更有吸引力的标题？建议遵循 AICDA 公式：

- A（attention）：抓住注意力，使用强烈的情绪词或意外元素。
- I（interest）：引发兴趣，提示有价值的信息或解决方案。
- C（credibility）：建立可信度，提供专业来源或数据支持。
- D（desire）：激发渴望，暗示内容能满足特定需求或愿望。
- A（action）：促使行动，暗示阅读后能获得的具体收益。

"这个公式帮助我系统性地提升了标题效果，"一位内容主编分享道，"以前我们的标题往往只关注'抓住注意力'，忽略了建立可信度和激发行动的环节，导致高点击但低转化。现在我们的标题既能吸引眼球，又能引导实际行动。"

【实用技巧】标题变体生成器

需要为同一内容创作多种标题风格，可以尝试如下方法。

请为我的内容主题"[主题]"生成多种风格的标题变体。

目标受众：[简要描述]。

内容核心价值：[内容提供的主要价值]。

传播平台：[计划发布的平台]。

请生成以下风格的标题变体，每种2～3个：

(1) 问题式：直接提问引发思考。

(2) 数字列表式：强调具体的方法数量。

(3) 好奇心缺口式：制造信息缺口引发点击。

(4) 紧迫感式：强调及时性和必要性。

(5) 对比式：展示前后或不同选择的对比。

(6) 故事式：暗示内容中包含引人入胜的故事。

(7) 如何式：直接承诺解决特定问题。

(8) 专家背书式：引用权威增加可信度。

对于每个标题，请简要分析其适用场景和潜在效果。

【DeepSeek 回应】DeepSeek 生成了 8 种不同风格的标题变体，每种 2～3 个，共计 20 多个标题选项。例如，同样一个关于职场压力管理的主题，既有问题式"职场压力让你透不过气？5 个心理学家都在用的缓解技巧"，也有好奇心缺口式"90%的高绩效员工都避开了这个常见的减压误区"，还有故事式"从崩溃边缘到从容应对：一个职场老手的压力管理自白"。每个标题都配有简要分析，说明其适用的平台、受众心理和预期效果，帮助创作者针对不同渠道和目标选择最合适的标题风格。

6.3.2 文案优化与表达力提升

1. 从平淡到生动

"我们的产品明明很好，但文案读起来就像说明书……"一次咨询会上，产品经理陈欣无奈地抱怨。

优秀的文案能激发情感共鸣和行动欲望，但许多人的文案表达平淡无力，缺乏感染力。DeepSeek 可以帮助你提升文案的表达力和说服力。

看看陈欣是如何使用 DeepSeek 优化产品描述的。

请帮我优化以下产品描述文案，使其更具吸引力和说服力。

原文案：

"我们的智能手表 XZ200 具有多种运动模式，以及心率监测、睡眠跟踪等功能。采用高清彩屏，续航时间长，防水设计，是你运动和日常使用的理想选择。"

目标受众：

- 25~40岁注重健康管理的都市专业人士。
- 有一定的消费能力，但注重产品性价比。
- 生活节奏快，重视效率和便捷。

品牌调性：

- 有科技感但亲和，避免过于专业且冰冷。
- 强调产品如何融入用户生活，带来实际改善。
- 年轻有活力，但不浮夸。

优化需求：

（1）提升情感共鸣，从用户痛点和需求出发。
（2）增强表达生动性，避免平铺直叙的功能罗列。
（3）加入场景化描述，让用户能想象产品在生活中的应用。
（4）增强产品独特卖点的表达。
（5）优化文案结构，提高阅读流畅度。

请提供3个优化版本，分别侧重不同的表达风格和卖点。

【DeepSeek 回应】DeepSeek 提供了三个优化版本，每个都有鲜明的表达风格：第一个版本采用日常场景式，描述"当闹钟还在沉睡，XZ200已经准备好你的晨跑计划"，将产品融入生活场景；第二个版本使用问题解决式，开头提问"健身房会员卡闲置了吗？运动计划总是半途而废？"直击痛点；第三个版本运用成就感驱动式，强调"每一步都被记录，每一次心跳都有意义"，触发情感共鸣。所有版本都将技术参数转化为用户价值，增加了场景化描述和情感触发点，使产品描述更有吸引力和说服力。

【专家视角】提升文案表达力的五个维度

想要系统提升文案表达力，建议关注如下五个维度。

维度一：感官化描述。运用视觉、听觉、触觉等感官描述，让抽象概念具体化。例如，不只是说"高音质"，而是描述"清晰到能听见吉他弦的每一次震动"。

维度二：情境化表达。创造具体使用场景，帮助用户想象产品如何融入生活。例如，不只是说"防水功能"，而是描述"淋浴时收到紧急邮件，瞥一眼手腕就能决定是否需要立即回复"。

维度三：比喻与类比。通过熟悉事物的类比，帮助理解新概念或产品价值。例如，不只是说"快速处理器"，而是说"就像为你的工作配备了一位不知疲倦的私人助理"。

维度四：情感共鸣。触发特定情感反应，建立情感连接。例如，不只是说"高清摄像头"，而是说"捕捉孩子成长的每个珍贵瞬间，不再遗憾地错过第一步或第一个微笑"。

维度五：节奏变化。通过句式长短交替、停顿转折等手法，创造流畅而有张力的阅读体验。长句提供沉浸感，短句制造冲击力。

"这五个维度帮助我们系统性地提升品牌文案质量，"一位文案总监说，"我们建立了内部评估标准，每个维度按 1～5 分评分，确保文案在各个方面都达到高水准。结果显示，在五个维度都达到 4 分以上的文案，用户响应率平均高出 40%。"

【实用技巧】文案表达力检查表

想要快速提升文案质量，可以使用如下表达力检查表。

> 请评估并优化我的文案表达力。
> 原文案：[粘贴你的文案]。
> 请从以下维度进行评估和优化：
> (1) 具体性。
> -是否存在抽象、笼统的表达？
> -如何用更具体、可视化的描述替代？
> (2) 生动性。
> -是否缺乏感官描述和形象的比喻？
> -如何增加生动和形象的细节？
> (3) 情感性。
> -文案是否缺乏情感触发点？
> -如何植入能引起共鸣的情感元素？
> (4) 差异性。
> -表达是否太过常见，缺乏独特性？
> -如何从更独特的角度、用更新颖的表达脱颖而出？
> (5) 简洁性。
> -是否有赘余或重复的表达？
> -如何在保留关键信息的同时使表达更简洁有力？
> 请提供一个全面优化的版本，并说明做了哪些关键改进。

【DeepSeek 回应】DeepSeek 提供了全面的文案评估和优化建议，针对每个维度指出具体问题并提供改进方案。例如，在具体性方面，将"高效能电池"改为"连续工作 18 小时的电池寿命，足够支撑从清晨会议到深夜加班的全天候使用"；在情感性方面，增加"告别反复确认闹钟的焦虑，安心入睡"等情感共鸣点。最终提供的优化版本在保持原有信息的基础上，显著提升了表达力和说服力，文案更具画面感、情感共鸣和独特性。

2. 格式与结构优化

"内容本身很好，但呈现方式让人提不起兴趣阅读……"内容创作者王倩面对自己辛苦创作却鲜有人读完的文章，感到困惑不已。

优秀文案不只是内容本身，还包括格式和结构。合理的排版和结构可以显著提升阅读体验和信息吸收。DeepSeek 可以帮助你优化内容的格式和结构。

看看王倩是如何使用 DeepSeek 优化博客文章的结构的。

> 请帮我优化以下博客文章的格式和结构，提升可读性和用户体验。
> 原文：如何提高工作效率。
> 现代职场人士常常面临时间不够用的问题。提高工作效率可以从多方面入手，时间管理是重要的一环，我们可以使用番茄工作法或时间块方法来规划时间。此外，减少干扰也很关键，可以关闭手机通知，设定特定时间查看邮件。工作环境也会影响效率，一个整洁、舒适的工作环境有助于保持注意力。合理使用工具也能提高效率，比如使用项目管理软件、自动化工具等。身体状态会直接影响工作表现，保持规律的作息、适当的运动和健康的饮食都很重要。心理状态也不容忽视，学会减压和自我激励可以保持良好的工作状态。最后，持续学习和提升技能也是提高工作效率的长期策略。总之，提高工作效率需要综合考虑多个因素，找到适合自己的方法才是最有效的。
>
> 目标读者：
> − 25~40 岁的职场人士。
> − 主要通过移动设备阅读。
> − 时间有限，需要快速获取实用信息。
>
> 优化需求：
> （1）改善文章结构，使内容层次更清晰。
> （2）优化段落和句式，提高可读性。
> （3）增加视觉引导元素，方便快速浏览。
> （4）设计引人入胜的开头和有力的结尾。
> （5）保持原文核心内容不变，但可以适当调整表达方式。

请提供优化后的完整文章，并简要说明做了哪些关键优化。

【DeepSeek 回应】DeepSeek 提供了全面优化的文章版本，对结构进行了彻底重组：添加了引人注目的标题《7 个简单策略，让你的工作效率提升 30%》；设计了情景共鸣开场；使用清晰的标题层级和编号；增加了引用、项目符号、强调文本等视觉元素；缩短了段落长度，增加了空白区域；在每个部分增加了"实用技巧"或清单；添加了互动性结尾和行动指引。整篇文章从一大段文字转变为结构清晰、易于浏览、重点突出的内容，极大提升了移动设备的阅读体验。

【专家视角】移动优先的内容设计原则

数字内容专家林志强指出，现代内容消费已经以移动设备为主，但许多创作者仍在用适合桌面阅读的方式创作内容。他提出了三个移动优先的核心原则。

- 信息分层：使用清晰的标题层级和视觉分隔，让读者能在小屏幕上快速定位关键信息。
- 内容组块化：将长内容分解为 300～500 字的独立块，每块都有自己的小标题和核心价值。
- 视觉锚点：每隔 3～4 段文字提供一个视觉元素（引用、列表、强调）作为视觉锚点。

"我们的研究显示，遵循这三个原则的内容，在移动设备上的阅读完成率平均高出 65%，"林志强分享道，"这不是简单的格式调整，而是内容组织思路的根本转变。"

【专家视角】内容结构的 AIDA 模型

想要设计更有效的内容结构，可以使用经典的 AIDA 模型。

- A（attention）：引起注意。开场需要迅速抓住读者的眼球，可使用问题、数据或情景描述。
- I（interest）：激发兴趣。深入展开内容，通过价值承诺保持读者兴趣。
- D（desire）：激发渴望。展示内容如何解决读者问题，引发行动欲望。
- A（action）：促使行动。提供明确的下一步指引，引导读者采取实际行动。

"AIDA 不只适用于广告，而是对任何内容都有效，"一位内容策略师分享道，"特别是当你希望内容不只被阅读，还能促成某种行动时。"我们发现，结构符合 AIDA 模型的文章，读者采取后续行动的比例平均高出 40%。

【实用技巧】移动优先的格式检查表

现代内容消费主要通过移动设备，使用这个格式检查表优化移动阅读体验。

请帮我评估并优化以下内容的移动设备可读性。
原文：
[粘贴你的内容]。
移动优先的格式检查清单：
（1）标题与子标题。
－是否使用清晰的层级结构？
－标题长度是否适合移动屏幕？
－如何优化标题使其更具扫描性？
（2）段落结构。
－段落是否简短（移动设备理想情况下为3~4行）？
－是否有足够的段落间空白？
－是否避免了长句和复杂句式？
（3）视觉引导元素。
－是否使用项目符号和编号列表？
－是否有强调文本、引用或其他视觉元素？
－如何增加更多的视觉标记点？
（4）互动元素。
－内容是否包含易于触摸的互动元素？
－链接和按钮是否有足够的点击区域？
－是否存在横向滑动或其他移动设备不友好的元素？
（5）内容分块。
－是否将长内容分为易于消化的模块？
－各部分是否有描述性小标题？
－是否使用了进度指示器（如第1/5部分）？
请提供优化后的移动友好版本，并说明做了哪些主要改进。

6.3.3 多语言内容与本地化

"我们的产品在国内很受欢迎，但进入美国市场后反响平平……"一次咨询会上，跨国企业的市场经理张婷困惑地说，"我们已经把所有材料都翻译成英文了啊。"

全球市场需要高质量的多语言内容，但简单的直译往往无法传达原意，甚至可能引起文化冲突。DeepSeek 可以帮助你进行文化敏感的翻译与内容适配。

看看张婷是如何使用 DeepSeek 进行内容本地化的。

> 请帮我将以下中文营销内容翻译成英文，并进行美国市场的文化适配。
> 原文：
> "'干得漂亮'智能家居系统，让你的家庭变得更聪明！我们的系统采用最先进的 AI 技术，集成控制所有家电。告别烦琐操作，一键搞定全屋。过年回家，给父母装上这套系统，让他们的生活更便捷。现在购买，还可享受'孝心满满'优惠套餐，赠送免费安装和一年 VIP 服务。"
> 本地化需求：
> （1）保留产品核心价值主张，但适应美国市场的文化背景和用户习惯。
> （2）调整与"孝心"和"过年"相关的文化特定表述。
> （3）保持亲和力但符合美国营销语言习惯。
> （4）考虑美国消费者对智能家居的理解和关注点可能与中国消费者不同。
> 目标受众：
> －25～55 岁的美国中产家庭。
> －注重生活品质，但可能对技术不太精通。
> －重视家庭生活，希望通过科技提升家居体验。
> 请提供：
> （1）适合美国市场的英文翻译版本。
> （2）主要调整点说明及理由。
> （3）可能的替代表达方案（如有多种选择）。

【专家视角】文化适配的五个维度

想要进行更全面的内容本地化，建议关注如下五个文化适配维度。

维度一：语言习惯。不仅是语法正确，还包括地道的表达方式和流行用语。例如，中文喜欢用"安全感"，而英文可能更倾向于"peace of mind"。

维度二：文化参照。调整文化特定的比喻、节日和历史参照。例如，中国的"过年"在美国可以转换为"holiday season"或更具体的家庭团聚场景。

维度三：社会价值观。适应不同文化中家庭关系、个人成就、集体主义等价值观的差异。例如，中国强调的"孝心"在美国可能需要转换为"关爱家人"等表达。

维度四：视觉元素。颜色、图像和符号在不同的文化中可能有不同的含义。例如，红色在中国代表喜庆，但在某些西方国家可能与危险相关联。

维度五：消费习惯。考虑目标市场的购物决策方式、影响因素和支付偏好。例如，中国消费者可能更注重产品功能的多少，而美国消费者可能更关注使用体验和便捷性。

"这五个维度构成了我们全球营销的本地化框架，"一位国际品牌总监说，"我们发现，即使是最成功的本土营销活动，如果不经过这五个维度的调整，也很难在其他市场取得同样的效果。"

【实用技巧】跨文化营销检查表

计划跨文化营销活动时可以使用如下检查表避免文化误解。

请帮我评估以下营销内容的跨文化适应性，目标市场是［目标市场］。
原内容：
［粘贴你的内容］。
跨文化检查清单：
（1）语言与表达。
-是否有直译但不地道的表达？
-是否使用了目标市场难以理解的俚语或习语？
-幽默元素是否能在目标文化中有效传达？
（2）文化参照与象征。
-是否包含特定文化背景的节日、人物或事件？
-使用的颜色和数字在目标文化中是否有特殊含义？
-比喻和类比是否适合目标文化？
（3）价值观与社会规范。
-内容强调的价值观是否与目标文化一致？
-对家庭、成功、权威等概念的描述是否适合？
-是否触及目标文化中的敏感话题？
（4）视觉元素与设计。
-图片中的人物、场景是否符合目标市场的形象？
-设计风格是否符合目标市场的审美？
-布局和阅读方向是否考虑了目标市场的文化习惯？

(5) 市场实践与消费者行为。
-促销方式是否符合目标市场的习惯？
-产品定位是否考虑了当地消费者的优先级？
-呼吁行动的方式是否适合目标市场的文化？
请提供需要调整的要点和具体建议。

本章小结：DeepSeek 驱动的内容营销革新

"好内容需要灵感，但伟大的内容需要系统。"这是在与众多内容创作者和营销人员的合作中得出的结论。

本章通过丰富的案例展示了 DeepSeek 如何彻底改变内容营销和创意写作的方式，帮助营销人员和内容创作者实现更高效、更有效的传播。

- 作为内容策划师，DeepSeek 帮助你创建有深度、有特色的社交媒体内容和短视频脚本，从千篇一律中脱颖而出。
- 作为品牌传播顾问，它协助你设计全面的营销活动和提炼产品差异化价值，将产品特性转化为用户价值。
- 作为创意伙伴，它帮助你突破思维局限，生成新颖的创意概念和引人注目的表达。

使用 DeepSeek 促进营销与内容创作的关键在于理解有效提问的艺术。正如我们在案例中看到的，不要简单地要求"写篇文章"，而是要提供目标受众、传播平台、品牌定位和预期效果，让 AI 理解你的营销语境。这样的深度协作才能产生真正有价值的内容成果。

【实践建议】

(1) 分层提问：从基础需求开始，然后逐步深化和完善，就像与创意伙伴的对话一样。

(2) 场景导向：描述内容将在何种情境中使用，面向什么样的受众，解决什么问题。

(3) 提供参照：分享成功案例或喜欢的风格参考，帮助 DeepSeek 理解你的期望。

(4) 重视反馈循环：将 AI 输出视为创意草稿，通过对话不断迭代优化，直到达到理想的效果。

(5) 保持人类判断：DeepSeek 是强大的协作者，但最终的品牌判断应来自你自己，AI 无法完全替代人类的创意直觉。

正如一位资深营销总监所言："未来的营销不是简单依赖 AI，那些能够引导 AI 创造独特内容体验的人将引领行业。"掌握本章的方法，你将成为善用 AI 提升品牌传播力的营销先锋。

记住，DeepSeek 不是替代你的创意思维，而是提升你的创意潜力，让你能够以更少的资源创造更有影响力的内容，让品牌传播更加精准有效。

第 7 章
{技术与开发应用}

> 代码助手与设计伙伴：DeepSeek 如何革新技术工作。

"这周我需要改写一个旧的 PHP 函数，但我都忘记 PHP 的语法了……"
"产品经理需要一个详细的 API 文档，但团队没人愿意写……"
"我们的旧代码库越来越复杂，新成员要好几周才能上手……"

这些是技术团队的日常挑战。在快速迭代的开发环境中，工程师不仅需要编写高质量的代码，还要处理需求分析、文档编写和知识分享等多种任务。本章将探讨如何利用 DeepSeek 辅助软件开发全生命周期，让技术工作更高效、更有成就感。

7.1 编程辅助

7.1.1 代码生成与优化

1. 从需求到代码：一次对话的进化

李明是一位前端开发工程师，他需要为公司的电商网站开发一个购物车组件。以往，他会先查阅文档，再写出初始代码，然后进行多次调试和优化。现在，他尝试与 DeepSeek 对话：

> 请用 React 开发一个购物车组件，能添加商品、修改数量、计算总价，并支持优惠券。

这个简单描述得到的初始回应是一个基础的 React 购物车组件，但功能过于简单。让我们看看李明是如何通过对话逐步完善需求的。

> 这个组件看起来不错，但还需要添加几个功能：
> （1）商品数量不能少于1。
> （2）支持商品移入收藏夹。
> （3）显示库存状态。

【DeepSeek 回应】通过这次更具体的需求描述，DeepSeek 提供了一个增强版的购物车组件，加入了数量限制逻辑、收藏功能和库存状态显示。组件的交互性和功能性有了明显提升。

李明继续深化需求：

> 代码看起来很好，但还有两个问题：
> （1）如果用户手动输入 0 或负数怎么办？
> （2）能否优化移动端显示？

【DeepSeek 回应】DeepSeek 针对这两个问题进一步完善了代码，添加了输入验证和响应式设计。对于数量输入，增加了 onBlur 事件处理以确保无效输入被纠正；对于移动端优化，添加了媒体查询和弹性布局。

最后，李明提出了最终需求：

> 最后一个需求，我们需要支持国际化，如何集成 i18n？

【DeepSeek 回应】DeepSeek 提供了完整的国际化解决方案，使用 react-i18next 库实现了多语言支持，包括组件的重构、翻译文件的组织以及语言切换功能的实现。

通过这个简单的对话过程，李明得到了一个功能完善的购物车组件，包含数量验证、收藏功能、库存显示、响应式设计和国际化支持。这个过程展示了与 AI 协作编程的核心优势：快速迭代、需求逐步明确、问题及时解决。

王队长（李明的团队主管）看到这个组件后评价道："从构思到实现只用了不到一小时，而且代码质量和功能完整度都超出预期。这种工作方式让我们可以把更多精力放在创新和业务理解上。"

2. 代码优化的艺术

许多开发者已经有了可以工作的代码，但希望让它更高效、更易维护。张伟就是其中之一，他有一个运行缓慢的数据处理函数。

> 我的用户数据处理函数运行很慢，特别是当用户量超过 1 000 时。你能帮我优化吗？

```javascript
function processUserData(users) {
  let result = [];
  for(let i = 0; i < users.length; i++) {
    for(let j = 0; j < users.length; j++) {
      if(users[i].region === users[j].region && i !== j) {
        let temp = {
          name:users[i].name,
          region:users[i].region,
          connections:[]
        };
        if(users[i].interests.some(interest =>
          users[j].interests.includes(interest))) {
          temp.connections.push(users[j].name);
        }
        result.push(temp);
      }
    }
  }
  return result;
}
```

【DeepSeek 回应】DeepSeek 不只是提供了优化后的代码，更重要的是解释了为什么原代码效率低下，以及每个优化步骤的目的。分析指出了三个主要问题，即嵌套循环导致 $O(n^2)$ 的复杂度、重复计算相同区域的用户、对同一用户创建多个结果对象，并提供了一个优化版本。

3. 跨语言编程的桥梁

技术开发中常常需要处理多种编程语言。赵娜就遇到了这样的挑战，她需要将一个 Python 数据处理脚本转换为 JavaScript，以便在网页中使用。

我有一个 Python 脚本用于处理调查数据，现在需要将它转换为 JavaScript 版本。你能帮我翻译并确保功能一致吗？

```python
# Python 版本
import pandas as pd
import numpy as np
```

```python
def analyze_survey(data):
    df = pd.DataFrame(data)
    # 基本统计
    results = {
        "total_responses": len(df),
        "completion_rate": df['completed'].mean() * 100,
        "average_duration": df['duration'].mean()
    }
    # 按年龄分组
    age_groups = df.groupby('age_group').agg({
        'satisfaction': ['mean', 'count'],
        'would_recommend': ['mean']
    })
    # 转换结果
    results['age_groups'] = {}
    for age, values in age_groups.iterrows():
        results['age_groups'][age] = {
            "satisfaction": values[('satisfaction', 'mean')],
            "count": values[('satisfaction', 'count')],
            "recommendation_rate": values[('would_recommend', 'mean')]*100
        }
    # 关键词分析
    if 'comments' in df.columns:
        common_words = {}
        for comment in df['comments'].dropna():
            for word in comment.lower().split():
                if len(word) > 3:  # 忽略短词
                    common_words[word] = common_words.get(word, 0) + 1
        # 前10个常见词
        results['common_words'] = sorted(
            common_words.items(),
            key=lambda x: x[1],
```

```
        reverse = True
    )[:10]
    return results
```

【DeepSeek 回应】DeepSeek 提供了一个完整的 JavaScript 版本实现，同时指出了两种语言处理数据的关键差异。分析表明，JavaScript 中没有直接等同于 pandas 的库，需要手动实现一些数据处理函数。转换过程涉及将 pandas 的 DataFrame 操作转换为 JavaScript 数组的方法、重新实现分组和聚合功能、处理字符串操作的差异等。

DeepSeek 同时提供了测试建议，指出可能需要关注的问题，如浮点数精度差异和字符串分割行为的不同。还建议在处理大量数据时考虑引入类似 pandas 的 JavaScript 库，如 Danfo.js，或使用 Lodash 提高性能。

赵娜成功地将这段代码用在了她的网页应用中，她说："获得的不只是功能等效的代码，还有对两种语言数据处理哲学的理解。这大大加速了我的开发过程。"

【实用技巧】代码生成的最佳实践

使用 DeepSeek 生成代码的三个进阶策略。

策略一：先小后大，逐步构建。不要一次请求完整的复杂系统。先获取核心组件，确认它符合你的需求，再逐步扩展功能。这样不仅容易理解，也便于调试。

```
//良好示例
我需要一个简单的用户认证函数，只包含基本的用户名和密码验证。
// 确认基础功能后
现在请添加密码强度检查和登录尝试限制功能。
```

策略二：提供上下文和依赖。告诉 AI 你的开发环境、使用的框架版本和特定限制，以获得最适合你实际情况的代码。

```
//详细的上下文信息
我使用 Node.js 14.x 和 Express 4.17.1 开发一个 API。我们的团队规范要求使用 async/await 而非 Promise 链，并使用自定义错误处理中间件。请帮我编写一个用户注册接口。
```

策略三：要求解释而非只有代码。好的代码要有好的文档和解释。请求 AI

不仅提供代码，还要解释关键设计决策和潜在陷阱。

> //请求带解释的代码
>
> 请编写一个 React 中的数据缓存 hook，并解释其中的缓存策略和内存管理考虑。

7.1.2 调试与问题排查

1. 从错误信息到解决方案

程序员的日常工作有相当大的比例是在解决各种错误。李刚正在开发一个 Node.js 应用，但遇到了一个令人困惑的错误。

> 我的 Node.js 应用抛出了如下错误，但我找不出问题所在。
> Error:listen EADDRINUSE:address already in use:::3000
>   at Server.setupListenHandle [as_listen2] (node:net:1740:16)
>   at listenInCluster (node:net:1788:12)
>   at Server.listen (node:net:1876:7)
>   at Function.listen(/app/node_modules/express/lib/application.js:635:24)
>   at Object.<anonymous>(/app/server.js:42:5)
> 相关代码：
> // server.js
> const express = require('express');
> const app = express();
> const port = process.env.PORT || 3000;
> // 设置中间件和路由……
> app.listen(port, () => {
>   console.log('Server running on port ${port}');
> });

【DeepSeek 回应】DeepSeek 分析了这个错误，识别出这是一个"EADDRI-NUSE"错误，表明端口 3000 已经被另一个进程占用。它提供了多种解决方案，包括立即解决策略和长期改进建议。

2. 性能瓶颈分析

随着应用规模的增长，性能问题往往会成为开发者的噩梦。张婷正在开发一个数据可视化应用,她发现当数据量增加时,页面渲染变得异常缓慢。

> 我的 React 数据可视化组件在大数据集下变得非常慢。从 Chrome 性能分析器看,似乎有很多不必要的重渲染,但我找不出问题所在。这是我的组件代码:
>
> ```
> function DataVisualizer({data, filters, colorScheme}) {
>   const [processedData, setProcessedData] = useState([]);
>   // 处理数据用于可视化
>   (代码省略)
>   // 渲染图表
>   return (
>   (代码省略)
>     );
> }
> // DataPoint 组件(另一个文件)
> function DataPoint({x, y, color, label}) {
>   (代码省略)
> }
> ```

【DeepSeek 回应】DeepSeek 分析出了几个导致性能问题的关键点,即组件重渲染问题、对象内联创建引起的不必要更新和数据处理效率问题,并提供了全面的优化方案。

3. 代码问题的协作诊断

有时,问题不在于单个错误,而是代码设计层面的缺陷。王强正在开发一个共享状态的 React 应用,但发现组件之间的状态同步存在问题。

> 我的 React 应用中有多个组件需要共享用户配置状态,但我发现状态更新经常不同步或丢失。我目前使用 prop drilling 方式传递状态和更新函数。有什么更好的方案吗?这是简化后的代码结构:
>
> ```
> // App.js
> function App() {
>   (代码省略)
> }
> // 深层嵌套的组件示例
> ```

```
function MainContent({userConfig, updateConfig}) {
  （代码省略）
}
// 使用配置的组件示例
function WidgetA({userConfig, updateConfig}) {
  （代码省略）
}
```

【DeepSeek 回应】DeepSeek 通过深入分析代码问题，提供了多种实用的状态管理解决方案。首先指出了两个关键问题：prop drilling（通过多层组件传递状态）会导致维护困难，以及 React 状态更新的异步性导致的即时访问问题。

【专家视角】错误模式匹配与诊断框架

资深开发者张教授在处理复杂系统的故障时发现，将错误视为"模式"而非孤立事件能大幅提高调试效率。他的方法是：

（1）创建个人错误模式库，记录每类错误的特征、常见原因和解决方案。

（2）面对新错误时，先匹配已知模式，再进行具体分析。

（3）使用"五层问题"框架逐步深入：

- 是表现层问题（UI/输出）还是逻辑问题？
- 是状态问题还是计算问题？
- 是同步问题还是异步问题？
- 是局部组件问题还是系统架构问题？
- 是代码问题还是环境/配置问题？

这种结构化诊断方法特别适合复杂系统的调试，但在简单问题上可能显得过于烦琐。初学者可以从记录常见错误模式开始，逐步建立自己的诊断框架。

7.1.3 代码注释与文档生成

1. 从代码到文档的自动化

开发者总是希望有良好的代码文档，但编写文档往往被视为枯燥的任务。赵明正在开发一个公共 API，需要为各个函数添加详细的 JSDoc 注释。

> 我需要为这个 Node.js 工具库生成 JSDoc 注释。该库主要处理文件操作，但目前缺乏文档。能帮我为这些函数添加专业的 JSDoc 注释吗？
> // fileUtils.js
> const fs = require('fs');

```
const path = require('path');
const zlib = require('zlib');
async function copyDirectory(source, destination, options = {}) {
  （代码省略）
}
function findFiles(directory, pattern, recursive = true) {
  （代码省略）
}
module.exports = {
  copyDirectory,
  findFiles
};
```

【DeepSeek 回应】DeepSeek 为这个工具库生成了专业的 JSDoc 注释，包括详细的函数描述、参数说明、返回值类型、异常情况和使用示例。文档不仅涵盖了基本的 API 用法，还解释了每个参数的默认值和可选性，以及各种函数的边界情况处理。

除了 JSDoc 注释外，DeepSeek 还提出了一些代码改进建议，包括增强错误处理、改进性能（如对大型目录使用流式操作）、增加类型安全检查和添加事件回调以支持进度监控等。

2. 代码解释与教学

当新成员加入团队或接手遗留代码时，理解复杂代码是一个常见挑战。李华正在尝试理解一段复杂的递归算法。

> 我正在学习这个递归函数，但很难理解它的工作原理。能否解释一下它是如何工作的？最好能分步骤说明算法思路。

```
function traverseNestedObject(obj, path =' ', result = {}) {
  （代码省略）
}
// 示例使用
const nestedObject = {
  （代码省略）
};
const flattened = traverseNestedObject(nestedObject);
```

```
console.log(flattened);
// 输出
{
    （代码省略）
}
```

【DeepSeek 回应】DeepSeek 提供了详细的算法解释，首先指出这个函数的目的是将嵌套对象扁平化，将多层嵌套的属性转换为带点符号的单层键值对。然后从多个角度分解了函数的工作原理：

- 函数签名及参数解析。
- 核心算法步骤的详细解释，包括属性遍历、路径构建和递归调用策略。
- 使用示例代码跟踪完整的执行过程，展示每次递归调用的状态变化。
- 使用树状结构可视化整个执行流程。
- 解释该函数的实际应用场景，如配置管理、数据库存储和表单处理。

这种由浅入深、多维度的解释帮助李华真正理解了这个递归算法："这比我看过的任何教程都清晰。特别是视觉化的执行流程和分步跟踪让我真正理解了递归的工作方式。我现在不仅能理解这个函数，还学会了如何分析其他递归算法。"

【实用技巧】生成代码文档的最佳实践

使用 DeepSeek 为代码生成文档时的三个关键策略如下。

策略一：请求上下文感知的文档。不要只请求孤立函数的文档，提供使用场景和相关代码会得到更有价值的文档。

```
//良好示例
我正在开发一个电子商务应用，这个函数处理购物车价格计算。能否为它生成详细的 JSDoc 文档，包括参数验证、折扣规则和税费计算的处理方式？
function calculateTotalPrice(items, discountCode, taxRate){
    （代码省略）
}
```

策略二：指定文档风格和详细度。不同项目可能需要不同风格的文档，明确说明你的偏好。

```
//详细的风格指导
请为这个工具函数生成 JSDoc 文档，我们团队的文档风格偏好：
```

(1) 简洁的函数描述（1~2 句）。
(2) 每个参数的详细说明，包括类型、默认值和约束。
(3) 返回值说明。
(4) 至少 2 个示例代码，包括基本用法和高级用法。
(5) @throws 说明可能的异常情况。

策略三：迭代改进文档。优秀的文档通常需要多次迭代，先生成基础文档，然后进行针对性的完善。

//迭代式改进
这个文档基本不错，但还需要改进：
(1) 添加更多关于 pagination 参数的细节，特别是当 totalItems 为 0 时的行为。
(2) 返回值部分需要解释 meta 对象的所有可能字段。
(3) 增加一个错误处理的示例代码。
(4) 提供一个实际业务场景中的完整示例。
(5) 添加与相关 API 的交叉引用，帮助开发者理解完整的工作流。

通过这种迭代式方法，你可以逐步完善文档的细节和覆盖范围，确保它真正满足用户需求，而不是一开始就试图创建"完美"文档。多次小规模改进通常比一次大规模重写更有效。

7.2 产品设计与用户体验

7.2.1 需求分析与功能规划

1. 将模糊需求转化为清晰规格

产品开发过程中，需求往往从模糊的想法开始，需要逐步细化为明确的功能规格。李梅是一家初创公司的产品经理，她正在规划一个新的项目管理应用。

我们想开发一个面向小型团队的项目管理工具，主要强调简单易用和协作。我们的目标用户是 5~15 人的小团队，他们觉得现有工具太复杂。你能帮我把这个模糊的想法转化为更具体的功能需求和规格吗？

【DeepSeek 回应】DeepSeek 将这个初步想法转化为一份结构完整的产品规格书，包含产品概述、用户画像、功能需求、非功能需求、用户界面设计原则、技术路线图、成功指标和竞品分析等关键组成部分。

2. 从用户故事到功能设计

在敏捷开发中，用户故事是连接用户需求和功能实现的桥梁。王辉是一个移动应用开发团队的技术负责人，他需要将产品经理提供的用户故事转化为具体的功能设计。

> 我们的产品经理提供了以下用户故事，需要为金融应用添加一个"支出分析"功能：
>
> 作为一个预算有限的年轻专业人士，我希望能够看到我的支出模式分析，以便可以找到节省开支的机会。
>
> 作为一个想改善理财习惯的用户，我希望收到异常支出提醒，以便及时调整消费行为。
>
> 作为一个视觉型用户，我希望通过图表直观地了解我的消费分布，以便快速识别主要支出类别。
>
> 你能帮我将这些用户故事转化为具体的功能设计和技术实现方案吗？

【DeepSeek 回应】DeepSeek 提供了一个全面的功能设计方案，将抽象的用户故事转化为具体的实现规格。方案包括功能概述、详细的功能设计、技术实现方案和实施路线图等部分。

3. 用户流程与交互设计

优秀的产品体验需要精心设计的用户流程和交互细节。张楠是一个电商应用的 UX 设计师，她需要设计一个新的商品推荐系统。

> 我们的电商应用需要设计一个新的"个性化商品推荐"功能。目标是增加用户发现感兴趣的商品的概率，提高转化率。你能帮我设计用户流程和关键交互点吗？

【DeepSeek 回应】DeepSeek 提供了全面的用户流程和交互设计方案，包括推荐入口与展示位置、关键交互设计、推荐原因、用户反馈与学习机制、首次使用体验和空状态设计等多个方面。

【常见错误】需求描述过于抽象和笼统

许多产品经理在描述需求时使用过于抽象的语言，如"用户友好的界面""直观的体验""高质量的推荐"，这些表述对设计和开发团队缺乏具体指导。例如：

✗ "我们需要一个用户友好的注册流程"。

◇ "我们需要一个注册流程，要求用户只填写邮箱和密码，支持社交账号快速注册，整个过程不超过 3 个步骤，并在完成后立即显示个性化引导"。

更有效的做法是：
- 使用可衡量的具体描述代替抽象形容词。
- 明确说明关键约束和优先级。
- 提供用户情境和使用场景。
- 定义成功的标准和衡量方式。

7.2.2　用户界面设计建议

1. 从线框到交互原型

在产品开发中，将概念转化为可视化设计是一个关键步骤。李华是一家创业公司的前端开发者，需要为一个移动应用设计用户界面。

> 我们正在开发一个健康食品配送应用，需要设计一个直观的用户界面。目标用户是 25~45 岁的都市白领，注重健康但时间有限。应用的核心功能包括：
> （1）个性化膳食计划推荐。
> （2）食材和成品餐订购。
> （3）营养摄入追踪。
> （4）健康目标设定。
> 你能提供 UI 设计建议和关键界面的线框图描述吗？

【DeepSeek 回应】DeepSeek 提供了详细的 UI 设计方案，包括设计理念与原则、色彩系统、关键界面设计、导航结构、交互模式和视觉设计建议等。

2. 响应式设计与跨平台一致性

随着设备的多样化，确保应用在不同屏幕尺寸和平台上提供一致的体验变得至关重要。张伟是一个企业内部工具的开发负责人，他希望开发一个在各种设备上都能良好工作的应用。

> 我们计划开发一个企业内部的数据分析仪表盘，需要在桌面端、平板和手机上都能良好运行。用户主要有数据分析师和管理层，他们需要查看销售数据、客户行为和团队绩效。你能提供关于响应式设计和跨平台一致性的建议吗？

【DeepSeek 回应】DeepSeek 提供了全面的响应式设计策略，包括断点设计、布局策略、内容优先级策略、视觉一致性建议等多个方面。

7.2.3 用户测试与反馈分析

1. 有效的用户测试设计

用户测试是验证设计假设、发现使用问题的重要方法。王琳是一个教育应用的产品经理，她需要设计用户测试来评估新功能。

> 我们即将发布教育应用的一个新功能"学习路径规划"，让学生能根据自己的目标创建个性化的学习计划。在正式发布前，我想设计用户测试验证其可用性。目标用户是16~22岁的学生，测试预算和时间有限。你能帮我设计一个有效的用户测试计划吗？

【DeepSeek 回应】DeepSeek 提供了一个结构完整的用户测试计划，包括测试目标、参与者招募、测试方法、测试任务设计、数据收集方法和结果分析框架等内容。

2. 用户反馈的收集与处理

产品发布后，持续收集和分析用户的反馈对产品迭代至关重要。张志是一个协作工具的产品经理，他需要设计一个系统化的用户反馈收集和处理流程。

> 我们的团队协作工具已经有5 000名活跃用户，但我们缺乏系统化的用户反馈收集和处理机制。用户反馈分散在应用内、邮件、社交媒体和客服记录中，难以统一分析和进行优先级排序。你能帮我设计一个完整的用户反馈管理系统吗？

【DeepSeek 回应】DeepSeek 提供了一个全面的用户反馈管理系统设计，包括反馈收集渠道整合、反馈分类与标记、优先级评估框架、反馈处理流程和反馈闭环机制等核心组成部分。

【提示词工坊】用户测试计划优化过程

初始提示词：

> 帮我写一个用户测试计划。

分析：过于简单，缺乏产品、目标和约束等关键信息。

改进版1：

> 帮我写一个移动应用的用户测试计划，我们想测试新的支付功能。

分析：增加了产品类型和测试目标，但仍然缺乏具体细节。

改进版 2：

> 我需要为一个电商移动应用的新支付功能设计用户测试计划。目标用户是 25~40 岁的购物者，我们特别关注支付流程的易用性和安全感知。测试预算有限，希望包含测试方法和关键指标。

分析：提供了更多背景信息和具体目标，但仍可以进一步完善。

最终优化版：

> 我需要为我们的电商应用"ShopEasy"设计一个用户测试计划，评估新推出的一键支付功能。具体情况如下：
>
> 产品背景：电商应用，月活用户 10 万，主要用户是 25~40 岁的城市上班族。
>
> 测试功能：新推出的指纹/面容识别一键支付功能。
>
> 测试目标：评估功能的易用性、支付流程的顺畅度和用户对安全性的感知。
>
> 资源限制：预算允许招募 8~12 名测试者，测试时间不超过 2 周。
>
> 现有发现：内部测试发现部分安卓设备可能存在兼容性问题。
>
> 请提供完整的测试计划，包括：参与者招募标准、测试方法选择（现场/远程）、具体测试任务设计、数据收集方法、评估指标和结果分析框架。

关键改进：明确了具体产品和功能，定义了明确的测试目标，提供了资源限制和现有发现，并详细说明了期望输出的内容结构。

7.3 技术文档与知识库

7.3.1 API 文档编写

1. 开发者友好的 API 文档

优秀的 API 文档不仅是技术参考，更是提升开发者体验的关键。林涛是一个支付 SDK 的开发负责人，需要为新版本编写 API 文档。

> 我们开发了一个支付处理 SDK，支持多种支付方式（信用卡、支付宝、微信支付等）和交易类型（标准支付、分期付款、退款等）。需要编写开发者友好的 API 文档，帮助集成我们的 SDK。目标用户是移动应用和网站开发者，他们可能使用不同的开发语言。你能帮我设计一个全面且易用的 API

文档结构吗？

【DeepSeek 回应】DeepSeek 提供了一个全面的 API 文档结构设计和内容建议，包括文档架构、内容组织、示例设计和开发者体验优化等方面。

2. 版本变更与迁移指南

API 版本更新时，清晰的变更文档和迁移指南对开发者至关重要。王铭是一个数据分析 API 的产品经理，正在准备从 v1 升级到 v2 的迁移文档。

> 我们的数据分析 API 即将从 v1 升级到 v2，有一些重大变更需要用户迁移。主要变化包括：
> (1) 认证方式从 API 密钥改为 OAuth 2.0。
> (2) 部分端点路径改变，如 /analyze/text 变为 /text/analyze。
> (3) 请求体格式从 XML 改为 JSON。
> (4) 新增了速率限制和分页机制。
> (5) 废弃了一些老旧参数，新增了一批功能。
> 我们需要一份全面的迁移指南，帮助现有用户平滑过渡。大部分用户是企业级客户，有专业技术团队。你能帮我编写迁移文档吗？

【DeepSeek 回应】DeepSeek 设计了一份结构清晰的迁移指南，既面向管理决策者，又满足技术实施团队的需求。文档包括执行摘要、升级计划指南、变更详解、迁移步骤、常见问题及故障排除等部分。

【常见错误】API 文档过度技术化和缺乏上下文

许多 API 文档倾向于机械地列出参数和返回值，缺乏使用场景和实际示例，这大大增加了开发者的认知负担。例如：

✗

GET /users/{id}

参数：

id（integer）：用户 ID

返回：User 对象

✓

获取用户详情

GET /users/{id}

当需要显示用户资料页或处理用户的特定操作时，使用此端点获取完整的用户信息。

参数：

id（integer，required）：用户的唯一标识符

例如：/users/12345

返回：成功时返回包含用户详细信息的 User 对象

示例请求：

  curl -X GET "https://api.example.com/users/12345" -H "Authorization: Bearer token123"

  示例响应：

  {

   "id":12345,

   "name":"张三",

   "email":"zhangsan@example.com",

   "created_at":"2023-01-15T08:30:00Z",

   "status":"active"

  }

常见用例有：
- 加载用户资料页面。
- 验证用户权限前获取用户状态。
- 获取用户联系信息，以发送通知。

更有效的做法是：
- 提供每个 API 端点的使用场景和目的。
- 包含完整的请求和响应示例。
- 解释如何处理常见错误和边界情况。
- 提供相关端点的交叉引用。

7.3.2 技术博客与教程创作

1. 引人入胜的技术教程

技术教程不仅需要技术准确性，还需要良好的教学结构和引人入胜的叙述。陈玲是一位前端开发者，需要为公司新发布的图表库编写教程。

  我需要为我们公司新发布的 JavaScript 图表库"ChartMaster"编写一系列入门教程。这个库支持多种图表类型（折线图、柱状图、饼图等）和高级特性（动画、交互、响应式）。目标读者是有基础 JavaScript 知识但可能

不熟悉数据可视化的前端开发者。如何设计一个既能展示库功能又便于学习的教程系列？

【DeepSeek 回应】DeepSeek 设计了一个系统化的教程系列，包括整体结构规划、内容组织方法、教学策略和互动元素设计等方面。

2. 技术博客的结构与叙事

技术博客是分享知识、建立专业声誉的重要途径。李冰是一位 DevOps 工程师，想分享他最近的容器化迁移经验。

> 我最近带领团队将一个传统的单体应用迁移到了基于 Kubernetes 的微服务架构，过程中遇到了不少挑战并积累了经验。我想写一篇技术博客分享这个过程，既展示技术细节，又能讲述一个引人入胜的故事。目标读者是对容器化和微服务感兴趣的开发者和 DevOps 工程师。你能帮我设计博客结构和叙事方式吗？

【DeepSeek 回应】DeepSeek 提供了一个结合技术深度和叙事性的博客结构设计，包括框架设计、故事线构建、技术深度平衡和读者参与策略等方面。

【提示词工坊】技术博客结构优化过程

初始提示词：

> 帮我写一篇关于 React Hooks 的博客。

分析：过于笼统，没有明确主题、受众和深度。

改进版 1：

> 帮我写一篇关于 React Hooks 最佳实践的技术博客，面向中级前端开发者。

分析：明确了主题和受众，但仍缺乏博客目的和独特视角。

改进版 2：

> 我想写一篇关于 React Hooks 常见陷阱及解决方案的技术博客，面向已掌握基础 Hooks 但在实际项目中遇到性能或状态管理问题的前端开发者。希望能覆盖 useEffect 依赖数组问题、状态更新延迟和自定义 Hooks 设计模式等内容。

分析：明确了具体问题域和读者痛点，但仍可完善结构要求和预期效果。

最终优化版：

> 我想创作一篇关于 "React Hooks：从陷阱到模式" 的技术博客，面向

中级前端开发者。博客将聚焦三个方面：useEffect 依赖陷阱、状态更新竞态问题和自定义 Hooks 设计模式。

具体情况：
- 我在大型 React 应用重构过程中积累了这些经验。
- 目标读者是已掌握基础 Hooks 但在复杂场景中遇到困难的开发者。
- 我希望博客既有技术深度又有实用性，读者能立即应用到自己的项目中。

请帮我设计博客结构，包括：
- 引人入胜的开场方式（避免平铺直叙的技术介绍）。
- 核心章节组织和逻辑流（每个问题如何过渡到解决方案）。
- 代码示例展示策略（从问题代码到优化代码的展示方式）。
- 平衡理论解释和实践指导的方法。
- 有效的总结和行动建议。

我期望这篇博客能成为开发者遇到 Hooks 问题时的实用参考指南，而不仅仅是概念介绍。

关键改进：明确了博客目的、作者视角、内容组织需求和预期效果，为创作提供了清晰的结构化指导。

7.3.3 内部知识库构建

1. 可持续的技术知识管理

随着团队的成长，知识管理变得越来越重要。张涛是一家软件公司的技术负责人，需要建立内部技术知识库。

> 我们是一家开发团队有 50 人的软件公司，随着团队的扩大和项目的增多，知识碎片化和重复解决同样问题的情况越来越严重。我想建立一个内部技术知识库，覆盖我们的代码规范、架构决策、常见问题、最佳实践等内容。最大的挑战是如何保证知识库的持续更新和实际使用率。你能帮我设计一个可持续的技术知识管理系统吗？

【DeepSeek 回应】DeepSeek 提供了一个全面的技术知识管理系统设计，包括内容架构、贡献机制、质量控制、集成策略和文化建设等关键方面。

2. 技术入职文档设计

新成员入职是技术团队的常见挑战，好的入职文档可以大大缩短适应期。王明是一个复杂系统的技术主管,希望设计更有效的技术入职文档。

> 我们的团队负责一个有 10 年历史的复杂系统,涉及微服务架构、多个数据库和丰富的业务逻辑。新成员通常需要 1~2 个月才能完全上手,严重影响团队效率。现有的入职文档过于零散,缺乏结构和实践指导。我想设计一个新的技术入职系统,帮助新成员在 2~3 周内独立编写代码。你能帮我设计这个入职系统吗?

【DeepSeek 回应】DeepSeek 设计了一个结构化的技术入职系统,结合渐进式学习路径、实践项目和导师制度,形成了完整的入职体验。

【专家视角】提升技术文档可发现性的设计模式

资深知识管理专家林教授发现,许多内部文档系统最大的失败不是内容质量,而是可发现性差——人们找不到需要的信息。他提出以下设计模式:

(1) 上下文感知导航:根据用户的当前活动(如当前查看的代码文件、正在处理的错误、开发的功能)主动推荐相关文档。

(2) 多路径访问:为同一文档创建多种查找路径,包括:

- 功能导向分类(按系统功能组织)。
- 角色导向分类(按工作角色组织)。
- 问题导向分类(按常见问题组织)。
- 技术栈导向分类(按技术组件组织)。

(3) 知识连接网络:在文档之间创建丰富的交叉引用和相关链接,形成知识网络而非孤立文档。

(4) 智能搜索增强:

- 同义词和技术术语映射表。
- 搜索结果上下文预览。
- 基于用户历史的个性化搜索排序。

这些模式特别适用于大型技术组织的知识管理,但需要投入资源维护知识连接和分类。对于小团队,可以从简单的标签系统和交叉引用开始,随着团队的成长再逐步完善。

本章小结:技术与开发的 AI 助力

本章探索了 DeepSeek 如何在技术与开发领域提供强大支持:

- 作为编程助手,帮助你从简单需求生成高质量的代码、优化性能、跨语言转换和解决复杂错误。

- 作为设计伙伴，协助你分析模糊的需求、设计用户界面、规划交互流程和评估用户体验。
- 作为文档专家，支持你创建清晰的 API 文档、撰写引人入胜的技术博客和构建可持续的知识库。

DeepSeek 的优势在于不仅能生成代码和文档，更能提供背后的思路和原理解释，帮助开发者真正理解和学习。

【关键启示】

（1）迭代沟通是关键：从简单需求开始，通过多轮对话逐步完善，这比一次性提供复杂说明更有效。

（2）上下文和约束很重要：提供开发环境、技术栈和团队规范等上下文，获得更符合实际需求的结果。

（3）要求解释而非仅要结果：好的代码和设计方案应当包含清晰的思路解释，帮助团队理解和维护。

【技术哲学思考】

AI 时代，优秀开发者的核心价值，正从"编写代码"转向"构建思维"。DeepSeek 作为思考伙伴，正在重新定义开发者的工作方式。

> 优秀的开发者不是知道所有答案的人，而是能够提出更好问题的人。DeepSeek 的价值不在于它给出了正确答案，而在于它帮助我们重新构建了问题本身。
>
> ——某资深技术架构师

这种协作模式突破了传统开发的思维局限，让技术团队能够专注于创造性思考和架构设计，而将重复性、模式化的任务交给 AI 伙伴，真正实现了人机协同的技术创新。

本章内容展现了 DeepSeek 在开发领域的深度应用，为读者提供了从工具使用到思维升级的完整路径，助力读者在技术快速演进的时代保持竞争优势。

第 8 章
{金融与投资分析}

> 数据洞察与财富向导：用 DeepSeek 重塑投资决策。

"我刚刚接手了一个金融分析项目，需要快速了解新能源汽车行业的趋势，分析几家主要竞争对手的财务状况，并给出投资建议。以前这种工作需要花费一周时间，现在距离截止日期只有两天了……"

作为一名刚升职的投资分析师，李明面临着第一个严峻挑战。在信息爆炸的时代，如何高效获取、筛选、分析金融数据并转化为有价值的洞察，成为金融专业人士的核心挑战。

DeepSeek 作为强大的 AI 助手，可以帮助我们快速处理海量金融信息，完成从市场研究到投资决策的全流程辅助。本章将介绍如何在金融与投资分析领域高效使用 DeepSeek。

8.1 市场研究与分析

8.1.1 行业趋势解读

李锐是投资咨询公司的分析师，需要对芯片产业的未来发展趋势进行深入分析，为投资决策提供参考。

初始提问：

> 请分析半导体芯片产业的发展趋势。

问题分析：缺乏时间范围、地域范围、分析目的、分析维度和专业角度引导。

改进后的提问：

请作为资深的半导体产业分析师，对全球芯片产业未来 2 年（2025—2026 年）的发展趋势进行分析，重点关注：

(1) 各细分领域（AI 芯片、车用芯片、消费电子芯片）的市场规模预测和增长点。

(2) 地域格局变化（美国、中国、欧洲的产业政策和竞争态势）。

(3) 技术路线演进（先进制程、封装技术、新材料应用）。

(4) 供应链风险与机遇。

分析需要：

-基于过去 5 年的发展历史提供前瞻性判断。

-包含主要厂商的竞争态势。

-指出投资者应关注的关键拐点和风险因素。

请使用专业但易懂的语言，提供有数据支持的分析，适合向非技术背景的投资决策者汇报。

【DeepSeek 回应】获得了结构清晰、内容深入的产业分析报告，包含细分市场数据、区域对比、技术路线图和投资风险点，既有宏观视角，又有微观细节。

这个提示词的有效性在于：

(1) 明确了角色定位（资深分析师）。

(2) 设定了明确的时间和地域范围。

(3) 提供了多维度的分析框架。

(4) 明确了分析标准和目的。

(5) 定义了输出风格要求。

【专家视角】趋势分析的数据敏感度

先询问 DeepSeek 掌握的该行业最新数据的截止时间，然后进行分析，并在结果中明确标注基于已知数据的分析与前瞻性判断，提高分析的可靠性和透明度。

8.1.2 竞品分析与对比

风投经理张枫需要评估在线教育领域几家头部企业的竞争态势。

初始提问：

比较几家在线教育公司的优劣势。

问题分析：未指明具体目标公司、对比维度、分析目的和输出格式要求。
改进后的提问：

> 请以投资咨询专家的身份，对以下四家在线教育企业进行多维度的竞争力分析和对比：
> （1）好未来教育（NYSE：TAL）。
> （2）高途教育（NASDAQ：GOTU）。
> （3）网易有道（NYSE：DAO）。
> （4）作业帮（未上市）。
> 分析维度包括：
> （1）财务表现：收入增长率、盈利能力、现金流状况。
> （2）商业模式：收入来源结构、定价策略、获客成本与留存率。
> （3）产品矩阵：覆盖学科与年龄段、技术应用创新、用户体验。
> （4）市场地位：目标用户群、市场份额、品牌认知度。
> （5）风险因素：政策敏感度、竞争威胁、增长瓶颈。
> 请提供：
> （1）对比表格：以上述维度为行、四家公司为列的综合评分表（1~5分制）。
> （2）各公司SWOT分析：优势、劣势、机会与威胁。
> （3）投资建议：基于当前估值和增长空间，对投资吸引力排序。
> 分析应基于最新可得的数据，适合为风险投资机构的决策提供参考。

【DeepSeek 回应】获得了详细的竞品分析报告，包含评分表格、SWOT 分析和投资建议，全面覆盖财务、商业模式、产品、市场等关键维度。

【常见错误】忽视竞品分析的时效性

应明确要求基于"最新可得的数据"或指定特定时间范围，确保分析的现实参考价值。

8.1.3 市场机会识别

创业投资基金合伙人孙总需要为下一轮投资寻找有潜力的市场机会。
初始提问：

> 哪些领域有好的投资机会？

问题分析：范围过于宽泛，未提供投资标准、周期、规模和专注的领域，缺乏输出格式要求。

改进后的提问：

> 请作为创业投资领域的战略顾问，分析中国"银发经济"（与老年人相关的产业）市场中的创业投资机会。
>
> 背景信息：
> -我所在的基金主要投资 A 轮，单笔投资额为 500 万～1 000 万元。
> -我们关注具有技术壁垒的项目，希望 3～5 年内有明确的退出路径。
> -我们已投资过养老社区和老年营养保健领域。
> 请识别并分析 5 个最具潜力的细分领域，针对每个领域提供：
> （1）市场规模与增长预测（当前规模和未来 5 年的复合平均增长率（CAGR））。
> （2）需求缺口与痛点分析（为什么现有解决方案不足）。
> （3）商业模式可行性（盈利模式、回收周期、壁垒构建）。
> （4）具体机会点（2～3 个具体创业方向及优势/风险）。
> （5）该领域的标杆企业（国内外各 1～2 家及其亮点）。
> 请特别关注科技赋能传统养老产业的机会。结论部分请提供最值得重点关注的 2 个细分领域及理由。

【DeepSeek 回应】获得了针对"银发经济"的深度市场机会分析，包含 5 个细分领域的市场规模、核心痛点、商业模式、机会点和标杆企业案例，并推荐了最具投资价值的领域。

【专家视角】识别市场机会的三层递进法

首先让 DeepSeek 生成 20～30 个可能的细分方向；然后针对这些方向分别提问"为什么会/不会成功"来进行初筛；最后对筛选出的 3～5 个方向从投资者、创业者和用户三个视角进行深度分析。

8.2 投资决策辅助

8.2.1 财报解读与分析

个人投资者王经理初学价值投资，需要理解公司的财报。

初始提问：

> 帮我分析一下腾讯的财报。

问题分析：未指明具体财报的时间范围、分析重点、投资风格和分析深度要求。

改进后的提问：

请作为资深财务分析师，深入分析腾讯控股（00700.HK）最近一个财年的年度报告，目的是评估其长期投资价值。我是价值投资者，关注公司基本面和长期成长潜力。

请从以下维度进行分析：

（1）收入结构分析：
- 各业务线收入占比及同比变化。
- 增长最快与最慢的业务线及原因。
- 收入多元化程度评估。

（2）盈利能力分析：
- 毛利率、营业利润率、净利率的历史对比（3年）。
- 与主要竞争对手的利润率对比。
- 影响盈利能力的关键因素。

（3）现金流的健康度：
- 经营/投资/筹资现金流结构。
- 自由现金流的计算与趋势。

（4）资产负债状况：
- 资产结构与质量分析。
- 负债率与偿债能力。
- 股东权益回报率（ROE）分析。

（5）投资价值判断：
- 主要财务风险点。
- 未来增长动力评估。
- 基于市盈率（PE）、市净率（PB）、现金流折现（DCF）等估值方法的合理价值区间。

请以专业但易懂的语言进行分析，适合投资新手理解。最后，请给出"买入/持有/卖出"的投资建议及理由。

【DeepSeek 回应】获得了全面深入的财报分析报告，包含收入结构、盈利能力、现金流、资产负债状况和投资价值判断，既有数据支持，又有专业解读。

👤【常见错误】过度依赖单一财报

应要求对比分析 3~5 个季度的数据变化趋势，或与行业内 2~3 家可比公司进行对比，获得更有价值的财务分析洞见。

8.2.2 风险评估与管理

家族办公室投资总监林总需要全面评估投资组合的风险状况。

初始提问：

> 我的投资组合有哪些风险？如何管理这些风险？

问题分析：缺乏投资组合的具体构成、投资目标、风险偏好和风险评估方法要求。

改进后的提问：

> 请作为投资风险管理专家，针对以下家族办公室投资组合的风险状况，做出评估并提出管理建议。
>
> 投资组合构成：
> - 美国大型科技股：30%（苹果 10%、微软 8%、谷歌 7%、亚马逊 5%）。
> - 中国大型科技股：15%（腾讯 8%、阿里巴巴 7%）。
> - 美国国债：20%（平均久期 5 年）。
> - 中国一线城市商业地产：25%。
> - 美元现金：5%；人民币现金：5%。
>
> 投资目标与约束：
> - 管理总资产约 5 亿元。
> - 年化回报率 8%~10%。
> - 投资周期 10~15 年，短期无大额流动性需求。
> - 风险容忍度中等，可接受市场周期性波动。
>
> 请提供：
>
> （1）综合风险评估：市场风险、地缘政治风险、流动性风险、汇率风险、集中度风险。
>
> （2）情景压力测试：科技股熊市、中美关系恶化、通货膨胀率上升情景下的表现。
>
> （3）具体风险管理策略：资产配置调整、对冲工具、分散化改进方案。
>
> 请使用专业但清晰的语言，注重实操建议。

【DeepSeek 回应】获得了针对特定投资组合的定制化风险评估报告，包含全面风险评估、情景压力测试和具体风险管理策略。

> 【专家视角】风险评估的"三维模型"

从宏观经济环境、行业/地区特征和个别资产特性三个层次分析风险源；为每个风险分配概率和影响程度评分，形成风险热力图；基于评分结果推荐优先处理的风险及策略。

8.2.3 投资组合优化

有 5 年投资经验的投资者吴女士希望优化她的 100 万元投资组合。

初始提问：

> 如何优化我的投资组合，让收益更高？

问题分析：缺乏当前投资组合构成、个人财务状况、投资目标、风险偏好和优化的具体目标。

改进后的提问：

> 请作为个人理财顾问，帮我优化投资组合以实现长期稳健增长和合理的风险收益比。
>
> 我的个人情况：
>
> - 35 岁，已婚，有一个 5 岁的孩子。
> - 家庭年收入 50 万元，有房贷（月还款 8 000 元）。
> - 预计 5 年后需要 20 万元的教育金，15 年后准备退休金。
> - 风险承受能力中等，投资经验为 5 年。
>
> 当前投资组合（总计 100 万元）：
>
> - 货币基金：20 万元（年化 2.5%）。
> - 国内大盘股票：40 万元（主要是银行、保险股）。
> - 美股科技 ETF：10 万元。
> - 国内债券基金：15 万元。
> - 黄金 ETF：5 万元。
> - P2P 借贷：10 万元（年化 8%，但存在风险）。
>
> 我的优化目标：
>
> - 年化回报率 6%～8%。
> - 降低组合的整体波动性。

－优化税收效率。
－确保必要时期的流动性需求。
请提供：
（1）当前组合的问题分析。
（2）优化后的资产配置建议。
（3）调整策略（一次性或分步实施）。
（4）定期再平衡策略。

【DeepSeek 回应】获得了个性化的投资组合优化方案，包含问题分析、资产配置建议、分步调整策略和再平衡方法。

> 【常见错误】忽视投资组合间的相关性

应要求分析各资产类别间的相关系数，基于降低整体波动性的原则提供配置建议。低相关或负相关的资产组合能在不牺牲收益的情况下显著降低风险。

8.3 金融文档处理

8.3.1 合同与协议审阅

AI 初创公司的创始人陈女士需要审阅投资协议，但缺乏法律专业知识。
初始提问：

> 帮我看看这份投资协议有没有问题。

问题分析：未提供具体的协议内容、关注重点、自身角色目标和具体审阅方向。

改进后的提问：

> 请作为具有金融法律背景的顾问，审阅这份天使投资协议的关键条款，特别关注对创始人权益的潜在风险点。
>
> 我是 AI 初创公司的创始人，公司成立 1 年，估值 1 000 万元，正考虑接受 100 万元的天使投资，换取 10% 的股权。
>
> 请重点审阅以下协议摘录：
> ［协议摘录开始］
> ……投资方有权委派 1 名董事会成员，任何重大决策需要董事会一致通过……
> ……若公司未能在 3 年内实现营收 500 万元或完成 B 轮融资，投资方有

权要求公司回购其持有的全部股份，回购价格为投资金额的1.5倍……

……创始人承诺未来5年内不得从公司离职，否则需要按照一定的比例向公司返还股份……

……公司后续融资时，投资方享有优先认购权、按比例跟投权和反稀释保护……

［协议摘录结束］

请对每个条款进行分析：

（1）条款的通常性：该条款在天使投资中是否常见。

（2）潜在风险：对创始人/公司控制权和发展的潜在限制。

（3）建议对策：如何修改或协商该条款。

（4）谈判要点：如何与投资方沟通。

最后，请给出优先需要协商的前3条条款。

【DeepSeek 回应】 获得了对具体投资协议条款的详细分析，逐条评估其通常性、风险点、对策和谈判策略，并列出了最需优先协商的条款。

【专家视角】合同审阅的"红黄绿"分类法

将条款分为"红色条款"（必须修改的风险条款）、"黄色条款"（需要澄清或商议的条款）和"绿色条款"（标准可接受的条款），帮助非法律专业人士快速抓住关键问题。

8.3.2 金融报告生成

投资公司的分析师赵经理需要为客户生成投资季报。

初始提问：

> 帮我写一份投资报告。

问题分析：缺乏报告的具体内容、数据、目标受众、时间范围和格式风格要求。

改进后的提问：

> 请帮我撰写一份2024年第一季度的客户投资季报，发送给我们的高净值客户（主要是40~60岁的企业家和专业人士）。
>
> 报告的背景信息：
>
> －客户投资组合：股票60%，债券30%，其他投资10%。
>
> －Q1市场表现：美股上涨10.2%，欧洲股市上涨5.7%，中国股市下

跌 2.3%。

　　-客户组合 Q1 整体回报：+7.6%（超出基准指数 1.2 个百分点）。
　　-表现最好的资产：科技股（+15.3%）和美国国债（+3.2%）。
　　-表现欠佳的资产：新兴市场股票（-1.8%）和房地产投资信托（-0.5%）。

　　请按以下结构撰写报告：
　　(1) 执行摘要（200 字以内）。
　　(2) 宏观经济环境分析。
　　(3) 市场回顾与分析。
　　(4) 投资组合表现。
　　(5) 展望与策略调整。
　　(6) 附录：重点投资品种说明。

　　报告风格要求：
　　-专业但不晦涩，避免过多专业术语。
　　-数据丰富，配有简明解释。
　　-观点明确，有具体的行动建议。
　　-篇幅控制在 1 500～2 000 字。

【DeepSeek 回应】获得了定制化的季度投资报告，包含执行摘要、宏观分析、市场回顾、组合表现和投资展望，既有数据支持，又有清晰的投资逻辑和行动建议。

【常见错误】缺乏前后一致的投资逻辑

应要求保持"战略一致性"，即市场分析、投资表现评估和未来建议之间有清晰的逻辑关联，提升报告的专业性和说服力。

8.3.3　政策解读与合规分析

金融科技初创公司的 CEO 郑总计划推出 P2P 借贷产品，需要理解监管政策。

初始提问：

　　目前中国 P2P 借贷的监管政策是什么？

问题分析：问题过于宽泛，未聚焦具体业务场景、信息使用目的、公司产品情况，仅询问政策内容而非应用指导。

改进后的提问：

请作为金融监管与合规专家，分析当前中国针对 P2P 借贷平台的监管环境，并提供产品设计合规建议。

我的背景情况：
- 金融科技初创公司 CEO，获得 A 轮融资，计划推出 P2P 借贷服务。
- 目标用户是小微企业主，单笔借款金额 5 万～50 万元。
- 产品模式：平台撮合借贷双方，收取服务费和管理费。
- 计划先在浙江省试点，后续全国推广。
- 公司无金融牌照，但与持牌金融机构有合作意向。

请提供：
(1) 政策法规概述：监管框架、最新动态、地方性细则。
(2) 合规风险分析：业务模式评估、高风险环节。
(3) 产品设计建议：模式调整、风控措施、信息披露要求。
(4) 牌照与资质要求：必需牌照、获取流程、过渡方案。
(5) 合规运营路径：短期方案、中长期规划、监管沟通。

请提供具体可行的建议，而非一般性原则。

【DeepSeek 回应】获得了全面的监管政策解读和合规建议报告，包含监管发展历程、合规风险评估、业务模式调整方案、牌照获取路径和分阶段实施建议。

【专家视角】政策解读的"影响路径分析"

首先分析政策对业务各环节的直接影响；然后分析这些直接影响可能引发的二级连锁反应（市场反应、竞争格局变化）；最后分析长期影响趋势，帮助决策者全面理解政策影响并制定前瞻性策略。

本章小结：金融与投资的 AI 智能分析

通过本章的学习，你应该掌握了利用 DeepSeek 进行市场研究、投资决策辅助和金融文档处理的核心技巧。

【关键启示】

(1) 提供足够的背景信息：详细的背景信息（投资目标、风险偏好、时间范围）直接影响分析质量。
(2) 建立结构化的分析框架：使用多维度的分析框架（如 SWOT 分析、多角度风险评估）使分析更全面深入。

（3）要求可操作的具体建议：确保获得的不仅是分析，还有具体可行的行动建议。

（4）利用角色设定提升专业性：要求 DeepSeek 以特定专业角色回答，能显著提升分析质量。

（5）平衡定量与定性分析：好的金融分析既需要数据支持，也需要对市场趋势和风险的定性判断。

【实践建议】

（1）使用本章的"改进后的"提示词模板，分析你感兴趣的股票或基金的投资价值。

（2）为自己的投资组合创建风险评估报告，使用"三维风险评估模型"识别风险点。

（3）创建个人专用的金融分析提示词模板库，涵盖市场研究、财报分析、风险评估等核心场景。

（4）遇到复杂的金融协议时，使用"红黄绿"分类法进行条款风险评估。

正如华尔街传奇投资者彼得·林奇所说："知道你为什么投资比知道你投资什么更重要。"DeepSeek 能帮你厘清投资逻辑，但最终的决策权和责任仍在你手中。随着使用经验的积累，你会逐渐掌握如何更精准地引导 AI，获取真正有价值的金融洞见。

第 9 章
〔医疗健康应用〕

> 健康顾问与医学解析：用 DeepSeek 改变健康管理方式。

"最近工作压力大，饮食不规律，体检报告显示血脂偏高，医生建议我调整生活方式，但没给出具体方案。我该如何制定一个适合自己的健康管理计划？还有，拿到一堆药单和检查报告，我根本看不懂那些专业术语是什么意思……"

这是现代人常见的困境。DeepSeek 作为 AI 助手，可以成为你的"数字健康顾问"，帮助你理解医学知识、制定个性化的健康计划、解读专业医学信息。本章将探讨如何在医疗健康领域高效使用 DeepSeek，让 AI 成为你健康生活的得力助手。

9.1 健康管理与生活方式

9.1.1 个性化饮食计划

35 岁的林女士在体检时发现胆固醇偏高，希望获得个性化的饮食建议。
初始提问：

> 我胆固醇偏高，请给我一个健康的饮食建议。

问题分析：缺乏个人背景、具体健康数据、当前饮食习惯和生活限制因素。
改进后的提问：

> 请作为一名经验丰富的营养师，为我设计一个为期 4 周的饮食改善计划，帮助我降低胆固醇水平。

我的个人情况：

－35 岁的女性，公司白领，久坐办公。

－身高 165cm，体重 62kg。

－最近体检的情况：总胆固醇 5.8mmol/L（正常范围＜5.2）。

－没有其他慢性疾病，无食物过敏。

我的饮食习惯和限制：

－工作日早餐常在匆忙中解决或跳过。

－午餐通常靠外卖，晚餐有时在家做简单料理。

－喜欢肉类和海鲜，不太喜欢豆制品。

－烹饪技能有限，平均每周能抽出 2～3 个晚上准备餐食。

请提供：

（1）为期 4 周的循环饮食计划，包括快捷早餐、健康午餐指南和简易晚餐食谱。

（2）低胆固醇零食清单。

（3）外出就餐的点餐策略。

【DeepSeek 回应】改进后的提问获得了完全定制化的降胆固醇饮食计划，考虑了用户的时间限制、烹饪技能和食物偏好，提供了具体实用的方案。

【实用技巧】

请作为［专业角色］，为我设计一个［目标］计划。

我的个人情况：

－［个人基本信息］。

－［健康状况数据］。

我的习惯和限制：

－［习惯描述］。

－［限制条件］。

请提供：

（1）［具体需求 1］。

（2）［具体需求 2］。

【专家视角】饮食计划的"80/20 原则"

80％的计划严格遵循健康原则，20％留给灵活性和享受，这可以大大提高长期坚持的可能性。

9.1.2 运动方案设计

42 岁的 IT 经理张先生，长期久坐，体重增加，出现腰背痛，希望开始规律锻炼。

初始提问：

> 我想开始锻炼，请推荐一些适合的运动方式。

问题分析：缺乏个人情况、健身目标、体能水平和条件限制等信息。

改进后的提问：

> 请作为专业健身教练，为我设计一个为期 8 周的循序渐进的健身计划，帮助我改善体态和缓解久坐不适。
>
> 我的个人情况：
> - 42 岁的男性，IT 经理，每天久坐 8~10 小时。
> - 身高 178cm，体重 86kg，血压轻微偏高。
> - 过去 5 年几乎没有规律运动，膝盖偶尔不舒服。
>
> 我的条件和限制：
> - 可用时间：工作日每天最多 45 分钟，周末可以 1~1.5 小时。
> - 设施情况：家里有哑铃、瑜伽垫，附近有健身房。
> - 偏好：喜欢游泳，对力量训练感兴趣，不太喜欢跑步。
>
> 请提供：
> (1) 为期 8 周的分阶段计划（适应期、进阶期、强化期）。
> (2) 每周具体的训练安排（类型、时长、强度）。
> (3) 关键动作的正确姿势描述和错误提醒。
> (4) 进展跟踪方法。

【DeepSeek 回应】获得了全面定制的 8 周健身计划，包含详细的阶段性目标、训练安排和动作指导，考虑了用户的年龄、健康状况和运动基础。

【常见错误】

运动计划在开始阶段过于激进，这导致难以坚持或容易受伤。建议明确要求设计"以适应和习惯养成为核心的初始阶段"，并限制每周运动量的增加不超过 10%~20%，提高长期坚持的可能性。

9.1.3 健康知识咨询

38 岁的职场妈妈王女士近期感到异常疲劳，网上搜索后出现焦虑。

初始提问：

　　我最近总是感到特别累，这是怎么回事？

问题分析：缺乏个人情况、具体症状描述、疲劳持续时间和相关生活习惯。
改进后的提问：

　　请作为全科医生，帮助我分析近期持续疲劳的可能原因，以及如何判断是否需要就医。

　　我的情况和症状：

　　-38岁的女性，职场工作者，近期工作压力大，每晚睡眠约6小时。
　　-过去两个月开始感到明显疲劳，早上起床仍感到疲惫，下午尤为明显。
　　-尝试周末多休息，效果有限。
　　-饮食较规律但蔬果摄入不足，几乎不运动。
　　-其他症状：偶尔头痛，注意力不集中。
　　-上次体检显示轻微贫血。

　　我想了解：

　　(1) 出现该症状可能的常见原因（从生活习惯到医学因素）。
　　(2) 什么情况下应该去看医生。
　　(3) 可以自行尝试的改善方法。
　　(4) 可能需要的检查项目。
　　(5) 如何区分普通疲劳和需要医疗干预的疲劳。

【DeepSeek 回应】获得了全面且平衡的健康分析，将可能的疲劳原因进行分类，并提供了清晰的就医决策指南，既包含实用的自我调整建议，也指出了需要专业医疗关注的警示信号。

【专家视角】健康咨询的"三级分类法"

要求将可能的原因分为"生活方式因素"（最常见，自己可调整）、"需要专业评估的常见医学问题"和"需要紧急关注的严重情况"三类，帮助用户更理性地评估自身情况。

9.2 医学知识辅助

9.2.1 疾病预防知识

50岁的中年男性刘先生，家族有冠心病史，体检时发现血压升高，需要心血管疾病预防知识。

初始提问：

如何预防心脏病？

问题分析：缺乏个人健康状况、风险因素、具体预防目标，"心脏病"范围过于宽泛。

改进后的提问：

请作为心血管专科医生，为我提供针对性的冠心病预防建议，基于最新的医学研究。

我的情况：

- 50 岁的男性，企业中层管理者。
- 最近体检：血压 140/90mmHg，总胆固醇 5.4mmol/L。
- 身高 178cm，体重 82kg。
- 家族史：父亲在 65 岁时确诊冠心病。
- 生活习惯：久坐，饮食偏肉类，运动不足，每天吸半包烟。

请提供：

（1）我的心血管疾病风险评估。
（2）分级预防策略（按优先级排序）。
（3）具体行动计划（饮食、运动、戒烟）。
（4）监测与跟进建议。

【DeepSeek 回应】获得了个性化的心血管疾病预防方案，包含风险评估、分级预防策略和具体行动计划，按重要性排序优先强调戒烟和血压管理。

【常见错误】

预防建议缺乏优先级，应要求按照投入产出比排序，关注"最小努力、最大收益"的措施。

9.2.2 用药指导与参考

65 岁的退休教师陈女士同时服用多种药物，需要了解新处方药物。

初始提问：

盐酸二甲双胍片和厄贝沙坦片有什么副作用？可以一起吃吗？

问题分析：缺乏完整的用药背景、健康状况、当前服用的其他药物和具体用药疑虑。

改进后的提问：

请作为临床药师，帮助我解读我的处方药物信息，包括用途、正确用法和注意事项。

我的个人情况：
- 65 岁的女性，退休教师。
- 已确诊：高血压（10 年）、2 型糖尿病（5 年）、骨关节炎（3 年）。
- 肾功能轻度下降（肌酐清除率 65ml/min）。

我目前服用的药物：
- 厄贝沙坦片 150mg，每日一次（高血压）。
- 盐酸二甲双胍片 0.5g，每日两次（糖尿病）。
- 拜阿司匹林 100mg，每日一次（预防心血管疾病）。
- 布洛芬缓释胶囊 300mg，需要时服用（关节疼痛）。

新处方药：
- 瑞舒伐他汀钙片 10mg，睡前服用（降胆固醇）。

我的问题：
（1）这些药物组合是否安全？有无相互作用风险？
（2）服药时间如何安排？
（3）需要监测的副作用有哪些？
（4）饮食有何注意事项？
（5）作为老年人的特殊注意事项有哪些？

【DeepSeek 回应】获得了综合的用药指导，包含详细的药物相互作用分析、个性化服药时间表和老年人特殊用药注意事项。

【专家视角】用药指导的"信息层级"方法

将用药信息分为"必知信息"（关键事项，如重大禁忌证）、"应知信息"（常见副作用等）和"可知信息"（补充信息），帮助患者抓住关键点。

9.2.3 医学文献解读

乳腺癌患者的家属黄女士需要理解关于靶向治疗的研究论文。

初始提问：

帮我解读这篇关于乳腺癌靶向治疗的论文，其中提到的疗法有效吗？

问题分析：缺乏具体的论文内容、患者情况、对"有效"的明确定义和对医学证据层次的理解。

改进后的提问：

> 请作为医学研究专家，帮我解读这篇关于 HER2 阳性乳腺癌靶向治疗的研究论文，并评估对我母亲病例的参考价值。
>
> 论文关键信息：
>
> −标题：《曲妥珠单抗联合帕妥珠单抗对 HER2 阳性转移性乳腺癌的疗效和安全性》。
>
> −研究设计：Ⅲ 期随机对照实验，808 名患者。
>
> −主要发现：双靶向治疗组无进展生存期中位数 18.5 个月与单靶向组 12.4 个月。
>
> −副作用：腹泻（67% 与 46%），皮疹（45% 与 24%）。
>
> 我母亲的情况：
>
> −62 岁，HER2 强阳性乳腺癌，发现肝脏和骨骼转移。
>
> −曾接受手术和化疗，现用曲妥珠单抗。
>
> −医生建议加用帕妥珠单抗，但担心费用和获益。
>
> 请解答：
>
> （1）研究证据强度如何？
>
> （2）研究结果对患者的实际意义是什么？
>
> （3）结果对我母亲的情况有何参考价值？
>
> （4）如何权衡获益与风险？
>
> （5）与医生讨论时应询问哪些关键问题？

【DeepSeek 回应】获得了深入浅出的医学研究解读，将复杂的统计数据转化为实际的临床意义，并结合患者情况进行分析，提供了实用的医患沟通建议。

【常见错误】

仅关注研究结论而忽视研究设计质量和证据等级，应要求评估研究的内部有效性（随机分配、盲法、样本量）和外部有效性（研究人群与患者的相似度）。

9.3 医疗专业人员辅助

9.3.1 病例分析与讨论

社区医院的全科医生张医生需要分析一位疑似自身免疫性疾病患者的病例。

初始提问：

40 岁女性，面部皮疹，关节痛，抗核抗体阳性，可能是什么疾病？

问题分析：临床信息过于简略，缺乏完整的症状、体征、检查结果和已有诊疗措施。

改进后的提问：

请作为风湿免疫科专家，分析以下疑似自身免疫病患者的病例。我是社区医院的全科医生，暂无法安排专科会诊。

患者基本信息：
- 40 岁的女性教师。
- 主诉：面部皮疹 3 个月，关节痛 2 个月，伴乏力、低热。
- 既往史：甲状腺功能减退，服用左甲状腺素钠片。

现病史：
- 3 个月前出现面部蝶形皮疹，日晒后加重。
- 2 个月前出现对称性多关节疼痛，晨僵约 1 小时。
- 近 1 个月低热，明显乏力。

体格检查：
- 面部两颊及鼻梁处有对称性红斑。
- 双手关节轻度肿胀，压痛（＋）。
- 双膝关节轻度压痛。

实验室检查：
- 血常规：WBC 3.8×10^9/L，HGB 110g/L。
- 红细胞沉降率（ESR）42mm/h。
- 抗核抗体（ANA）1∶320（＋），呈颗粒型。
- 类风湿因子和抗 CCP 抗体阴性。

我的问题：
(1) 最可能的诊断是什么？主要的鉴别诊断是什么？
(2) 还需要补充哪些关键检查？
(3) 如何评估疾病活动度和器官受累？
(4) 在确诊前，是否需要启动治疗？
(5) 何时需要紧急转诊？

【DeepSeek 回应】获得了专业的病历分析报告，包含系统性的鉴别诊断分析、诊断标准解读和临床决策建议，并明确给出需要紧急转诊的危险信号。

【专家视角】临床决策的"四步骤"方法
（1）列出所有关键的临床线索及其支持/反对各诊断的权重。
（2）按诊断可能性排序并说明理由。
（3）分析每种诊断的关键缺失信息。
（4）基于前三步，讨论最合理的临床决策路径。

9.3.2 医学教育资料准备

医学院的内科教师赵教授需要为住院医师准备肺炎诊疗教学课程。
初始提问：

> 请帮我准备一份关于肺炎的教学讲义。

问题分析：未指明目标学员群体、教学目标、内容侧重点和教学形式。
改进后的提问：

> 请作为医学教育专家，为内科住院医师培训项目设计一个"社区获得性肺炎的诊断与治疗"教学方案。这是面向2～3年级住院医师的2小时互动课程。
>
> 教学目标：
> -掌握社区获得性肺炎的快速评估和分级方法。
> -能够选择合适的检查手段及解读结果。
> -制定循证的抗生素治疗方案。
> -识别需要升级治疗或ICU转入的危险信号。
> -熟悉最新指南更新的核心变化。
>
> 教学资料要求：
> （1）教学内容架构（90分钟授课＋30分钟案例讨论）。
> （2）互动病例讨论设计（1～2个复杂病例）。
> （3）视觉辅助材料建议（算法和决策路径流程图）。
> （4）学习评估方法（情景题设计）。
>
> 请确保内容反映最新临床指南，注重实用性而非过于学术化，包含实际临床案例和教学技巧。

【DeepSeek回应】获得了完整的教学方案，包含结构化授课大纲、互动式病例讨论设计和临床决策评估题目，强调了最新指南的变化和临床决策工具。

【常见错误】

医学教育资料缺乏临床情境化，过于注重知识点罗列，应要求基于真实临床场景构建每个知识点，培养临床思维而非简单讲解定义和分类。

9.3.3 患者教育内容创作

内分泌科医生李医生需要创建 2 型糖尿病患者教育手册。

初始提问：

> 请写一份 2 型糖尿病患者的教育材料。

问题分析：未指明目标患者群体、知识水平、教育材料用途和表达方式要求。

改进后的提问：

> 请作为健康教育专家，创作一份针对新诊断 2 型糖尿病患者的教育手册，题为《与糖尿病共处：新诊断患者实用指南》。这份材料将发放给我的诊所中受教育程度多样、年龄主要在 45～70 岁的患者。
>
> 手册目标：
> －帮助患者理解糖尿病的基本机制和长期影响。
> －消除常见误解和不必要的恐惧。
> －提供实用的自我管理工具和技巧。
> －鼓励患者积极参与治疗决策。
>
> 内容与格式要求：
> （1）语言风格：通俗易懂，友善鼓励，避免医学术语。
> （2）核心内容：糖尿病简介、血糖监测指南、饮食指导、安全运动建议、药物知识。
> （3）实用工具：自我评估清单、血糖记录表格、低血糖应对步骤。
> （4）视觉元素：使用图表说明复杂概念，字体足够大。
>
> 总长度控制在 2 000 字左右，分为明确的小节，每节有简短的"要点回顾"。

【DeepSeek 回应】获得了高质量的患者教育手册，内容既专业准确又通俗易懂，采用对话式语言和友善的语气，配有实用工具和视觉辅助。

【专家视角】患者教育的"问答式结构"

将内容组织为患者最常提问的问题及其答案，如"我是否需要终身服药？""我还能吃米饭吗？"这种结构更符合患者的思维，有效解答了真正的困惑。

本章小结：医疗健康的智慧顾问与知识伙伴

通过本章的探索，我们了解了如何利用 DeepSeek 在医疗健康领域提供个性化的支持、解读专业信息和准备教育资料。

【关键启示】

（1）个性化信息是关键：提供详细的个人情况（年龄、性别、健康状况、现有治疗等）能显著提高回答的相关性和实用性。

（2）专业与通俗的平衡：好的医疗健康提示词应在保持医学准确性的同时，使用受众能理解的语言层次。

（3）强调实用性和可操作性：健康建议需要切实可行，考虑现实约束（时间、资源、能力）并提供具体可执行的步骤。

（4）循证医学的重要性：要求基于最新循证医学证据进行回答，并区分确定性高的建议和仍有争议的观点。

（5）多角度思考的价值：采用结构化方法（如信息分层、四步骤临床决策）获得更全面深入的分析。

记住，在医疗健康领域使用 AI 的黄金法则是：作为知识来源和辅助工具，而非诊断和治疗的决策者。让 DeepSeek 帮助你更好地理解健康知识，但关键的医疗决策始终应当咨询专业医生。

第 10 章
法律与咨询服务

> 法规顾问与风险守护：DeepSeek 如何提升专业服务效能？

"昨天接到一个新客户，他们要在两周内完成一份跨境电商业务的合规审查和风险评估报告。我手头已经有三个案子，还要准备下周的庭审，完全不知道如何高效完成这么多专业工作。要是能有一个助手帮我整理法规、分析案例、起草初稿就好了……"

这是当代法律从业者和咨询顾问的常见困境。在信息爆炸的时代，专业服务行业面临着前所未有的挑战：法规政策日新月异，专业知识边界不断扩展，而客户却期望更快的响应和更精准的建议。

DeepSeek 作为人工智能助手，可以成为法律从业者和咨询顾问的强大盟友，帮助他们高效处理专业资料、分析复杂问题、生成专业文档。本章将探讨如何在法律与咨询服务领域高效使用 DeepSeek，让 AI 成为专业工作的得力助手。

10.1 法律资料研究

10.1.1 法规政策解读

1. 用户问题描述

张律师是一家中型律师事务所的律师，最近接到一个客户咨询，涉及《中华人民共和国个人信息保护法》对其互联网应用业务的影响。作为一名主要处理知识产权案件的律师，他对个人信息保护领域的法规不够熟悉，需要快速了解法规重点并形成针对客户业务的专业解读。

2. 初始尝试

用户提问：

《中华人民共和国个人信息保护法》的主要内容是什么？

【DeepSeek 回应】得到了《中华人民共和国个人信息保护法》的基本框架和主要条款概述，但内容过于概括且缺乏针对性，难以直接应用于业务场景来解答客户的具体问题。

3. 问题分析

这个初始提问的问题在于：
（1）没有指明具体的业务场景和关注点。
（2）未明确需要解读的法规深度和角度。
（3）提问过于宽泛，无法获得针对性的解读。
（4）缺乏对实际应用的指导需求。

4. 改进方法

以下是更有效的法规政策解读的提示词。

请作为资深数据合规律师，帮我解读《中华人民共和国个人信息保护法》中关于互联网应用个人信息收集和处理的核心规定，以及对 App 开发运营商的合规要求。我需要一份既专业又实用的分析，用于指导客户业务。

背景信息：
-我的客户是一家移动健康 App 开发公司，产品的主要功能是健康数据的记录与分析。
-用户群体包括成年人和未成年人（约占 20%）。
-App 收集的数据包括：个人基本信息、身体指标、运动数据、睡眠记录、饮食习惯。
……

请提供以下内容：
（1）法规核心要点解读：
-针对健康数据这类敏感的个人信息的特殊保护要求。
-针对未成年人个人信息的特殊规定。
-个人信息跨境传输的合规路径。
……

（2）实操合规清单：
-产品设计阶段必要的合规措施。

－数据收集环节的具体操作要求。

－数据处理和共享环节的合规步骤。

……

（3）关键风险点及应对建议：

－现有业务模式中的主要合规风险。

－数据商业化过程中的法律边界。

－规避处罚的适用合规策略。

－与国际数据保护法规（如欧盟的《通用数据保护条例》（GDPR））的主要差异点。

请使用清晰的法律语言，但避免过度晦涩的表述，以便我能够向非法律背景的客户解释。请引用具体条款编号，并结合实际案例或监管动向进行说明。

【DeepSeek 回应】改进后的提问获得了一份全面且针对性强的法规解读报告，从健康数据保护、未成年人保护和数据跨境传输等角度分析了法规要求，并提供了针对移动健康 App 的具体合规措施清单和风险应对策略。报告引用了相关条款编号并结合了监管动态，既有法律专业性，又便于向客户解释。

5. 原理解释

这个提示词的有效性在于：

（1）明确专业角色定位：要求从资深数据合规律师的角度回答。

（2）提供详细的业务背景：描述了客户行业、用户群体和数据处理场景。

（3）聚焦具体条款和场景：将关注点限定在特定业务相关的法规部分。

（4）要求多维度分析：从法规要点、实操清单和风险应对三个层面解读。

（5）明确表达风格要求：要求使用清晰的法律语言但避免过度晦涩。

6. 应用拓展

这一提示词框架适用于各类法规政策解读需求。

基础版：

请解释［法规名称］的主要内容，特别是关于［具体方面］的规定。

标准版：

请从［法律专业人士角色］的视角，解读［法规名称］中关于［具体业务/行为］的规定。我的情况是［简要背景］，请包括关键条款解释、合规要求和主要注意事项。

高级版：

请作为［专业角色］，帮我解读［法规名称］中关于［具体方面］的核心规定，以及对［相关主体］的合规要求。我需要一份［需求特征］的分析，用于［用途］。

背景信息：
—［业务/主体描述］。
—［关键特征1］。
—［关键特征2］。

……

请提供以下内容：
(1)［内容类别1］：
—［具体需求点1］。
—［具体需求点2］。

……

(2)［内容类别2］：

……

(3)［内容类别3］：

……

请使用［语言风格要求］，并［其他特殊要求］。

【专家视角】法规解读的"三层分析法"

资深合规律师王教授建议在使用DeepSeek进行法规解读时采用"三层分析法"：首先要求DeepSeek提供"法条原文解析"（文本含义和立法意图）；其次要求给出"执行层面分析"（满足法规要求的具体措施）；最后要求进行"案例参照解读"（通过既有执法案例理解监管红线）。这种由抽象到具体的层次化解读能帮助非法律专业人士更好地理解法规并落实到实际操作中。

10.1.2 案例分析与比较

1. 用户问题描述

李律师需要准备一个商标侵权案件的辩护策略，他的客户被指控侵犯了一家知名企业的商标权。为了评估案件胜诉的可能性并制定有效策略，他需要分析类似案例的裁判规则和关键因素。

2. 初始尝试

用户提问：

请分析一些商标侵权案例和主要抗辩理由。

【DeepSeek 回应】得到了一些常见商标侵权类型和抗辩理由的概述，但缺乏具体案例分析、法院裁判逻辑和策略建议，实用性有限。

3. 问题分析

这个初始提问的问题在于：

（1）没有提供具体的案件事实和争议焦点。
（2）未说明需要分析的案例类型和范围。
（3）没有描述自己案件的关键特征和辩护难点。
（4）缺乏对分析深度和应用目的的说明。

4. 改进方法

以下是更有效的案例分析与比较的提示词。

请作为知识产权诉讼专家，帮助我分析近年来中国法院审理的类似我当前案件的商标侵权案例，并提炼可能适用的辩护策略。我需要一份深入、实用的案例分析，用于指导我的诉讼准备工作。

我当前案件的关键事实：

-我的客户是一家新创立的运动饮料公司，产品名为"极速能量"。

-原告是市场领先的能量饮料品牌"超能量"，主张我客户的商标构成侵权。

-争议商标元素：（1）"能量"二字的使用；（2）蓝色闪电图形元素；（3）类似的银色包装配色。

......

请分析以下方面：

（1）案例梳理：

-3～5个与我的案件的关键争议点相似的典型案例（最好是最高人民法院或知识产权法院的案例）。

-每个案例的核心争议点、裁判结果及关键理由。

-法院对"混淆可能性"判断的主要考量因素。

-各案例中有效/无效的抗辩策略。

（2）裁判规则分析：

-通用词汇（"能量"）在商标中的保护边界。

-商品类别相同但目标消费群体不同的影响。

......

(3) 可能的辩护策略：
-基于案例分析的 3～5 个可行的辩护方向。
-每种策略的法律依据、所需证据和成功概率评估。
……

请引用具体案例（案号和案名），并指出各案例与我方情况的相似点和差异点。避免泛泛而谈，而是提供有针对性的、可操作的分析和建议。

【DeepSeek 回应】改进后的提问获得了一份全面且专业的案例分析报告，包含 5 个与当前案件高度相关的典型商标侵权判例，详细分析了法院对通用词汇保护、商标显著性和混淆可能性的判断标准，并提出了 3 个具体可行的辩护策略，每个策略都有法律依据、所需证据和成功概率评估，为案件准备提供了切实可行的指导。

5. 原理解释

这个提示词的有效性在于：
(1) 提供详细案件背景：描述了争议商标的具体情况和主要争议点。
(2) 明确专业分析要求：要求从知识产权诉讼专家的角度分析。
(3) 设定具体的分析框架：从案例梳理、裁判规则到辩护策略分层分析。
(4) 聚焦关键法律问题：明确列出需要分析的法律问题，如混淆可能性、知名商标保护等。
(5) 要求实用性建议：强调需要有针对性的、可操作的分析和建议。

6. 应用拓展

这一提示词框架适用于各类法律案例分析需求。

基础版：

请分析几个［法律领域］的典型案例，特别是关于［具体法律问题］的判决要点。

标准版：

请从［法律专业人士角色］的视角，分析［法律领域］中关于［具体争议点］的重要案例。我的情况是［简要案情］，请包括案例要点、裁判规则和可能的应对策略。

高级版：

请作为［专业角色］，帮我分析近年来［司法辖区］审理的类似我当前案件的［案件类型］案例，并提炼可能适用的［策略类型］。我需要一份［需求特征］的案例分析，用于［用途］。

我当前案件的关键事实：

－［事实1］。

－［事实2］。

……

请分析以下方面：

（1）［分析类别1］：

－［具体需求点1］。

－［具体需求点2］。

……

（2）［分析类别2］：

……

（3）［分析类别3］：

……

请［引用要求］，并［其他特殊要求］。

> **【常见错误】案例分析缺乏针对性比较**

在请求案例分析时，一个常见错误是仅要求 DeepSeek 提供一般性的案例介绍，而没有要求针对当前案件的具体问题进行有针对性的比较和应用。更有效的做法是在提示词中明确指出"请重点分析各案例与我方案件的关键相似点和差异点，并说明这些差异可能导致的不同裁判结果"，这样获得的分析才能真正指导实际工作。

10.1.3 法律文档起草

1. 用户问题描述

王律师需要为一家科技创业公司起草一份技术开发合同，该公司计划委托一家软件开发商开发一套人工智能分析系统。作为一名主要处理知识产权案件的律师，他希望能够快速生成一份专业、全面且对客户有利的合同初稿。

2. 初始尝试

用户提问：

请起草一份技术开发合同。

【DeepSeek 回应】得到了一份通用的技术开发合同模板，包含基本条款结构，但缺乏针对 AI 开发项目的特殊条款，且对客户权益的保护不够全面，无法直接用于实际业务。

3. 问题分析

这个初始提问的问题在于：
(1) 没有提供具体的合同背景和关键需求。
(2) 未说明合同主体及其关注点。
(3) 没有描述技术开发的具体内容和特点。
(4) 缺乏对重点条款和风险关注点的指引。

4. 改进方法

以下是更有效的法律文档起草的提示词。

请作为资深技术合同律师，为我起草一份"人工智能分析系统委托开发合同"，该合同应当全面、专业且重点保护委托方（我的客户）的合法权益。

合同背景与关键信息：
-委托方：创新智科技有限公司（成立 2 年的创业公司，主营数据分析服务）。
-受托方：博锐软件开发有限公司（成立 10 年的软件公司，有 AI 开发经验）。
-开发内容：一套金融数据 AI 分析系统，包括数据采集模块、分析引擎和可视化界面。
……

合同需要特别关注以下方面：
(1) 知识产权条款：
-开发成果（源代码、算法改进、技术文档等）归属的明确约定。
-委托方提供的专有算法和数据的保密与限制使用条款。
-明确区分开发前双方已有知识产权和新生知识产权。
-第三方开源代码或组件的使用规范和声明义务。
(2) 验收与质量保证：
-明确、可量化的验收标准和流程。
-开发成果的性能指标和技术参数要求。
-系统稳定性和安全性的保障措施。
-测试失败的处理机制和补救方案。

(3) 付款条件与进度管理：
……
(4) 保密与数据安全：
……
(5) 后续服务与维护：
……

合同语言要求准确、严谨且具有可执行性，同时应设置合理的争议解决机制。请避免明显对委托方不利的条款，并标注需要特别协商或注意的条款。

【DeepSeek 回应】改进后的提问获得了一份针对性强的 AI 系统开发合同，包含详尽的知识产权保护条款、严格的验收标准、合理的付款机制、全面的数据安全保障和明确的后续服务约定。合同充分考虑了 AI 开发项目的特殊性，对委托方提供的算法和数据给予了特别保护，并对可能的技术风险设置了明确的责任划分和补救措施。

5. 原理解释

这个提示词的有效性在于：
(1) 提供详细的合同背景：说明了双方主体、项目内容和关键特征。
(2) 明确法律专业角色：要求从资深技术合同律师的角度起草。
(3) 指明利益保护重点：明确表示要重点保护委托方权益。
(4) 提供完整的关注框架：划分五大核心条款领域并提供细节指导。
(5) 设定合同语言要求：要求准确、严谨且具有可执行性。

6. 应用拓展

这一提示词框架适用于各类法律文档起草需求。

基础版：

请起草一份 [合同/文档类型]，用于 [简要用途]。

标准版：

请从 [法律专业人士角色] 的视角，起草一份 [具体合同/文档名称]。合同双方是 [甲方描述] 和 [乙方描述]，主要内容是 [核心交易/合作内容]。请特别关注 [2~3 个关键条款]。

高级版：

请作为 [专业角色]，为我起草一份"[文档具体名称]"，该 [文档类型］应当［总体要求］。

　　［文档］背景与关键信息：
　　－［主体1］：［描述］。
　　－［主体2］：［描述］。
　　－［关键内容1］：［描述］。
　　－［关键内容2］：［描述］。
　　……
　　［文档］需要特别关注以下方面：
　　(1)［关注点1］：
　　－［具体要求1］。
　　－［具体要求2］。
　　……
　　(2)［关注点2］：
　　……
　　［文档］语言要求［语言风格要求］，同时应［其他特殊要求］。

> **【专家视角】法律文档的"风险-对策"结构**

资深合同律师李教授建议在要求 DeepSeek 起草复杂的法律文档时采用"风险-对策"结构：首先让 DeepSeek 列出该类合同中常见的 5～8 个主要风险点；然后针对每个风险点，要求 DeepSeek 设计 2～3 个防范条款；最后要求 DeepSeek 将这些条款自然地整合到合同的整体结构中。这种方法能确保合同既系统全面，又有针对性地防范关键风险。

10.2　咨询服务辅助

10.2.1　问题诊断与方案设计

1. 用户问题描述

陈丽是一家中型管理咨询公司的顾问，接到一个新客户——一家传统零售企业，该企业近两年销售额持续下滑，希望通过数字化转型扭转局面。她需要对企业问题进行诊断并设计一套可行的解决方案。

2. 初始尝试

用户提问：

　　如何帮助一家零售企业进行数字化转型？

【DeepSeek 回应】得到了关于零售业数字化转型的一般性建议，如建立电商渠道、应用数据分析等，但缺乏系统化的问题诊断方法和针对特定企业情况的转型策略，难以直接用于客户方案。

3. 问题分析

这个初始提问的问题在于：

（1）没有提供企业的具体情况和困境。
（2）未说明企业所处行业的细分和竞争格局。
（3）缺乏对企业现有能力和资源的描述。
（4）没有指明方案需要解决的具体问题。

4. 改进方法

以下是更有效的问题诊断与方案设计的提示词。

> 请作为资深零售业数字化转型顾问，帮助我为一家传统零售企业进行问题诊断，并设计一套系统化的数字化转型方案。我需要一份既有专业深度又切实可行的分析和建议。
>
> 客户企业情况：
> -一家拥有 25 年历史的区域性连锁超市，在华东地区拥有 42 家门店。
> -主营商品包括食品、日用品、小型家电和季节性商品。
> -近两年销售额年均下滑 12％，新开门店业绩远低于预期。
> -客户画像：70％为 35 岁以上的消费者，年轻客群占比持续下降。
> ……
> 请提供以下内容：
> （1）系统化问题诊断：
> -内外部环境分析框架（SWOT 或其他适合的工具）。
> -核心业务痛点识别与分类。
> ……
> （2）分阶段转型方案设计：
> -短期（0～6 个月）快速见效的优先行动。
> -中期（6～18 个月）的核心能力建设方案。
> ……
> （3）具体实施建议：
> -组织结构与人才配置调整建议。
> -技术架构设计与系统选型指导。

……

（4）行业对标与案例参考：

-2~3个成功转型的同行业案例分析。

-关键差异化竞争策略建议。

-适合该企业情况的创新模式参考。

请确保方案既具有战略高度，又有可操作性，特别关注投资回报率和实施难度的平衡。避免过于理论化或脱离企业实际情况的建议。

【DeepSeek 回应】改进后的提问获得了一份深入全面的诊断与方案报告，包含系统化的 SWOT 分析、详细的痛点识别和三阶段转型策略。方案特别强调了数据驱动决策能力建设和全渠道融合策略，并提供了具体的优先级项目清单和关键里程碑。分析参考了沃尔玛和永辉超市的转型经验，对企业的资源约束和组织挑战有切实的考量。

5. 原理解释

这个提示词的有效性在于：

（1）提供丰富的企业背景：描述了企业规模、历史、经营状况和资源条件。

（2）明确咨询专业角色：要求从资深零售业数字化转型顾问的角度回答。

（3）设置完整的分析框架：从诊断、方案设计到实施建议和案例参考全面覆盖。

（4）要求策略分阶段：明确要求短、中、长期的分阶段转型路径。

（5）强调实用性平衡：要求平衡战略高度和实施可行性。

6. 应用拓展

这一提示词框架适用于各类咨询问题诊断与方案设计需求。

基础版：

请分析［企业/组织］在［领域］面临的问题，并提供解决方案建议。

标准版：

请从［咨询专家角色］的视角，为［企业类型］诊断［具体问题领域］的挑战，并设计解决方案。企业情况是［简要背景］，面临的主要困境是［问题描述］。请包括问题分析、解决策略和实施建议。

高级版：

请作为［专业角色］，帮助我为一家［企业/组织类型］进行问题诊断，并设计一套系统化的［解决方案类型］方案。我需要一份［需求特征］的分析和建议。

客户企业情况：
- ［企业基本特征］。
- ［业务范围/产品］。
- ［现状/问题表现］。
……

请提供以下内容：
(1)［分析类别1］：
- ［具体分析点1］。
- ［具体分析点2］。
……

(2)［分析类别2］：
……

(3)［分析类别3］：
……

(4)［分析类别4］：
……

请确保方案［质量要求］，并［其他特殊要求］。

【常见错误】咨询方案缺乏阶段性规划

在设计咨询解决方案时，一个常见错误是提出一系列并行的改进建议而没有明确优先级和实施顺序。更有效的做法是在提示词中明确要求 DeepSeek 设计"分阶段的实施路径图"，并标明"立即可行的快赢项目""中期能力建设项目""长期战略转型项目"。这种阶段性的规划能帮助客户逐步推进转型，同时平衡短期绩效和长期收益。

10.2.2 调研报告编写

1. 用户问题描述

林强是一家市场研究公司的分析师，接到为客户撰写一份关于中国电动汽车市场的深度调研报告的任务。他需要分析市场规模、竞争格局、消费者偏好和未来趋势，但时间紧迫，需要快速构建专业、全面的报告框架和内容。

2. 初始尝试

用户提问：

请帮我写一份中国电动汽车市场的调研报告。

【DeepSeek 回应】得到了一份中国电动汽车市场的概况介绍，包含一些基本数据和趋势描述，但内容较为一般，缺乏深度分析和专业洞见，无法满足专业市场调研报告的要求。

3. 问题分析

这个初始提问的问题在于：
（1）没有明确报告的具体目的和使用场景。
（2）未说明报告的深度和专业度要求。
（3）没有指明需要分析的具体维度和关注点。
（4）缺乏对数据来源和分析方法的要求。

4. 改进方法

以下是更有效的调研报告编写的提示词。

请作为资深汽车行业分析师，帮我撰写一份"中国电动汽车市场深度分析报告（2025年展望）"的详细框架和核心内容。该报告将提供给一家计划进入中国市场的国际汽车零部件制造商，用于其战略决策参考。

报告需求与特点：
-报告风格：专业、数据驱动、观点明确、逻辑严谨。
-分析深度：不仅提供市场数据，还需深入分析背后的驱动因素与发展逻辑。
-内容焦点：以电动汽车市场为主，特别关注高端市场细分。
-数据要求：引用可信来源的数据，如政府工作报告、行业协会发布的数据、上市公司财报等。
-长度预期：15～20 页（不含附录），12 000～15 000 字。

请提供以下内容：
（1）报告的完整框架设计（详细的目录结构）：
-各章节标题与副标题。
-每部分的主要分析点和逻辑关系。
-关键图表和数据呈现建议。
（2）核心章节内容摘要：
-宏观政策环境分析：补贴政策演变与未来趋势、碳排放法规对行业的影响。
-市场规模与增长分析：分价格段、分车型、分区域的市场结构与变化。

－竞争格局分析：主要企业市场占有率变化、商业模式对比、技术路线差异。

　　……

（3）提供2~3个深度分析案例示例：

　　－一个关于价格竞争与盈利模式的分析案例。

　　－一个关于供应链本地化与成本结构的分析案例。

（4）数据可视化建议：

　　－5~8个关键图表的内容构思和呈现方式。

　　－数据来源推荐与获取方法。

　　请确保内容既有宏观视角，又有微观洞察；既有历史数据分析，又有前瞻性判断。避免空泛的一般性描述，而是提供有深度的行业见解和可行的战略启示。

【DeepSeek 回应】改进后的提问获得了一份专业且完整的电动汽车市场分析报告框架和核心内容，包含六大板块、二十余个小节的详细目录结构和关键章节的内容摘要。报告特别强调了中国电动汽车市场的价格战态势和电池供应链垂直整合趋势，提供了多个有价值的数据可视化方案，如"品牌渗透率与用户满意度象限图"和"电池成本结构瀑布图"，整体呈现出专业分析师的深度洞察。

5. 原理解释

这个提示词的有效性在于：

（1）明确专业角色定位：要求从资深汽车行业分析师的角度撰写。

（2）提供详细的报告背景：说明报告用途、目标读者和关注重点。

（3）设定专业质量标准：要求专业、数据驱动、观点明确且逻辑严谨。

（4）提供清晰的内容框架：从目录结构到核心章节内容都有明确的要求。

（5）强调深度和洞察：明确要求提供深度分析案例和战略启示。

6. 应用拓展

这一提示词框架适用于各类调研报告编写需求。

基础版：

　　请写一份关于［行业/市场］的调研报告，包括市场规模、主要参与者和未来趋势。

标准版：

　　请从［行业专家角色］的视角，撰写一份［具体市场/行业］的调研报告。报告应包括市场概况、竞争分析、消费者研究和发展趋势。报告将用于［用途］，请确保内容专业且有深度。

高级版：

请作为［专业角色］，帮助我撰写一份"［报告具体标题］"的详细框架和核心内容。该报告将提供给［目标读者］，用于［具体用途］。

报告需求与特点：
-报告风格：［风格要求］。
-分析深度：［深度要求］。
-内容焦点：［重点关注领域］。
-数据要求：［数据来源与质量要求］。
-长度预期：［预期长度］。

请提供以下内容：
（1）［内容要求1］：
-［具体要点1］。
-［具体要点2］。
……
（2）［内容要求2］：
-［具体要点1］。
-［具体要点2］。
……
（3）［内容要求3］：
……
（4）［内容要求4］：
……

请确保内容［质量要求］，并［其他特殊要求］。

【专家视角】调研报告的"对立观点法"

资深市场研究专家张教授建议在撰写高质量的调研报告时采用"对立观点法"：要求 DeepSeek 对每个重要结论同时提供支持该观点和质疑该观点的证据和理由，然后给出权衡后的最终判断和置信度评分。这种方法避免了确认偏误，提升了报告的客观性和可信度，也为读者提供了更全面的思考视角，特别适用于存在争议或不确定性的行业趋势预测。

10.2.3 专业建议生成

1. 用户问题描述

吴明是一位企业战略顾问，他的客户——一家中型制造企业正在考虑进入东南亚市场，但对市场进入策略和风险管控缺乏经验。客户希望获得一份专业的市场进入建议，但吴明对东南亚市场的了解有限，需要快速生成有深度的专业建议。

2. 初始尝试

用户提问：

中国制造企业如何进入东南亚市场？

【DeepSeek 回应】得到了一些关于进入东南亚市场的一般性建议，如市场调研、选择适合的国家、考虑文化差异等，但缺乏针对制造业的具体策略和系统化的风险应对方案。

3. 问题分析

这个初始提问的问题在于：
（1）没有提供企业的具体行业和产品信息。
（2）未说明企业规模、资源和国际化经验。
（3）没有明确进入目的和具体的目标市场。
（4）缺乏对特定建议类型和深度的要求。

4. 改进方法

以下是更有效的专业建议生成的提示词。

请作为具有丰富的东南亚市场经验的国际化战略顾问，为一家计划进入东南亚市场的中国制造企业提供专业的市场进入策略建议。我需要一份既有战略高度又有实操指导的系统化建议。

企业背景与需求：
－一家年营收约 5 亿元的精密机械零部件制造企业。
－主要产品为工业自动化设备核心零部件，具有技术优势和成本效益。
－目前 90% 的业务在国内，有少量对欧美出口的经验，但东南亚市场经验为零。

……

请提供以下内容：

(1) 目标市场评估与优先级排序：
－四个目标国家的制造业环境对比分析。
－各市场的特点、优势和劣势的系统评估。
－市场进入顺序建议及理由。
－各国关键经济数据和制造业政策解读。
(2) 市场进入模式选择与路径规划：
－可行的进入模式分析（如出口、合资、独资等）。
－各模式的利弊分析和适用条件。
－建议的阶段性进入路径（1年、3年、5年规划）。
－关键决策点和触发条件。
(3) 风险识别与应对策略：
……
(4) 组织与资源配置建议：
……
(5) 成功案例与失败的教训：
……

请确保建议具有针对性和可操作性，重点关注精密制造业的特殊考量，并兼顾该企业的规模与资源条件。建议应平衡战略愿景与实际执行的可行性，提供清晰的决策框架和行动指南。

【DeepSeek 回应】改进后的提问获得了一份全面且专业的东南亚市场进入策略建议，包含系统化的四国市场评估、三阶段进入路径和详尽的风险应对方案。建议将越南识别为首选市场并推荐"先贸易、后合资、再独资"的渐进模式，特别强调了知识产权保护和技术工人培训的关键策略。分析参考了数家精密制造企业的案例，并为企业提供了清晰的决策流程图和行动清单。

5. 原理解释

这个提示词的有效性在于：

(1) 明确专业顾问身份：要求从具有东南亚市场经验的国际化战略顾问的角度回答。

(2) 提供详细的企业背景：描述了企业规模、产品、经验和国际化动机。

(3) 设定全面的建议框架：从市场评估到风险应对，覆盖进入策略的各个方面。

(4) 要求案例支持：要求提供成功和失败案例的分析，增加建议的可信度。

(5) 强调针对性和可操作性：明确要求建议必须切合企业实际情况和资源条件。

6. 应用拓展

这一提示词框架适用于各类专业建议生成需求。

基础版：

［企业/个人］想要［目标/行动］，请提供专业建议。

标准版：

请从［专业顾问角色］的视角，为［具体主体］提供关于［具体问题/领域］的专业建议。主体情况是［简要背景］，面临的主要问题是［问题描述］。请包括分析、具体建议和实施指导。

高级版：

请作为［专业角色］，为一家［企业/组织特征］提供［具体建议领域］的专业建议。我需要一份［建议特征］的系统化建议。

企业背景与需求：
- ［企业/组织基本情况］。
- ［产品/服务描述］。
- ［当前状况］。
- ［资源条件］。
- ［动机/目的］。
- ［团队状况］。
- ［初步考虑］。

请提供以下内容：

(1) ［内容类别1］：
- ［具体需求点1］。
- ［具体需求点2］。
……

(2) ［内容类别2］：
……

(3) ［内容类别3］：
……

请确保建议［质量要求］，并［其他特殊要求］。

> 🧑 **【常见错误】专业建议缺乏条件依赖性说明**

在生成专业建议时，一个常见错误是提供"放之四海而皆准"的通用建议，没有说明在什么条件下应采用哪种策略。更有效的做法是在提示词中明确要求 DeepSeek 提供"条件依赖性建议"，即"如果 A 条件，则采用 X 策略；如果 B 条件，则采用 Y 策略"。这种条件依赖性说明使建议更具针对性，也为决策者提供了更清晰的判断框架。

10.3　合规与风险管理

10.3.1　合规审查辅助

1. 用户问题描述

周经理是一家跨国企业中国分公司的合规负责人，需要审查公司即将推出的一项新的数据收集和使用政策，确保其符合《中华人民共和国个人信息保护法》和《中华人民共和国数据安全法》等法规要求。由于法规复杂且不断更新，他需要一个系统化的合规审查框架。

2. 初始尝试

用户提问：

> 我们公司的数据收集政策是否符合中国法律？

【DeepSeek 回应】得到了中国数据有关法规的一般性介绍和几点合规建议，但缺乏系统的审查框架和具体的评估方法，无法真正帮助进行全面的合规审查。

3. 问题分析

这个初始提问的问题在于：
（1）没有提供政策的具体内容和关键点。
（2）未说明公司的业务性质和数据处理特点。
（3）没有指明需要对照的具体法规范围。
（4）缺乏对合规审查方法和深度的要求。

4. 改进方法

以下是更有效的合规审查辅助的提示词。

> 请作为数据合规专家，帮助我创建一个系统化的合规审查框架，用于评估我公司的数据收集和使用政策是否符合中国最新的数据保护法规，特别是《中华人民共和国个人信息保护法》《中华人民共和国数据安全法》和相关实施条例。

公司与政策背景：

-跨国科技企业的中国分公司，主营在线教育和培训平台。

-用户包括成人学习者（80%）和未成年学生（20%）。

-数据收集内容：用户基本信息、学习进度和表现、使用行为数据、付款信息。

-数据使用目的：服务提供、个性化学习体验、产品改进、营销推广。

-数据存储：主要存储在中国境内的服务器，部分汇总数据传输至美国总部。

-第三方共享：与支付处理商、云服务提供商和广告合作伙伴共享部分数据。

-政策更新点：新增 AI 技术分析学习行为、引入更精细的用户画像分析。

请提供以下内容：

(1) 合规审查清单与评估框架：

-按法规要求分类的详细审查点（至少 20 个关键检查项）。

-每个检查项的法律依据（具体条款）。

-合规/不合规的判断标准。

-风险级别分类方法（高/中/低风险）。

(2) 重点审查领域的深入指南：

-个人敏感信息处理的特殊要求。

-未成年人数据保护的额外措施。

-用户同意的有效获取方式。

-跨境数据传输的合规路径。

-自动化决策和 AI 分析的透明度要求。

(3) 政策文本审查要点：

……

(4) 实施建议与文档准备：

……

请确保审查框架既全面又实用，既符合法律法规的严格要求，又考虑到企业运营的实际情况。最好能提供一个评分或分级系统，帮助识别亟须解决的合规问题。

【DeepSeek 回应】改进后的提问获得了一个系统且完整的数据合规审查框架，包含 32 个具体检查点和详细的评估标准，每个检查点都提供了法律依据和不同级别的合规判断标准。框架特别强调了未成年人数据保护和跨境数据传输的合规路径，并提供了政策文本优化建议和监管应对准备清单。整体框架既符合法规的严格要求，又考虑了企业运营的实际可行性。

5. 原理解释

这个提示词的有效性在于：
（1）明确专业角色定位：要求从数据合规专家的角度回答。
（2）提供详细的企业背景：描述了业务性质、用户类型和数据处理特点。
（3）明确审查对象和法规范围：指明需要对照的具体法律法规。
（4）设置结构化的输出框架：从审查清单到实施建议提供全面架构。
（5）要求实用性平衡：强调既要符合法规要求，又要考虑企业运营现实。

6. 应用拓展

这一提示词框架适用于各类合规审查辅助需求。

基础版：

请检查［政策/做法］是否符合［法规名称］的要求，并提供改进建议。

标准版：

请从［合规专家角色］的视角，评估［具体政策/流程］是否符合［相关法规］。我的情况是［简要背景］，主要关注［具体合规领域］。请提供合规检查要点、问题识别和改进建议。

高级版：

请作为［专业角色］，帮助我创建一个系统化的合规审查框架，用于评估［评估对象］是否符合［具体法规］。

公司与政策背景：
- ［组织类型与业务］。
- ［相关人群/用户］。
- ［关键活动/流程描述］。
- ［特殊情况说明］。
……

请提供以下内容：
（1）［输出内容1］：
- ［具体要求点1］。

—［具体要求点 2］。

……

（2）［输出内容 2］：

……

（3）［输出内容 3］：

……

（4）［输出内容 4］：

……

请确保审查框架［质量要求］，并［其他特殊要求］。

【专家视角】合规审查的"证据导向法"

资深合规专家刘博士建议采用"证据导向法"进行合规审查：首先确定每个合规要求的"合规证据链"，即证明合规的必要文件、流程记录和控制措施；然后针对每项要求，明确界定"充分证据""部分证据""缺乏证据"的标准；最后基于证据评估设计检查项和整改优先级。这种方法将抽象的合规要求转化为可验证的具体元素，使合规审查更加客观和可操作。

10.3.2 风险评估与防控

1. 用户问题描述

李总是一家中型医疗器械制造企业的 CEO，公司计划推出一款联网医疗监测设备，这将是公司首次涉足智能医疗领域。他希望在产品正式开发前进行全面的风险评估，确保产品和业务模式符合法规要求并有效控制各类风险。

2. 初始尝试

用户提问：

> 智能医疗设备有哪些风险需要注意？

【DeepSeek 回应】得到了一系列智能医疗设备的常见风险点，如数据安全、设备可靠性、隐私保护等，但内容较为笼统，缺乏系统的风险评估框架和有针对性的防控措施。

3. 问题分析

这个初始提问的问题在于：

（1）没有提供产品的具体功能和技术特点。

（2）未说明公司的资源条件和风险承受能力。

(3) 没有明确风险评估的范围和深度。

(4) 缺乏对风险防控方案的具体要求。

4. 改进方法

以下是更有效的风险评估与防控的提示词。

请作为医疗器械行业的风险管理专家，帮助我对计划开发的一款智能医疗监测设备进行全面的风险评估，并提供系统化的风险防控方案。我需要一份既符合行业监管要求又具有实操指导意义的风险分析。

产品与公司背景：

-产品：一款用于慢性病患者（主要是高血压、糖尿病患者）的远程健康监测设备。

-核心功能：生命体征持续监测、数据无线传输、异常预警、数据分析与趋势报告。

-技术特点：内置多种传感器、4G/WiFi连接、云端数据存储、AI辅助分析。

-使用场景：患者家庭自用，数据共享给医疗机构和家属。

-公司情况：中型医疗器械制造商，有传统医疗设备经验，但首次涉足智能互联设备。

-资源条件：拥有约50人的研发团队，但缺乏数据安全和AI方面的专业人才。

-预期上市国家：中国，未来可能拓展到东南亚市场。

请提供以下内容：

(1) 系统化风险识别与分类：

-产品安全风险（可靠性、准确性、物理安全等）。

-数据与隐私风险（数据泄露、未授权访问、跨境传输等）。

-法规合规风险（医疗器械注册、数据保护法规、AI监管要求等）。

-责任风险（产品责任、专业责任、第三方责任等）。

-商业与运营风险（市场接受度、商业模式可持续性等）。

(2) 风险评估方法与结果：

-每类风险的评估维度（如发生概率、影响严重度、可控性）。

-风险评分或分级机制。

-关键高风险项的详细分析。

-风险之间的关联性和级联效应分析。

(3) 分阶段风险防控策略：

……

（4）关键风险的具体防控方案：

……

（5）风险管理组织与流程建议：

……

请确保风险评估全面且深入，防控方案既符合监管要求（如《医疗器械监督管理条例》《中华人民共和国网络安全法》《医疗器械软件注册审查指导原则》等），又考虑到企业的实际情况和资源条件。特别关注医疗数据这类敏感信息的特殊保护要求和医疗器械的功能安全保障。

【DeepSeek 回应】改进后的提问获得了一份系统且全面的智能医疗设备风险评估报告，采用风险矩阵方法对五大类风险进行了深入分析和优先级排序，特别突出了医疗数据安全和设备功能可靠性的高风险点。报告提供了层次分明的防控策略，从设计安全架构到应急响应流程，并针对中型企业资源限制提出了包括专业人才引进、第三方安全审计和分阶段投入的实用建议。

5. 原理解释

这个提示词的有效性在于：

（1）指明专业角色：要求从医疗器械行业的风险管理专家的角度回答。

（2）提供详细的产品和公司信息：描述了产品功能、技术特点和公司资源条件。

（3）设置全面的风险评估框架：覆盖从产品安全到商业风险的各个维度。

（4）要求分阶段的防控策略：按产品生命周期划分不同阶段的风险控制措施。

（5）强调实用性与合规性平衡：要求方案既符合监管要求又考虑企业的实际情况。

6. 应用拓展

这一提示词框架适用于各类风险评估与防控需求。

基础版：

请分析［产品/项目/活动］可能面临的主要风险，并提供防范建议。

标准版：

请从［风险管理专家角色］的视角，评估［具体产品/项目］的潜在风险，并提供风险防控策略。产品/项目的基本情况是［简要描述］，我特别关注［具体风险领域］。请包括风险识别、评估和防控建议。

高级版：

请作为［专业角色］，帮我对［评估对象］进行全面的风险评估，并提供系统化的风险防控方案。我需要一份［需求特征］的风险分析。

产品与公司背景：
- ［产品/项目描述］。
- ［核心特点/功能］。
- ［技术/实施特点］。
- ［使用/应用场景］。
- ［组织情况］。
- ［资源条件］。
- ［市场/实施范围］。

请提供以下内容：
（1）［内容类别1］：
- ［具体要求点1］。
- ［具体要求点2］。
……
（2）［内容类别2］：
……
（3）［内容类别3］：
……

请确保风险评估［质量要求］，并［其他特殊要求］。

【专家视角】风险评估的"情景分析法"

资深风险管理专家田博士推荐在风险评估中采用"情景分析法"：首先识别可能面临的3~5个最具破坏性的风险情景（如"数据泄露导致客户敏感信息公开"或"设备故障导致误诊误治"）；然后详细描述每个情景的发生路径、触发条件和连锁影响；最后针对每个情景设计防控措施和应急预案。这种基于具体情景的风险分析方法比抽象的风险点列表更有助于组织理解风险实质和做好准备。

10.3.3 政策解读与应对

1. 用户问题描述

郑董事长是一家互联网金融科技公司的负责人，公司主营业务包括在线支付、供应链金融和小额贷款服务。最近，监管部门发布了一系列金融科技监管新政策，他需要了解这些政策对公司业务的潜在影响，并制定相应的应对策略。

2. 初始尝试

用户提问：

> 最近的金融科技监管政策有哪些变化？我们公司需要如何应对？

【DeepSeek 回应】得到了一些金融科技监管政策的一般性介绍和基本应对建议，但缺乏针对具体业务的影响分析和系统化的应对策略，实用性有限。

3. 问题分析

这个初始提问的问题在于：
（1）没有提供公司的具体业务模式和关注点。
（2）未明确需要解读的具体政策范围。
（3）缺乏对公司当前合规状况的说明。
（4）没有指明政策应对的具体需求和优先级。

4. 改进方法

以下是更有效的政策解读与应对的提示词。

> 请作为金融科技监管政策专家，帮助我分析最近（2023 年至今）中国金融科技领域的关键监管政策变化，评估其对我公司业务的潜在影响，并提供系统化的应对策略建议。
>
> 公司与业务背景：
> －一家成立 5 年的中型金融科技公司，持有支付牌照和小贷牌照。
> －主要业务线：第三方支付服务（占收入的 40%）、供应链金融解决方案（30%）、小额消费信贷（20%）、财富管理工具（10%）。
> －用户规模：约 500 万注册用户，主要是小微企业和个人用户。
> －数据处理：收集用户的交易数据、信用信息、行为数据用于风控和产品推荐。
> －技术应用：使用大数据分析和 AI 算法进行信用评估和风险定价。
> －当前合规状况：基本符合现有监管要求，但担心新政策可能带来额外的合规成本。
> －战略规划：计划扩大消费信贷业务并探索跨境支付服务。
>
> 需要重点关注的政策领域：
> （1）金融科技平台监管要求的变化。
> （2）个人信息和数据安全相关规定。

（3）小额贷款和消费金融监管新规。
（4）支付行业风控与反洗钱要求。
（5）AI 和大数据应用的监管框架。

请提供以下内容：
（1）关键政策梳理与趋势分析：
－近期发布的重要政策文件概述（名称、发布机构、生效时间）。
－政策变化的主要方向和监管趋势。
－不同业务领域的监管侧重点对比。
－对金融科技行业整体的影响预判。
（2）对我公司各业务线的影响评估：
－政策对各业务线的合规影响分析（按严重程度排序）。
－潜在的业务调整需求或限制。
－新增的技术和数据合规要求。
－成本和运营影响估计（如需增加合规人员、系统改造等）。
（3）分优先级的应对策略建议：
……
（4）监管沟通与合规管理建议：
……

请提供具体可行的建议而非一般性原则，并尽可能评估各项应对措施的成本和效益。同时，请标注存在政策不确定性的领域，以及可能的政策走向预判。

【DeepSeek 回应】改进后的提问获得了一份全面深入的金融科技监管政策分析和应对方案，梳理了 8 项关键政策文件及其核心要求，重点指出了小额信贷业务的严格的监管趋势和数据合规的提升要求。方案按影响严重性排序，提供了三阶段应对策略，包括 30 天内需完成的信贷业务合规自查、数据分类分级和消费者权益保护措施优化等紧急任务，以及中长期的风控模型改造和合规体系建设方案。

5. 原理解释

这个提示词的有效性在于：
（1）明确专业角色定位：要求从金融科技监管政策专家的角度回答。
（2）提供详细的公司背景：描述了业务结构、用户群体和技术应用情况。
（3）划定政策关注范围：明确了五个需要重点关注的政策领域。

（4）设定系统化输出框架：从政策梳理到具体应对策略，提供了完整的结构。

（5）要求实用性与优先级：强调需要具体可行的建议并按优先级排序。

6. 应用拓展

这一提示词框架适用于各类政策解读与应对需求。

基础版：

请解读［新政策/法规］的主要内容，并提供应对建议。

标准版：

请从［政策专家角色］的视角，分析［具体政策/法规］对［行业/业务］的影响，并提供应对策略。我的情况是［简要背景］，特别关注［具体关注点］。请包括政策解读、影响评估和应对建议。

高级版：

请作为［专业角色］，帮助我分析［时间范围］［政策领域］的关键政策变化，评估其对［组织/业务］的潜在影响，并提供系统化的应对策略建议。

公司与业务背景：

－［组织基本情况］。

－［主要业务描述］。

－［规模/用户情况］。

－［关键流程/活动］。

－［技术应用情况］。

－［当前合规状况］。

－［战略规划］。

需要重点关注的政策领域：

（1）［政策领域1］。

（2）［政策领域2］。

……

请提供以下内容：

（1）［内容类别1］：

－［具体要求点1］。

－［具体要求点2］。

……

(2)［内容类别2］：

……

(3)［内容类别3］：

……

请提供［质量要求］的建议，并［其他特殊要求］。

> 【常见错误】政策解读缺乏执行层面指导

在政策解读中，一个常见错误是只分析政策本身而不提供具体的执行层面指导。更有效的做法是在提示词中明确要求DeepSeek提供"政策-执行转化路径"，即针对每项重要政策，明确：(1)具体需要做什么；(2)由谁负责；(3)如何判断是否合规；(4)记录什么证据。这种执行导向的政策解读才能真正帮助组织将政策要求转化为实际行动。

本章小结：法律与咨询的智能协作助手

通过本章的探索，我们了解了如何在法律与咨询服务领域有效利用DeepSeek进行法规解读、案例分析、文档起草、问题诊断、方案设计以及风险管理等工作。这些技能对于法律从业者、咨询顾问和合规管理人员都具有极高的实用价值。

> 【关键启示】

(1)专业背景信息是提升效果的关键：提供详细的专业背景信息（如企业特征、业务模式、法律关系）能显著提高AI回答的专业性和针对性。

(2)框架结构推动深度思考：在专业服务领域，使用结构化的分析框架（如案例分析框架、风险评估矩阵）可以引导AI进行更系统、更全面的专业分析。

(3)角色设定增强专业视角：明确要求特定专业角色（如"资深合规律师""风险管理专家"）能使AI从特定专业视角思考问题，提供更专业的建议。

(4)案例与理论相结合：要求AI结合具体案例分析抽象法律概念，或用实际案例支持咨询建议，能使专业内容更容易落地，且易于理解和应用。

(5)分级分类方法提升实用性：采用优先级排序、风险分级或分阶段实施等方法，将复杂的专业分析转化为可操作的行动指南。

> 【实践建议】

(1)为常用的专业分析任务（如合同审查、风险评估、政策解读）创建个性化的提示词模板，以便快速应用并获得结构化的专业输出。

（2）利用"专家视角"提到的方法进行更深入的专业分析：如案例分析中的"对立观点法"或风险评估中的"情境分析法"。

（3）对于复杂的专业问题，考虑采用多轮对话策略：第一轮获取框架和初步分析，后续针对关键点深入追问，最后要求整合并给出最终建议。

记住，AI 只是辅助工具，不能替代专业判断。专业服务的核心价值在于经验、判断力和行业洞察力，DeepSeek 可以帮助提升效率和拓展分析广度，但最终决策仍需专业人员把关。

对于高风险的专业决策（如关键法律战略、重大投资决策），将 DeepSeek 的输出视为参考意见之一，与其他专业意见一起综合考量。

【应用实操】

（1）尝试为自己最常处理的三类法律文档或咨询报告创建专属提示词模板，包括通用结构和特定要素。

（2）选择一个复杂的行业法规或政策，使用"三层分析法"进行深入解读，形成一份既有法律准确性又有实操指导的分析报告。

（3）对自己或客户面临的一个重要业务风险应用"情景分析法"进行全面评估，识别潜在的触发因素和防控措施。

（4）针对一个具体案例或咨询问题，先独立形成专业判断，然后使用 DeepSeek 生成分析，对比两者之间的差异，反思可以相互借鉴的观点和思路。

记住，在法律与咨询服务领域，DeepSeek 最大的价值在于帮助专业人士扩展思考维度、提高分析效率和增强方案的全面性，而非替代专业判断。正如一位资深律师所言："AI 是强大的法律研究助手和初稿撰写者，但识别客户的真正需求并提供切实可行的解决方案的能力，仍是专业人士的核心价值所在。"

第 11 章
{创意与设计行业}

> 灵感催化与创意伙伴：DeepSeek 如何重塑设计思维。

星期一上午 9 点，设计师小林盯着空白的画布，手指在键盘上无目的地敲击着。客户要求在周三前交付一个"现代且怀旧，简约但内涵丰富"的品牌标识。这种模糊的需求描述让他陷入了创意黑洞。他已经花了整个周末尝试各种方向，但最终只有一堆被否决的草图和越来越接近的截止日期。"如果能有人跟我一起头脑风暴就好了，"小林叹了一口气，"或者至少帮我厘清这个矛盾的需求到底是什么意思。"

在创意与设计行业，这样的场景再熟悉不过了。无论是平面设计师、UI/UX 设计师、插画师还是创意总监，都曾面临灵感枯竭、概念模糊或时间紧迫的挑战。DeepSeek 作为一位不知疲倦的创意伙伴，可以成为创意与设计专业人士的得力助手，帮助激发灵感、拓展思路、优化流程、提升创作效率。

本章将探讨如何在创意与设计领域高效使用 DeepSeek，让 AI 成为你创意旅程中的灵感催化剂和思维伙伴。

11.1 创意构思与灵感激发

11.1.1 创意头脑风暴

1. 用户场景：创意枯竭

小林面对客户要求的"现代且怀旧"的品牌标识感到束手无策。这种看似矛盾的需求描述常常出现在创意项目中，给设计师带来困扰。

2. 初始尝试

帮我为一个咖啡品牌构思创意，要求既现代又怀旧。

【DeepSeek 回应】这种简单提问得到了一些基础建议，但缺乏深度和专业性，且方向过于宽泛。

3. 改进方法：创意头脑风暴三步法

创意头脑风暴需要明确目标、提供背景、设定范围和采用发散-收敛的思维模式。我们可以采用以下的三步法。

步骤一：概念解构。

首先解构关键概念，明确项目的核心元素和矛盾点。

请帮我解构"现代与怀旧并存"的设计概念，具体应用于一家名为"时光咖啡"的品牌。

分析：

（1）"现代"和"怀旧"各自代表什么视觉元素和情感联系？

（2）这两个概念可以通过哪些方式和谐融合？

（3）在咖啡行业中，这种风格组合有哪些成功案例或参考方向？

我是一名平面设计师，需要为客户开发既有现代感又能唤起怀旧情绪的品牌标识。

【DeepSeek 回应】这种提问获得了对关键概念的深入分析，包括视觉元素分解和潜在融合点，为后续创意提供了清晰的框架。

步骤二：定向发散。

基于概念解构的结果，进行有方向的创意发散。

基于对"现代与怀旧"概念的理解，请为"时光咖啡"生成 10 个标识创意方向，每个方向包含：

（1）核心视觉概念（15 字以内）。

（2）关键视觉元素（3～5 个）。

（3）色彩倾向。

（4）实现这一创意的技术或风格建议。

目标受众是 25～40 岁的城市专业人士，他们欣赏精致生活，但也怀念简单时光。

【DeepSeek 回应】这一提问生成了多个结构化的创意方向，每个方向都有明确的视觉概念和元素建议，便于评估和筛选。

步骤三：创意精炼。

从发散的创意中选择最具潜力的方向进行深入探索。

> 我对第 3 个和第 7 个创意方向特别感兴趣，请对这两个方向进行如下深入探索：
> （1）扩展每个方向的应用可能性（名片、包装、店面等）。
> （2）分析它们如何体现品牌价值"连接过去与现在的生活体验"。
> （3）针对每个方向，提供 3 个可能的变体或演变方向。
> （4）预判可能的设计挑战和解决思路。
> 请从专业设计师的视角分析，提供具体可行的建议。

【DeepSeek 回应】这一提问获得了对选定的创意方向的深入分析和拓展，包括具体应用场景和潜在挑战，帮助设计师做出了更明智的选择。

【专家视角】定向限制激发创造力

资深创意总监张女士发现，与其让 DeepSeek 进行完全开放的创意发散，不如设置一些有意义的限制。例如，她喜欢使用"如果 X 设计了 Y，会是什么样"的提问方式："如果包豪斯设计了一家中式茶馆，会是什么风格？"或"如果日本极简主义与美国 60 年代复古风结合，会产生什么设计语言？"这种有限制的发散反而能产生更独特且有凝聚力的创意方向。

11.1.2 概念发展与完善

1. 用户场景：概念不成熟

小林选定了一个初步方向——结合现代几何线条与复古印刷工艺的标识概念，但感觉还不够成熟，需要更多细节和理论支持来说服客户。

2. 概念完善框架

概念完善需要多维度的思考，建立故事性和理论支撑，同时确保实用性。

> 我正在开发"时光咖啡"的品牌标识，初步概念是：结合几何简约线条与老式印刷纹理，通过半透明叠加创造时间层次感。
>
> 请帮我完善这个设计概念：
> （1）设计理论支持：这一概念如何符合视觉传达原理？
> （2）文化关联：可以引用哪些设计史或文化元素增强概念深度？
> （3）情感连接：如何确保设计能在视觉上触发目标受众的怀旧情绪？

（4）实用性考量：这一概念在不同应用场景（小尺寸、单色等）中如何提高识别度？

（5）叙事框架：有什么品牌故事可以支持和强化这一视觉概念？

我需要既有理论深度又有实用性的建议，以便完善概念并向客户展示。

【DeepSeek 回应】 这一提问获得了全面的概念完善建议，将初步想法发展成有理论支持、文化背景和情感连接的成熟概念，便于向客户展示和说服他们。

3. 方案迭代技巧

设计是一个不断迭代的过程。使用 DeepSeek 进行有针对性的概念迭代可以显著提高效率。

> 基于之前的讨论，我现在有三个迭代方向需要评估：
> -增强印刷质感，减少几何元素。
> -保持平衡，但增加一个象征时间的核心图形元素。
> -简化整体，只保留最具识别性的元素，增强可扩展性。
> 请从以下维度分析这三个方向：
> （1）独特性：哪个方向最能在竞争中脱颖而出？
> （2）品牌延展性：哪个方向最适合发展为完整的视觉系统？
> （3）技术可行性：各方向在实现上有什么挑战？
> （4）与品牌核心价值的契合度。
> 分析后，请建议最具潜力的方向，并提出2～3个具体的改进点。

【DeepSeek 回应】 这一提问得到了对三个迭代方向的结构化分析和清晰的建议，帮助设计师做出了基于多维度考量的决策，而非仅凭直觉选择。

11.1.3 风格参考与探索

1. 用户场景：风格研究

小林需要探索如何将他的概念付诸实践，这需要更多的视觉参考和风格指导。

2. 风格拼贴提示词

风格研究是创意过程中的关键环节，可以帮助设计师确定视觉语言并找到参考点。

> 我正在为"时光咖啡"开发品牌视觉风格，核心概念是"现代简约与复古印刷的融合"。请帮我创建一个风格参考板：

（1）推荐 5~7 个值得研究的设计师/工作室，他们的作品体现了类似的风格融合。

（2）找出 3~5 个成功案例，分析它们如何平衡现代与复古元素。

（3）提供具体的视觉元素建议：

-字体组合（无衬线现代字体与复古印刷体的搭配）。

-色彩方案（考虑褪色复古色与现代鲜明色的对比）。

-纹理与处理技巧（如何创造印刷质感）。

（4）可能的创新点或独特表达方式。

我需要专业的参考信息，而非泛泛而谈的风格描述。

【DeepSeek 回应】这一提问获得了详细的风格参考信息，包括具体设计师、案例分析和视觉元素建议，为设计师提供了明确的研究方向。

3. 跨界风格融合

创新通常来自不同领域的风格交融。DeepSeek 可以帮助设计师探索意想不到的组合。

请帮我探索以下三个看似不相关的领域的设计语言，并分析它们如何融入"时光咖啡"的品牌设计：

（1）日本侘寂美学：简约、不完美的美、自然老化的质感。

（2）20 世纪中期现代主义家具设计：功能性、几何形态、材质表现。

（3）旧式印刷工艺：凸版印刷、套版错位、墨迹渗透。

对于每个领域，请提供：

-核心美学原则。

-标志性视觉元素。

-可借鉴的处理技巧。

-与咖啡品牌的潜在结合点。

最后，提出一个综合这三种风格的精华的独特视觉语言建议。

【DeepSeek 回应】这一提问促成了跨领域美学原则的深度分析，并提供了将不同风格元素融合为独特的视觉语言的具体思路，为创意开辟了新颖的视角。

【常见错误】过于依赖设计趋势

许多设计师在寻求灵感时，会直接询问"2025 年的设计趋势"或"最流行的标志设计风格"。这种方法往往导致创作出跟风、缺乏独特性的设计。做法对比如下：

✗ "告诉我现在最流行的咖啡店标志设计风格。"

✓ "分析咖啡行业中经久不衰的标志设计元素，以及它们为何能超越短期趋势而保持吸引力。"

真正有价值的设计往往是对趋势的理解和超越，而非简单跟随。

11.2 设计辅助与反馈

11.2.1 设计评估与建议

1. 用户场景：设计评估

小林完成了初步设计，但没有同事可以给予反馈，不确定作品是否达到了要求。

2. 全面评估框架

专业的设计评估需要从多个维度进行分析，而非简单的主观喜好。

> 我刚完成了"时光咖啡"品牌标志的初稿，需要专业评估。以下是设计概念描述：
>
> 标志结合了几何简约线条构成的咖啡杯形象与具有复古印刷质感的手绘时钟元素。使用双重线条创造视觉层次，色彩以深褐色与米白色为主，辅以轻微的印刷错位效果。
>
> 请从以下维度评估这一设计：
>
> （1）概念清晰度：核心理念传达是否明确？
>
> （2）视觉平衡：元素组合是否和谐？
>
> （3）可识别性：在小尺寸和单色环境中是否依然有效？
>
> （4）原创性：与市场现有设计相比有何独特之处？
>
> （5）与品牌定位的一致性：是否符合"连接过去与现在"的品牌主张？
>
> 请提供坦诚的专业评价，指出强项和可改进之处。

【DeepSeek 回应】这一提问获得了结构化的专业评估，包括具体优势和不足，以及有针对性的改进建议，远超简单的"好看/不好看"评价。

3. 设计迭代指导

基于评估结果，DeepSeek 可以提供有针对性的改进建议。

> 根据之前的评估，我需要改进标志的可识别性和视觉平衡。请提供具体的迭代建议：
>
> （1）简化方案：如何在保留核心概念的同时简化复杂元素？

（2）增强对比：哪些元素可以调整以创造更好的视觉重点？
　　（3）技术处理：有哪些具体技巧可以改善复古印刷效果而不影响清晰度？
　　（4）比例调整：现有元素的大小关系如何优化？
　　请提供循序渐进的改进步骤，而非全盘重做的建议。

【DeepSeek 回应】这一提问获得了实用的迭代路径，包括具体的改进步骤和技术建议，帮助设计师在保留原有概念的基础上有针对性地提升设计质量。

11.2.2　设计描述与说明文案

1. 用户场景：方案阐述

小林需要向客户展示他的设计方案，但不确定如何清晰有力地表达设计理念和决策过程。

2. 设计陈述框架

专业的设计陈述不仅展示成果，还需要传达思考过程和设计决策的合理性。

　　我需要为"时光咖啡"品牌标志创建一份专业的设计说明，向客户展示设计理念和价值。请帮我构建一个简洁有力的设计陈述：
　　（1）开场概述：用一段简短有力的文字概括设计理念和核心价值。
　　（2）设计决策说明：解释关键视觉元素的选择原因和象征意义。
　　（3）技术实现描述：说明特殊处理效果（如复古印刷质感）的实现方法。
　　（4）应用展望：简述标志在不同场景中的应用潜力和一致性保障。
　　（5）与品牌定位的呼应：强调设计如何支持"连接过去与现在"的品牌主张。
　　语言应当专业但不过于技术化，既能向设计师展示我的专业能力，又让无设计背景的客户理解。

【DeepSeek 回应】这一提问获得了结构清晰、语言专业的设计说明文案，既体现了设计师的专业思考，又能向客户有效传达设计价值和理念。

3. 多层次表达策略

针对不同的受众，设计描述需要有不同的侧重点和表达方式。

　　我需要为同一设计方案准备三种不同的表达版本，分别面向：
　　（1）客户决策层（CEO、市场总监）：侧重商业价值和品牌定位契合度。

（2）设计同行评审：侧重创意概念、技术实现和设计思路。
（3）社交媒体发布：简洁有趣，突出视觉吸引力和品牌故事。
针对每类受众，请提供：
-核心表达点（3～5个关键信息）。
-合适的语言风格和专业度。
-应强调或弱化的设计方面。
-开场和结尾的示例句。
我需要保持核心信息一致，但针对不同受众调整表达方式。

【DeepSeek 回应】这一提问获得了针对不同受众的差异化表达策略，帮助设计师在不同场合有效传达设计价值，提高了沟通效率和说服力。

11.2.3 用户反馈分析

1. 用户场景：反馈整合

小林收到了来自不同渠道的众多反馈，有些甚至相互矛盾，他需要厘清这些信息并确定下一步的行动。

2. 反馈结构化分析

面对大量反馈，关键是找到模式和优先级，而非试图满足每一条意见。

我收到了客户团队和初步用户测试对"时光咖啡"品牌标志的多条反馈，需要系统分析以确定改进方向。
积极反馈：
-"复古元素很有情感共鸣"。
-"整体平衡感不错"。
-"色彩选择恰到好处"。
消极反馈：
-"咖啡杯元素不够明显"。
-"文字部分在小尺寸下可读性差"。
-"复古效果过于强烈，显得有些'脏'"。
-"感觉像是其他品牌的模仿"。
中性建议：
-"可以尝试更现代的字体"。
-"考虑简化线条数量"。
请帮我：

　　　　(1) 识别反馈中的模式和优先问题。
　　　　(2) 分析哪些反馈可能基于个人偏好，哪些可以反映出真实设计问题。
　　　　(3) 提出 3~5 个具体的改进方向，并排列优先级。
　　　　(4) 提出处理相互矛盾的反馈意见的建议。
　　　　目标是找到平衡点，而非盲目迎合所有意见。

【DeepSeek 回应】这一提问获得了对反馈的结构化分析，明确了核心问题和优先改进方向，帮助设计师做出基于数据而非情绪的决策。

3. A/B 测试设计

当面临关键设计决策时，A/B 测试可以提供数据支持，DeepSeek 可以帮助设计有效的测试方案。

　　　　我正在考虑"时光咖啡"标志的两个方向：
　　　　A 版本：强调复古印刷质感，更艺术化。
　　　　B 版本：强调清晰度和现代感，更商业化。
　　　　我需要一个简单但有效的 A/B 测试方案来收集目标用户的反馈：
　　　　(1) 关键测试问题（3~5 个）：应当询问什么才能获得有意义的比较数据？
　　　　(2) 测试情境设计：在什么环境下展示这两个版本最有效？
　　　　(3) 数据收集方法：定量和定性数据应如何平衡？
　　　　(4) 结果分析框架：如何解读不同类型的反馈？
　　　　测试对象是 25~40 岁的城市专业人士，测试资源有限，需要高效获取关键信息。

【DeepSeek 回应】这一提问获得了结构化的 A/B 测试方案，包括有针对性的测试问题和分析框架，帮助设计师以数据驱动设计决策，超越了主观判断。

11.3 创意项目管理

11.3.1 创意项目规划

1. 用户场景：项目统筹

小林接到了一个更大的项目——为"时光咖啡"设计完整的品牌视觉系统，包括标志、色彩、字体、应用系统等。他需要有条理地规划这个复杂项目。

2. 创意项目结构化

创意项目规划需要平衡创造力和秩序，确保既有创新空间又有明确的方向。

我需要为"时光咖啡"的品牌视觉系统设计制定项目计划。项目包括品牌标志、色彩系统、字体方案、图形元素、包装应用和店面视觉。

请帮我创建一个结构化的创意项目计划：

(1) 项目阶段划分：如何将项目分解为有逻辑的阶段？
(2) 关键决策点：在哪些节点需要确认方向再继续推进？
(3) 资源分配：各阶段的时间和精力分配建议。
(4) 创意探索框架：如何在保持一致性的同时探索不同的元素？
(5) 风险预警：可能遇到的创意阻碍和应对策略。

我是一名独立设计师，时间和资源有限，需要一个高效且有弹性的计划。

【DeepSeek 回应】这一提问获得了清晰的项目结构和资源分配建议，将复杂的创意项目分解为可管理的阶段，同时保留了创意探索的空间。

3. 创意简报模板

高质量的创意简报是项目成功的基础，它能确保设计师和客户对项目有共同的理解。

我需要创建一份全面的创意简报模板，用于与"时光咖啡"客户确认品牌视觉系统项目的范围和期望。

请提供一个结构化的创意简报模板，包括：

(1) 项目背景与目标部分：应包含哪些关键问题？
(2) 目标受众分析部分：需要收集哪些信息？
(3) 品牌定位与价值部分：如何引导客户清晰表达？
(4) 视觉风格探索部分：如何构建有效的视觉参考？
(5) 可交付成果与时间线部分：如何明确设定边界？
(6) 反馈机制部分：如何建立高效的沟通流程？

请提供具体的问题示例和结构指导，而非空泛的标题列表。我希望这个模板既专业又易于与无设计背景的客户沟通。

【DeepSeek 回应】这一提问获得了详细的创意简报模板，包含具体问题和结构指导，帮助设计师全面收集信息并与客户建立明确的预期，为项目奠定坚实的基础。

11.3.2 创作日程与里程碑

1. 用户场景：时间管理

小林需要在两个月内完成整个品牌视觉系统的设计，但不确定如何安排时间以确保质量且按时交付。

2. 创意项目时间线设计

创意项目的时间规划需要考虑创意过程的非线性特性，同时确保整体进度可控。

我将在未来8周内完成"时光咖啡"的完整品牌视觉系统设计。请帮我制定一个实际可行的时间规划。

项目组成：
- 品牌标志设计与应用规范。
- 主色与辅助色系统。
- 品牌字体方案。
- 图形元素系统。
- 包装设计基础。
- 简单的应用示例。

请提供：
（1）8周工作分解结构：每周的关键任务与目标成果。
（2）关键里程碑设置：哪些时点需要客户审核与确认？
（3）时间缓冲策略：如何在计划中预留应对修改的时间？
（4）创意与制作平衡：如何分配探索与执行的时间比例？
（5）优先级策略：如果时间紧迫，哪些环节可以简化，哪些环节必须保证质量？

作为独立设计师，我倾向于"先做深再做广"的工作方式。

【DeepSeek 回应】这一提问获得了详细的时间规划建议，包括每周的工作重点和关键里程碑，既考虑了创意过程的特性，又确保了项目的整体可控性。

3. 创意疲劳管理

长期创意项目常面临创意疲劳的问题，合理的节奏和方法可以保持创造力。

我在"时光咖啡"项目中期感到创意疲劳，特别是在设计了两周的图形元素后感到思路枯竭。请给我一个克服创意倦怠的结构化方案：
（1）短期干预：2~3个立即可实施的创意重焕方法。
（2）工作流调整：如何重组任务顺序以避免连续的同类型工作？
（3）外部刺激：哪些非设计活动可能激发相关灵感？
（4）技术转换：暂时转换设计工具或方法的建议。

（5）创意协作：如何在独立工作的情况下获取有效反馈和新视角？

我希望既能快速恢复状态，又能预防未来项目中的类似问题。

【DeepSeek 回应】这一提问获得了针对创意疲劳的多维度解决方案，包括即时可行的干预措施和长期预防策略，帮助设计师维持创造力并保证项目质量。

11.3.3 团队协作与沟通

1. 用户场景：跨专业协作

小林需要与文案、市场和开发团队协作，确保品牌视觉系统能够有效实施，但不确定如何弥合不同专业背景的沟通鸿沟。

2. 设计交付与说明

高质量的设计交付不仅包括视觉成果，还需要清晰的使用指南和理念说明。

我即将向"时光咖啡"的运营团队交付完整的品牌视觉系统，他们大多没有设计背景，但需要正确应用这些设计元素。请帮我准备一个全面的交付说明：

（1）非设计人员易懂的视觉系统解释：如何用简明的语言说明设计原则？

（2）常见的应用场景指南：应包含哪些典型使用示例？

（3）错误示范对比：如何有效展示正确与错误使用的差异？

（4）决策树引导：当遇到指南未覆盖的情况时，如何引导他们做出适用于该品牌的决策？

（5）技术规范的通俗表达：如何将专业参数（如色彩模式、空间关系）转化为实用指导？

目标是确保视觉系统能被准确实施，同时避免过于技术化的说明造成的困扰。

【DeepSeek 回应】这一提问获得了面向非设计人员的清晰交付说明框架，兼具专业性和可理解性，有效弥合了设计师与实施团队之间的认知差距。

3. 跨专业协作策略

设计不是孤立的活动，与其他专业人员的有效协作可以大大提高项目成功率。

我需要与"时光咖啡"的市场团队、文案团队和开发团队协作，以确保品牌视觉系统的顺利实施。请提供有效的跨专业协作策略：

(1) 与市场团队：如何确保视觉设计与营销策略的一致性？
(2) 与文案团队：如何创建设计与文案的协作框架？
(3) 与开发团队：如何提供既符合设计意图又技术可行的规范？
(4) 常见的沟通障碍：团队合作中容易出现哪些误解？如何预防？
(5) 反馈收集：如何设计一个结构化的跨部门反馈机制？
我希望建立既保护设计完整性，又尊重各专业特点的协作模式。

【DeepSeek 回应】这一提问获得了实用的跨专业协作策略，包括针对不同部门的沟通方法和潜在问题的预防措施，帮助设计师在保持设计完整性的同时有效融入整体项目。

【专家视角】翻译设计语言

资深品牌设计总监李先生发现，与非设计团队沟通的关键在于"翻译"——将设计语言转化为对方领域的术语和价值观。例如，向市场团队解释设计决策时，他会强调"这个视觉元素如何强化品牌差异化定位"，而非"这种形式美学的平衡感"；向开发团队说明时，他则关注"实现一致性的系统性方法"而非"情感表达"。这种"翻译"策略让各团队更容易理解并支持设计决策。

本章小结：创意与设计的灵感催化引擎

本章探讨了创意与设计行业如何借助 DeepSeek 提升工作效率和创意质量。从最初的灵感激发到最终的项目交付，DeepSeek 可以作为设计师的思考伙伴，帮助解决创意过程中的各种挑战。

我们重点讨论了三个核心应用场景：

(1) 创意构思与灵感激发：通过三步法进行创意头脑风暴，发展和完善概念，以及探索多元风格参考，帮助设计师突破创意瓶颈和拓展思路边界。

(2) 设计辅助与反馈：利用全面评估框架获取专业反馈，创建有说服力的设计说明文案，以及分析和整合用户反馈，帮助设计师不断优化设计方案。

(3) 创意项目管理：构建结构化的创意项目计划，制定合理的创作日程与里程碑，以及促进跨专业团队的有效协作，提高创意项目的执行效率。

【实践建议】

(1) 从一个当前面临的具体设计挑战开始，尝试应用本章的头脑风暴三步法。

(2) 为你的下一个设计项目创建一个 DeepSeek 辅助的设计简报模板。

（3）实验使用 DeepSeek 进行设计评估，比较它与人类反馈的不同视角。

（4）建立个人的提示词模板库，收集对你最有效的设计相关的提示词框架。

通过这些方法，设计师可以将 DeepSeek 整合到创意工作流程中，既保持设计的独特性和专业性，又提高工作效率和沟通质量。关键是将 DeepSeek 视为协作伙伴而非替代者，利用它拓展思路边界、提供结构化的支持，以及弥合专业间的沟通鸿沟。

第 12 章
{解锁日常生活的智慧助手}

> 从琐碎决策到人生蜕变的 AI 伙伴。

周六早晨，林小雨从床上爬起来，看着她的待办事项清单叹了一口气。今天，她需要为侄子挑选一件有创意的生日礼物、规划下个月的泰国行程、决定是否购买那款价格不菲的智能手表、准备下周重要的社交场合发言，以及想办法拒绝闺蜜要求她周日加班帮忙的请求。

"要是有人能帮我厘清这些事情就好了，"她想着，"一个既了解我的需求，又能提供客观建议，还随叫随到的助手……"

幸运的是，这样的助手确实存在。在这个信息过载的时代，我们每个人都面临着大大小小的决策和任务，从简单的购物选择到复杂的人际关系处理。DeepSeek 可以成为我们日常生活中的智慧伙伴，帮助我们做出更明智的决策，高效学习新知识，甚至改善人际关系。

本章将探讨 DeepSeek 如何融入个人生活的方方面面，帮助你解决日常挑战，提升生活品质，实现个人目标。

12.1 明智决策：从纠结到果断

12.1.1 购物达人：精明比较与理性选择

1. 用户场景：选择困难症

林小雨想购买一款新的智能手表，但面对市场上琳琅满目的产品和各种评价时，她感到无从下手，不知如何做出最符合自己需求的选择。

2. 购物决策框架

面对购物选择，我们需要一个结构化的决策过程，而非简单地询问"买哪个好"。

> 我正考虑购买智能手表，主要用于健身追踪和日常通知查看。预算 2 000 元以内，优先考虑电池续航和健康监测功能。
>
> 请帮我：
> (1) 确定评估智能手表的关键维度（如功能、兼容性、续航等）。
> (2) 根据我的需求，将这些维度按优先级排序。
> (3) 给出市场上 3~5 款最符合我需求的产品。
> (4) 将这些产品在关键维度上进行对比。
> (5) 基于对比，指出哪款产品可能最适合我。
>
> 我希望得到客观分析而非简单推荐，以帮助我做出有根据的决定。

【DeepSeek 回应】这一提问获得了结构化的购物决策框架，包括个性化的评估维度、产品对比和匹配分析，远超简单的"推荐清单"，帮助用户做出了真正符合自身需求的选择。

3. 消费心理解析

了解自己的消费心理可以帮助我们避免冲动消费和买家后悔。

> 我发现自己经常冲动购物，特别是看到"限时折扣"和"稀缺性"营销时。最近我正考虑购买一款售价 1 899 元的智能手表，原价 2 499 元，宣传"限时特惠，仅剩 24 小时"。
>
> 请帮我：
> (1) 分析这种促销策略利用了哪些消费心理学原理。
> (2) 给出我应该问自己的 5 个问题来判断是否真正需要这个产品。
> (3) 区分"想要"和"需要"。
> (4) 制定一个 72 小时"冷静期"的决策流程。
>
> 我希望培养更理性的消费习惯，减少营销策略的影响。

【DeepSeek 回应】这一提问获得了对消费心理的深入分析和实用的自我检视工具，帮助用户识别营销技巧，建立理性消费习惯，避免冲动购物带来的后悔。

【专家视角】逆向购物法

消费心理学家王教授推荐用"逆向购物法"来避免冲动消费。不是"看到产品→产生欲望→寻找理由购买"，而是"确定核心需求→设定明确标准→有意识搜索→冷静评估对比"。他建议使用 DeepSeek 创建个人的"购物决策模板"，针对不同类别的产品（如电子产品、服装、家居用品等），设定不同的评估标准和冷静期。这种方法不仅省钱，还能减少购物决策的心理负担。

12.1.2 旅行规划师：从期待到完美体验

1. 用户场景：旅行焦虑

林小雨计划下个月去泰国旅行，但她不确定如何规划行程，担心错过值得体验的地方，又害怕安排过于紧凑导致旅途疲惫。

2. 个性化旅行规划

旅行规划需要平衡多种因素，包括个人偏好、时间、预算和实际约束。

> 我计划 4 月 10—16 日去泰国旅行，共 7 天，包括曼谷和清迈两地。我喜欢文化体验和美食，对购物兴趣不大，预算中等（约 1.5 万元），住宿倾向于干净舒适的特色民宿。
>
> 请帮我：
> （1）设计一个平衡体验与休息的 7 天行程框架。
> （2）推荐每个城市 2~3 个非传统景点但能体现当地风土人情的地方。
> （3）给出交通安排的建议（包括城市间和城市内）。
> （4）提供每天的大致行程和时间分配。
> （5）考虑到 4 月泰国的天气因素，列出建议携带的物品和注意事项。
>
> 我希望行程既能体验当地风土人情，又不会太赶时间，留有自由探索的空间。

【DeepSeek 回应】这一提问获得了个性化的旅行规划建议，包括符合个人喜好的非传统景点、合理的时间分配和实用的旅行技巧，帮助用户制定既丰富又轻松的旅行规划。

3. 旅行应急准备

完美的旅行规划也需要考虑可能的意外情况和应对策略。

> 我即将前往泰国开启为期 7 天的自由行，这是我第一次出国旅行。除了常规准备外，我想了解可能遇到的各种意外情况和应对方法。
>
> 请帮我：
> （1）列出国际旅行中最常见的 5 种突发情况。

(2) 针对每种情况，提供具体的预防措施和应对策略。
(3) 推荐必备的应急物品和数字工具/应用。
(4) 提供一个简单的旅行应急联系卡模板（包含应有的关键信息）。
(5) 给出特别针对泰国旅行的安全建议和文化禁忌。
我希望做好充分准备，以轻松应对可能的意外情况。

【DeepSeek 回应】这一提问获得了实用的旅行应急指南，包括具体的预防措施、应对策略和必备物品，帮助首次出国的旅行者建立信心，应对可能的意外情况。

12.1.3 时间魔法师：从混乱到高效

1. 用户场景：时间管理挑战

林小雨感觉自己总是忙碌但效率不高，一天结束时常常发现重要事项未完成，而大量时间却花在了低价值的活动上。

2. 个人时间审计

高效管理时间的第一步是了解你的时间实际花在了哪里，并识别改进机会。

我感觉每天都很忙，但重要任务常常完成不了。请帮我设计一个 3 天的"时间审计"计划：
(1) 提供一个简单易用的时间跟踪模板（记录活动、时长、能量水平、价值评估）。
(2) 分析应该关注哪些时间使用模式和指标。
(3) 识别我的"高能量时段"和"时间黑洞"。
(4) 完成审计后，分析结果并找出改进机会。
(5) 根据常见模式，提供 3～5 个可能适合我的时间管理策略建议。
我的职业是市场专员，工作内容包括创意写作、数据分析和与客户沟通，希望找到适合我的工作性质的时间管理方法。

【DeepSeek 回应】这一提问获得了个性化的时间审计方案，包括实用的跟踪工具和分析框架，帮助用户发现自己的时间使用模式，识别改进机会，为高效的时间管理奠定基础。

3. 精简日常流程

优化日常流程可以释放大量时间和心理空间，提高整体生活质量。

我发现自己在日常生活的各种小事上花费了太多时间和精力，如整理家务、回复信息、做日常决策等。请帮我优化这些常见流程：
（1）分析日常生活中最常见的 5 种"时间黑洞"活动。
（2）针对每种活动，提供 2～3 个简化或批量处理的具体策略。
（3）推荐能减少决策疲劳的方法（如预设选择、建立例行公事等）。
（4）设计一个"最小有效行动"清单，用于快速恢复家居秩序。
（5）分享如何建立可持续的微习惯，逐步改善时间管理。

我的目标是减少日常琐事占用的时间和精力，留出更多空间给重要事项和休闲活动。

【DeepSeek 回应】这一提问获得了精简日常流程的具体策略，包括"时间黑洞"分析和微习惯建议，帮助用户减轻琐事负担，提高整体生活质量和幸福感。

【常见错误】过度计划而不行动

许多人在时间管理上犯的错误是花费过多时间于完美规划系统而非实际执行。使用 DeepSeek 时也要避免这个陷阱：

✗ 花费大量时间让 DeepSeek 生成复杂的时间管理系统、精美的计划模板和详尽的分类方法。

✓ 请求简单可行的"最小系统"，立即开始使用，然后基于实际体验逐步改进。

记住，最好的时间管理系统是你能坚持使用的那个，而非最完美的那个。

12.2 知识炼金术：从学习到掌握

12.2.1 技能加速器：高效学习新领域

1. 用户场景：技能学习障碍

林小雨想学习基础编程以增强职业竞争力，但面对浩如烟海的学习资源和复杂概念，她不知如何开始，多次尝试后都半途而废。

2. 学习路径设计

高效学习需要清晰的路径和合理的结构，避免迷失在信息海洋中。

我想学习 Python 编程以便在市场工作中进行数据分析，但我完全没有编程基础。我每周可投入约 6 小时用于学习，希望 3 个月内达到能独立分析市场数据的水平。

请帮我：

(1) 设计一个 3 个月的阶段性学习路径，按周分解具体目标。
(2) 列出每个阶段应掌握的核心概念和技能（按优先级排列）。
(3) 推荐 2～3 个适合入门者的学习资源类型（不需要具体课程名称）。
(4) 设计"小里程碑"项目，用于检验和巩固所学内容。
(5) 给出将学习与我当前的市场工作结合起来的方法，创造实践机会。
我的学习风格偏向实践，希望尽快应用所学内容解决实际问题。

【DeepSeek 回应】这一提问获得了个性化的学习路径，包括阶段性目标、核心概念和实践项目，帮助零基础学习者系统掌握新技能，避免常见的学习陷阱和挫折。

3. 记忆与复习系统

有效的记忆与复习系统可以显著提高学习保留率，减少遗忘。

我正在学习 Python 编程，发现自己经常忘记之前学过的内容，导致进度缓慢。请帮我设计一个高效的记忆与复习系统：
(1) 基于认知科学，推荐最有效的复习间隔和方法。
(2) 设计一个简单的学习笔记模板，便于日后复习和检索。
(3) 提供识别和优先记忆"高杠杆知识点"（对理解其他概念至关重要的基础知识）的方法。
(4) 列出 3～5 个提高编程知识记忆效果的具体技巧。
(5) 给出将被动学习转化为主动练习的方法，增强记忆保留。
我希望建立一个可持续的学习系统，而非短暂突击后又全部遗忘。

【DeepSeek 回应】这一提问获得了基于认知科学的记忆系统设计，包括最佳复习间隔和主动练习方法，帮助学习者建立长期知识保留，而非短时记忆后迅速遗忘。

12.2.2 阅读增强器：从浏览到深度理解

1. 用户场景：阅读效率低

林小雨有许多想读的书和文章，但阅读速度慢，且往往读完后只记得零星内容，无法系统应用所学知识。

2. 主动阅读框架

主动阅读可以显著提高理解深度和记忆保留，DeepSeek 可以帮助设计个性化的阅读策略。

我计划阅读《思考，快与慢》这本书，希望不只是被动阅读，而是能深入理解并应用其中的核心思想。请帮我设计一个主动阅读计划：
（1）阅读前：我应该了解哪些背景信息？应带着哪些问题去阅读？
（2）阅读中：如何划分章节进行批判性思考？应记录哪些类型的笔记？
（3）阅读后：设计3～5个反思问题，帮助我消化和应用关键概念。
（4）提供一个简单的"概念-例子-应用"笔记模板。
（5）给出将书中的概念与我的日常决策和工作联系起来的建议。
我希望通过这次阅读真正改变我的思维方式，而非仅增加谈资。

【DeepSeek 回应】这一提问获得了结构化的主动阅读框架，包括准备问题、批判性思考和应用反思，帮助读者从被动接收信息转变为主动建构知识，显著提升了阅读效果。

3. 知识整合与应用

将分散的阅读和学习整合成有用的知识体系是提高学习回报率的关键。

我过去6个月阅读了多本关于心理学和决策的书籍，包括《影响力》《思考，快与慢》等，但感觉它们在我的头脑中仍是分散的知识点。请帮我：
（1）设计一个知识整合框架，找出这些书籍的共同主题和互补观点。
（2）创建一个决策思维导图，将各本书中的关键概念组织成实用工具。
（3）提供3～5个具体场景，说明如何将多本书中的知识结合应用。
（4）设计一个个人知识复盘模板，用于定期回顾和强化学习。
（5）建立知识应用的检验机制，避免"知道但不做到"。
我希望将这些分散的心理学知识转化为实际的决策能力提升。

【DeepSeek 回应】这一提问获得了知识整合的系统方法，将分散阅读转化为连贯的知识体系，并提供了具体应用场景，帮助读者实现知识到能力的转化，提高学习回报率。

12.2.3 习惯建筑师：从意向到持久改变

1. 用户场景：习惯养成困难

林小雨尝试培养晨跑习惯已经三个月，但仍时常半途而废，她开始怀疑自己是否缺乏毅力，无法养成健康的习惯。

2. 习惯设计蓝图

科学的习惯设计可以大大提高成功率，减少意志力消耗。

我想养成每天晨跑 30 分钟的习惯，已经尝试了两个月但坚持不下来。请帮我设计一个基于行为科学的习惯养成计划：

(1) 分析我可能失败的常见心理和环境障碍。

(2) 给出重新设计这个习惯的方法，使用"微习惯"和"习惯叠加"原理。

(3) 创建一个逐步递进的 4 周计划，从最小可行习惯开始。

(4) 设计 2~3 个有效的环境触发器和奖励机制。

(5) 提供应对"习惯链断裂"的恢复策略。

我的性格偏内向，动机主要是健康而非社交，早上 7—9 点是我的可用时间。

【DeepSeek 回应】这一提问获得了基于行为科学的习惯设计方案，包括微习惯策略和环境优化建议，帮助用户以最小阻力培养新习惯，不再完全依赖难以持续的意志力。

3. 目标实现系统

大目标的实现需要系统化的方法，而非单纯的决心和努力。

我今年的目标是完成一本 8 万字的小说的创作，但过去几个月只断断续续写了 5 000 字。请帮我建立一个目标实现系统：

(1) 将这个大目标分解为具体、可测量的阶段性里程碑。

(2) 设计一个可持续的每周写作计划，考虑我的全职工作和家庭责任。

(3) 推荐 2~3 个克服"创作阻力"的具体技巧。

(4) 建立有效的进度跟踪和调整机制。

(5) 设计"预防挫折"策略，应对可能的动机低谷期。

我希望这个系统足够灵活，即使生活出现波动，我也能坚持下去。

【DeepSeek 回应】这一提问获得了实用的目标实现系统，将大目标分解为具体行动步骤，并设计了克服常见障碍的策略，帮助用户在现实生活的限制下持续推进重要目标。

【专家视角】微承诺策略

行为改变专家陈博士指出，大多数人在习惯培养中失败是因为初始设定过高。他推荐使用"微承诺策略"——承诺小到"不可能失败"的行动。例如，不是"每天晨跑 30 分钟"，而是"每天穿好跑鞋站在门口 1 分钟"。DeepSeek 可以帮助设计这种微承诺阶梯，每个步骤只比前一步略难，但仍在舒适区边缘，形成积极的成功循环而非挫败感。

12.3 关系炼金术：从困惑到连接

12.3.1 表达魔法师：清晰自信的交流

1. 用户场景：社交表达困难

林小雨需要在下周的行业聚会上介绍自己的工作，但她往往在社交场合紧张结巴，无法清晰地表达自己的想法和价值。

2. 个人介绍设计

有效的自我介绍可以在社交和职业场合建立良好的第一印象。

> 下周我将参加一个营销行业的交流活动，需要简短地介绍自己。我是一名有3年经验的数字营销专员，擅长内容策略和数据分析，性格偏内向，但希望展现专业自信。
>
> 请帮我：
> (1) 设计一个30秒的个人介绍模板，既专业又有记忆点。
> (2) 提供3种不同情境的开场白（正式会议、休闲社交、一对一交流）。
> (3) 对自然地提及我的专业强项而不显得自夸给出建议。
> (4) 列出2~3个增加互动性的后续问题或话题引导。
> (5) 给出用肢体语言和语调增强表达效果的方法。
>
> 我希望展现真实的自己，同时给人留下专业且亲切的印象。

【DeepSeek 回应】这一提问获得了个性化的自我介绍设计，包括不同场合的表达策略和肢体语言建议，帮助内向者在社交场合自信表达，既专业又真实。

3. 复杂话题表达

有些话题特别难以清晰表达，DeepSeek 可以帮助构建有效的沟通框架。

> 我需要向无技术背景的家人解释我在数字营销中"用户画像和精准定位"的工作。每次尝试都变成行话或过于简化。请帮我：
> (1) 设计一个使用类比和日常例子的解释框架。
> (2) 提供一个2分钟的简明解释脚本，不使用专业术语。
> (3) 给出回应可能的常见疑问和误解的建议。
> (4) 设计一个简单的可视化或手势辅助解释。
> (5) 提供根据不同对象（如父母或年轻的表亲）调整解释方式的途径。

我希望家人能真正理解我的工作的价值和有趣之处，而非仅知道我是"做营销的"。

【DeepSeek 回应】这一提问获得了复杂话题的清晰的表达框架，通过类比和日常的例子使专业概念变得容易理解，帮助用户在不同场合有效传达复杂信息，增进理解和连接。

12.3.2 礼物策划师：从平凡到难忘

1. 用户场景：礼物选择困境

林小雨需要为侄子的 10 岁生日选择礼物，但不确定什么才是既有意义又能让孩子喜欢的选择。以往她的礼物要么太实用而缺乏惊喜，要么昙花一现很快被遗忘。

2. 有意义的礼物框架

真正好的礼物需要兼顾收礼者的兴趣、礼物的实用性和情感连接。

> 我需要为 10 岁的侄子选择生日礼物。他喜欢乐高、科学实验和户外活动，性格好奇但有点害羞。预算 300 元左右。请帮我：
> （1）设计一个礼物评估框架，考虑年龄适合度、持久价值和成长意义。
> （2）根据这个框架，推荐 3~5 个符合他的兴趣爱好和性格特点的具体礼物类型。
> （3）分析每个选项的优缺点和可能的教育/发展价值。
> （4）提供个性化的包装或赠送方式以制造惊喜和连接感的建议。
> （5）设计一张有意义的生日卡片，强化亲情连接。
> 我希望这个礼物既能带给他即时的快乐，又能产生长期的积极影响。

【DeepSeek 回应】这一提问获得了礼物选择的思考框架和个性化建议，将收礼者的兴趣、年龄特点和礼物的教育价值有机结合，帮助送礼者选择既有趣又有意义的礼物。

3. 特殊场合准备

重要场合的准备不只是着装和礼物，还包括心理准备和互动策略。

> 我被邀请参加男友家的春节团聚，这是第一次见他的大家庭（包括父母、祖父母、叔叔阿姨等）。请帮我：
> （1）设计一个"家庭调研"问题清单，提前了解家庭成员和传统。
> （2）建议合适的着装选择和小礼物（考虑文化适宜性）。

（3）准备 3～5 个适合不同年龄段家人的交流话题。
（4）提供得体应对可能的个人问题（如工作、未来规划等）的方法。
（5）给出 2～3 个化解尴尬或紧张情绪的小技巧。

我希望给他的家人留下真诚、有教养且亲切的印象，同时保持自然而非过度表演。

【DeepSeek 回应】这一提问获得了特殊场合的全面准备指南，包括文化考量、交流策略和心理准备，帮助用户在重要的社交场合建立良好的印象，同时保持真实的自我。

12.3.3　关系修复师：从冲突到理解

1. 用户场景：社交困境

林小雨与一位密友因为工作边界问题产生了摩擦，她既不想委屈自己答应不合理的要求，又不想损害这段重要的友谊。

2. 边界设定对话

学会设定健康的边界是维护关系和尊重自我的关键技能。

我的好友兼同事频繁地要求我在周末帮她处理工作，最近又请我周日协助她准备周一的提案。我已经帮了她很多次，但这次真的需要休息。请帮我：

（1）分析如何在拒绝请求的同时维护友谊。
（2）设计一个表达边界的对话脚本，既坚定又友善。
（3）预测可能的回应和相应的应对策略。
（4）分析如何提出建设性的替代方案。
（5）长期来看，给出重建健康的工作-友谊边界的方法。

我重视这段友谊，但也需要保留个人时间和避免职业倦怠。

【DeepSeek 回应】这一提问获得了边界设定的对话策略，平衡了关系维护和自我保护，帮助用户以建设性的方式处理复杂的人际需求，既尊重自己也尊重他人。

3. 冲突转化框架

冲突是人际关系的自然组成部分，学会健康地处理冲突可以加深理解和连接。

我与室友因为家务分配问题发生了争执，现在气氛有些紧张。我们平时关系很好，但在清洁标准上有明显差异。请帮我：
(1) 分析这类生活习惯冲突的常见根源和心理因素。
(2) 设计一个非指责性的问题框架，引导双方表达需求而非批评。
(3) 提供一个冲突后的和解对话开场白，既认可情绪又指向解决方案。
(4) 建议 2~3 个可能的实际解决方案（如清洁表格、轮换制等）。
(5) 分析如何将这次冲突转化为加深理解和建立更好的规则的机会。
我希望修复关系并建立可持续的家务安排，而非表面和解。

【DeepSeek 回应】这一提问获得了冲突转化的实用框架，将具体问题提升到需求和价值层面讨论，帮助用户把冲突视为理解和成长的机会，而非仅仅需要避免的负面体验。

【常见错误】过度依赖脚本

在处理人际关系时，许多人希望获得"完美对话脚本"，但机械套用反而可能适得其反。做法对比如下：

✗ "请给我一段准确的台词，告诉朋友我不能再帮她加班。"

✓ "请分析这种情况的核心问题，并提供表达原则和可能的方向，让我根据实际对话灵活调整。"

真正有效的沟通需要真诚、灵活和当下的倾听，而非完美的预设脚本。

本章小结：日常决策与个人成长的智能化导航

本章探索了 DeepSeek 如何成为我们日常生活的智慧伙伴，帮助我们在三个关键领域取得突破：

(1) 明智决策：从购物选择到旅行规划，再到时间管理，学会使用结构化的思考方法代替直觉或简单推荐，做出更有根据、更符合个人价值的决策。

(2) 知识与成长：通过科学的学习路径设计、主动阅读策略和基于行为科学的习惯培养系统，将知识真正转化为能力，实现持久的个人成长。

(3) 人际关系：提升自我表达能力，精心设计有意义的礼物和特殊场合的准备，以及学会将冲突转化为理解，建立更健康、更真实的人际连接。

【实践建议】

(1) 从一个当前困扰你的决策开始，尝试使用本章的决策框架重新思考。
(2) 为你正在学习的一项技能创建个性化的学习路径和复习系统。
(3) 挑选一个有挑战的人际情境，运用关系修复框架来改善沟通。

（4）建立个人的提示词库，为常见的生活场景创建个性化的模板。

DeepSeek 最强大的价值不在于给出简单答案，而在于帮助我们构建思考框架，看到更多的可能性，并根据个人情况做出更明智的选择。它既是我们解决具体问题的顾问，也是培养我们独立思考能力的导师。将 DeepSeek 视为思考伙伴而非替代品，用它来扩展我们的视野、挑战我们的假设、优化我们的决策过程，最终让我们成为更明智、更有效率、更有连接感的人。

第三部分 进阶技巧篇

第 13 章
{多轮对话策略}

> 掌握复杂交流的艺术与科学。

林睿揉了揉疲惫的双眼，桌面上散落着各种会议记录和报表。作为一名资深企业战略咨询师，他正面临职业生涯中最具挑战性的项目——为一家有着 30 年历史的跨国制造企业设计数字化转型战略。

"数据太分散了，信息点太多……"林睿看着他刚从各部门收集来的反馈，喃喃自语。技术部门担心系统整合困难，运营团队担忧生产中断风险，市场部希望优先建设客户数据平台，而人力资源部则强调员工培训的重要性。这些碎片化的观点如何才能整合成连贯的战略？

"如果我能像与经验丰富的同事合作那样，进行深入的思想交流就好了，"他思考着，"我需要一个能随着对话推进不断深化理解、帮我构建全局视野的智能助手，而不仅仅是一个问答工具。"

这正是高阶 DeepSeek 使用者与初学者的关键区别——从简单的"问一答一"到构建有目的、有结构、有深度的多轮对话。在本章，我们将探索如何通过精心设计的对话策略，将 DeepSeek 从一个回答器转变为一个思想交流的合作伙伴，共同解决复杂问题。

13.1 对话规划与目标设定

1. 用户场景：缺乏方向的对话混乱

林睿第一次尝试使用 DeepSeek 协助数字化转型项目时，充满热情地开始随机提问各种相关问题：

>制造业数字化转型的关键技术是什么？
>如何评估企业的数字化成熟度？
>成功案例有哪些？
>员工培训应该怎么做？

几轮对话后，他的笔记本上布满了零散的信息点，但这些碎片难以形成连贯的思路。他意识到，就像没有采访提纲的记者或没有诊疗计划的医生一样，无序的交流只会产生大量难以整合的信息。

2. 对话规划框架：像设计访谈一样设计对话

有效的多轮对话需要事先规划整体架构和目标，就像一位优秀的导演在拍摄前会规划整个叙事结构，或战略顾问在咨询项目前会设计完整的分析框架一样。

（1）明确对话意图与目标：先确定终点，再规划路径。在开始对话前，先明确你希望通过这次交流达成什么具体目标。

林睿深吸一口气，重新组织思路后输入：

>我需要你协助我为一家中型制造企业设计数字化转型战略。这将是一个多轮对话过程，我的最终目标是形成一份包含以下内容的完整方案：
>① 数字化转型的必要性分析与目标设定。
>② 核心业务流程的数字化改造建议。
>③ 所需技术基础设施的升级规划。
>④ 人员技能提升与组织调整方案。
>⑤ 实施路线图与风险管理计划。
>在这个过程中，请帮助我系统思考，避免遗漏关键环节，并根据讨论的进展提供相关的分析框架和专业洞见。

【DeepSeek 回应】DeepSeek 的回应明显变得更加结构化和具有方向性："这是一个很好的规划。让我们先从了解这家制造企业的基本情况开始，包括规模、主要产品、当前技术水平、市场挑战等，这将帮助我们有针对性地设计转型方案……"

这种前置的目标设定使对话立即具有明确的方向和结构。DeepSeek 不再是简单回答单个问题，而是开始围绕核心目标组织信息并提供有针对性的引导。

（2）设计对话路径图：为思想探索绘制地图。为复杂目标设计阶段性的对话路径，就像绘制一张探险地图。林睿进一步完善了对话策略：

>为使我们的数字化转型讨论更有效率，我想设计以下对话路径。

第一阶段：情境分析与目标明确。
- 行业环境与竞争态势讨论（全球制造业数字化趋势、同行最佳实践）。
- 企业现状与痛点诊断（生产效率、库存管理、质量控制等关键环节的问题）。
- 转型目标与关键成功指标确定（如何量化转型成功）。

第二阶段：核心方案构建。
- 业务流程数字化设计（哪些流程最需要、最适合数字化）。
- 技术架构规划（考虑现有系统整合与新技术引入的平衡）。
- 组织与人员能力建设（克服数字化阻力，培养新能力）。

第三阶段：实施与管控。
- 分步实施路线设计（快速见效与长期构建的平衡）。
- 风险识别与应对策略（预判潜在风险，提前设计应对措施）。
- 效果评估与优化机制（如何持续监控与调整）。

请确认这个结构是否合理，或建议如何改进以确保我们的讨论全面而深入。

【DeepSeek 回应】"这个对话路径设计非常全面和系统，涵盖了数字化转型的关键环节。我建议在第一阶段增加'资源与约束评估'，包括预算限制、IT 团队能力、现有系统兼容性等，这将使后续方案更具可行性……"

这种对话路径图让双方对整个交流过程有了清晰的认知。林睿感到自己不再是在黑暗中摸索，而是手持地图探索一个复杂但有路径的领域。DeepSeek 也能够根据当前所处的阶段提供恰当的思考框架和引导。

3. 会话目标管理技巧：保持长期对话的方向感

长期对话需要不断调整并管理目标，避免偏离核心方向，就像长途旅行需要定期查看 GPS 确认路线一样。

进度追踪与目标回顾：定期校准航向。几轮深入的对话后，林睿决定暂停并回顾已取得的进展：

我们已经完成了对制造企业数字化现状和痛点的分析，并初步确定了转型目标。在继续深入前，请帮我：

（1）总结我们目前已经达成的关键结论（特别是已识别的三个核心痛点和设定的五个转型目标）。

（2）根据我们最初设定的对话路径，明确下一阶段需要讨论的要点。

（3）检查是否有任何重要信息或考量因素被遗漏。

这将帮助我们在进入方案设计阶段前确保基础分析的完整性。

【DeepSeek 回应】DeepSeek 提供了一个清晰的总结："我们已经确定的三个核心痛点是：生产计划与实际执行脱节导致效率低下；质量数据分散，无法支持预防性分析；库存管理缺乏实时可见性。转型目标包括提升生产效率 20%，减少质量问题 30%……"接着指出："我们尚未充分讨论的是供应商和客户端的数字化接口，这对打造端到端的数字化供应链至关重要……"

这种定期的回顾和进度追踪大大提高了长期对话的连贯性和有效性，将分散的讨论重新聚焦到核心目标上。林睿发现，每次进行这样的回顾都能发现一些被忽视的重要维度，使整体分析更加全面。

【专家视角】"战略问题树"方法

资深管理咨询顾问张教授接到一个类似的制造业数字化转型项目后，向他的团队展示了"战略问题树"方法。他在白板上画了一棵树。

顶部（树干）是核心问题："如何实现制造业数字化转型并创造可持续竞争优势？"

下面分出几个主要分支，即一级问题：

- 技术维度：如何构建适合我们业务的数字化技术架构？
- 业务维度：如何重新设计业务流程以充分利用数字化能力？
- 人员维度：如何培养和获取数字化所需的人才与文化？
- 市场维度：如何利用数字化创造新的客户价值和商业模式？

每个一级问题下又有更具体的二级问题，如"技术维度"下有：

- 现有系统与新技术如何整合？
- 数据战略应如何设计？
- IT 基础设施需要哪些升级？

"与其漫无目的地讨论'数字化转型'这个宽泛的话题，不如先构建一棵问题树，然后有条不紊地探索每个分支，"张教授解释道，"这种方法确保了问题分析的系统性和全面性，避免了遗漏关键维度或过度关注某个细节而忽略大局。"

13.2 渐进式信息引导技巧

1. 用户场景：信息获取困境

林睿急需了解制造业数字化转型的最佳实践。他直接询问 DeepSeek："制造业数字化转型的最佳实践是什么？"得到的回答包含大量通用观点，诸如"加强数据集成""注重变革管理"这样的建议，虽然正确但难以直接应用。他苦恼地想："这些建议适用于所有企业，但我需要的是适合我们特定情况的具体方案。"

2. 渐进式信息获取策略：挖掘定制化的深度洞见

林睿意识到，获取真正有价值的信息就像挖掘一口井，需要耐心地逐步深入，而非期望一步见水。

（1）知识漏斗法：从宽到窄，由浅入深。采用由宽到窄的信息漏斗，就像专业记者的采访技巧，逐步引导对话走向核心。

林睿改变了提问策略：

> 我想了解制造业数字化转型的最佳实践。让我们分三步进行。
>
> 第一步：请概述制造业数字化转型的3~5个主要趋势和通用原则，帮助我建立基本框架。

【DeepSeek 回应】DeepSeek 回应了主要趋势，包括智能工厂、数据驱动决策、端到端供应链集成等。

林睿继续深入：

> 第二步：基于你提到的"智能工厂"和"数据驱动决策"两个趋势，我想深入了解适合中型传统制造企业的具体实施方法。这类企业通常设备老旧（15~20年），IT系统分散，员工数字技能有限。在这种情况下，这些企业面临哪些特殊挑战？有哪些分阶段实施的策略？

【DeepSeek 回应】这次，DeepSeek 的回答变得更加具体，讨论了如何为老旧设备添加传感器、如何处理不同系统间的数据集成问题，以及渐进式数字化路径。

林睿继续聚焦：

> 第三步：关于数据驱动决策，请具体说明制造企业如何构建从数据收集、存储到分析的完整体系，特别是在设备老旧（大多无内置的传感器）、数据孤岛问题严重（ERP、MES、PLM各自独立）的情况下，有哪些切实可行的起点和渐进路径？请给出2~3个具体的实施案例，包括所需的时间、资源、关键挑战和应对策略。

【DeepSeek 回应】这一次，DeepSeek 提供了极其具体的建议，包括示例架构、具体供应商选择、分三阶段实施的路径图，甚至包括常见陷阱和规避方法。

这种渐进式的信息获取使得回答从宏观趋势逐步聚焦到了特定场景下的具体实施细节。林睿发现，关键不在于一次得到完美回答，而在于通过有策略的多轮对话，逐步引导出真正有价值的深度信息。

（2）背景递进法：逐步增加情境约束。通过逐步增加背景信息和约束条件，引导 DeepSeek 提供越来越贴合具体情境的建议。

林睿首先提出一个一般性问题：

> 请介绍制造企业实施数字孪生技术的基本步骤。

【DeepSeek 回应】DeepSeek 提供了一个通用的数字孪生实施框架。

然后，林睿逐步增加背景信息：

> 谢谢这些一般性步骤。现在补充一些背景：我们是一家拥有 30 年历史的汽车零部件制造商，主要生产传动系统组件，有三条生产线，分布在两个工厂。设备以 20 世纪 90 年代引进的为主，几乎没有物联网功能，但装有基础 PLC 控制系统。我们希望通过数字孪生技术提高设备的可靠性和产品的质量。在这种情况下，数字孪生技术的实施路径应该如何调整？

【DeepSeek 回应】DeepSeek 的回答变得更加定制化，讨论了如何利用现有 PLC 数据作为起点，如何选择合适的传感器进行改造和升级，以及在汽车零部件制造这一特定场景下的质量控制应用。

林睿又进一步增加约束条件：

> 非常有帮助。再增加一个约束：我们的技术团队只有 3 名工程师，且都没有数字孪生经验，年度 IT 预算仅为营收的 1.5%（约 300 万元）。考虑这些人力和预算限制，我们应该采取什么样的最小可行方案来开始数字孪生之旅？哪些是必须自己做的？哪些可以考虑外包？如何在 6 个月内展示初步价值，获得管理层对进一步投资的支持？

【DeepSeek 回应】这一次，DeepSeek 给出了极其实用的"精简版"实施方案，包括从单条关键生产线开始的试点策略、外部专家与内部团队的协作模式、分期付款的采购建议，以及如何通过"快赢"项目在半年内展示投资回报率。

通过这种背景信息的递进式披露，林睿看到 DeepSeek 的回答从通用理论逐步转变为高度定制化的实用建议，完美适配他所在公司的实际情境和约束条件。他意识到，关键是将企业的独特情境和约束作为提问的重要组成部分，而非期待 AI 基于有限的信息做出精准的判断。

3. 深度探究方法：从表层现象到本质洞见

获取表层信息后，如何引导对话走向更深层次的洞见？这就像良医不仅治表证，更要找出病根一样。

五层深度探究法：层层剥离，探究本质。林睿尝试了一种结构化的深度探究方法：

> 让我们围绕"制造业数字化转型失败"这一现象进行五层深度探究。
>
> 第一层（现象描述）：请描述制造业数字化转型失败的典型表现和常见案例。

【DeepSeek 回应】DeepSeek 描述了项目延期、成本超支、系统使用率低、数据孤岛问题依旧存在等表面现象。

> 第二层（直接原因）：针对你提到的"技术孤岛"和"员工抵触"两个失败表现，它们各自的直接原因通常是什么？

【DeepSeek 回应】DeepSeek 分析了技术选择不当、系统整合不足、变革管理缺失、培训不足等直接原因。

> 第三层（系统因素）：再深入一层，这些直接原因背后是否存在组织结构、管理系统或行业特性等系统性因素？

【DeepSeek 回应】这次，讨论深入到了部门壁垒、激励机制不当、传统制造业重硬轻软的思维定式等系统性因素。

> 第四层（思维模式）：更本质地看，传统制造企业的领导者和员工在思维模式和价值观上的哪些特点导致了这些系统性障碍？

【DeepSeek 回应】DeepSeek 探讨了制造业"重有形产出、轻无形价值"的传统观念，对"如果没坏就不要修"的保守态度，以及对短期生产指标的过度关注等根深蒂固的思维模式。

> 第五层（变革理论）：基于前四层的分析，制造业数字化转型面临的本质挑战是什么？有什么基础理论或框架可以指导我们理解和应对这一复杂变革？

【DeepSeek 回应】最后，对话上升到了理论高度，探讨了社会技术系统理论、组织变革管理模型等框架如何解释和指导制造业的数字化转型。

通过这种层层深入的探究方法，林睿获得了对问题的全景式理解——从具体表现到根本成因，从而能够设计出更具针对性和有效性的应对策略。他认识到，真正的解决方案不仅仅是引入新技术，更是要促成组织思维方式和文化的根本转变。

> 🕱 **【常见错误】一步到位的"完美提问"幻想**

在培训新入职的咨询顾问时,林睿经常看到他们试图设计一个"完美提问",希望一步获得全面深入的答案。他常举的一个反面例子是:

✗ "请全面分析制造业数字化转型的所有方面,包括技术、人员、流程、文化等,并提供详细的实施步骤和注意事项,同时考虑不同规模企业的特殊性。"

这种问法通常得到的是内容广泛但深度不足的教科书式回答,难以应用于具体情境。

林睿建议新顾问:

✓ "设计一系列递进式的问题,从宏观框架开始,逐步深入到特定领域和具体实施细节。每个问题都应基于前一问题的回答进行调整和聚焦。"

他常用烹饪类比来解释这一理念:"一次性把所有食材倒入锅中不会得到美味佳肴,真正的厨艺在于掌握食材下锅的顺序和时机。同样,高质量的洞见来自精心设计的对话序列,而非单个'完美问题'。"

13.3　反馈利用与调整策略

1. 用户场景:回答质量不一致

连续几天的对话中,林睿发现 DeepSeek 的回答质量参差不齐,有时提供了极具洞见的分析(如关于数据治理模型的讨论),有时却给出了不够深入的泛泛之谈(如技术架构建议)。他苦恼地翻看笔记:"为什么同样的提问方式得到的回答质量的差异如此之大?有没有系统性的方法来提高回答的一致性和深度?"

2. 质量评估与反馈技巧:不只是接收,更要引导

(1) 结构化评估框架:设定明确的标准,提供具体的反馈。林睿意识到,与其被动接受回答,不如主动评估并引导内容质量。他设计了一个结构化的评估框架:

> 关于你提供的制造业数据平台架构建议,我想从以下几个维度给予反馈:
>
> ① 完整性:你涵盖了数据采集、存储、分析和应用各个环节,这很全面。但我注意到缺少了数据安全和合规方面的考虑,这在制造环境中至关重要。
>
> ② 实用性:你提出的分阶段实施方案切实可行,尤其是从单点应用开

始的建议很符合我们的现状。但对如何保证单点应用未来能够整合没有清晰说明。

③ 针对性：我感觉建议对传统制造业的特殊场景的针对性还不够，特别是没有充分考虑老旧设备的数据采集挑战和不同供应商系统的集成问题。

④ 创新性：所提方案较为常规，希望能有更多关于如何利用新兴技术（如边缘计算、低代码平台）解决传统痛点的创新思路。

基于以上评估，我希望你能够：

① 深入探讨传统制造设备的数据采集解决方案，特别是那些没有数字接口的设备。

② 补充数据安全与合规方面的考量和策略。

③ 提出 2～3 个具有创新性的架构理念或技术应用，以便能够加速价值实现。

【DeepSeek 回应】DeepSeek 的回应明显提升了质量，不仅针对评估中指出的弱点提供了深入补充，还主动解释了各建议之间的联系："边缘计算技术不仅解决了老旧设备的数据采集问题，还能同时加强数据安全，因为敏感数据可以在边缘侧预处理……"

林睿发现，这种结构化的评估和反馈就像给 DeepSeek 提供了一个"学习框架"，使其能够准确识别并弥补前一轮回答的不足，同时保留并强化其优势部分。

（2）引导性再提问：从点到面，由表入里。针对回答中的特定部分提出需要深化或澄清的问题，就像追踪调查一样层层深入。

读完 DeepSeek 关于数字化转型成功因素的回答后，林睿发现其中"构建跨部门的数据治理机制"这一点特别有价值，但描述过于简略。他采用了引导性的再提问：

你提到"构建跨部门的数据治理机制"是数字化转型成功的关键因素之一。这引发了我的后续几个问题：

① 具体而言，一个有效的数据治理机制应包含哪些核心要素？不只是组织结构，还包括流程、标准、工具等各方面。

② 在传统制造企业中，数据治理通常面临哪些特殊挑战？例如，各部门数据定义不一致、数据质量意识不强等。

③ 你能否提供一个循序渐进的数据治理实施路径，特别适用于组织数据意识不强的企业？从最基础的数据标准化开始。

④ 有没有一些简单可行的"快赢"措施，可以在短期（3～6 个月）内

展示数据治理的价值，获取更多支持？

【DeepSeek 回应】DeepSeek 的回答变得极其具体和实用："数据治理的核心要素包括数据所有权定义、数据质量标准、数据生命周期管理流程等……传统制造业面临的特殊挑战包括生产数据与业务数据分离、车间与办公室信息流断裂……"并提供了从"建立共同的数据词典"开始的渐进式实施路径，以及几个具体的"快赢"项目建议。

这种针对性的再提问引导 DeepSeek 围绕特定概念展开更深入的分析，将初步回答中的点拓展为面，使讨论从概念介绍转向实操指南和情境应用。林睿形象地将这一技巧称为"信息雕刻"——不断提问，如同雕刻家从大理石中逐渐刻出精细的雕像一样。

3. 动态调整策略：根据对话进展灵活转向

（1）对话策略转向：适时改变方向和重点。经过几天的讨论，林睿发现团队过于关注技术层面，而忽视了人和组织的因素。他决定调整对话方向：

> 我注意到我们的讨论可能过于侧重技术层面的数字化转型，而忽略了组织文化和人员技能等关键因素。事实上，根据麦肯锡的研究，70%的数字化转型失败与技术无关，而是源于人和组织的适应问题。
>
> 因此，我想调整一下对话方向：
>
> ① 能否暂时搁置对技术架构的讨论，转而深入探讨制造业数字化转型中人的因素？
>
> ② 特别关注：如何评估和提升员工的数字素养，如何克服一线操作人员和中层管理者的变革阻力，如何培养从车间到高管的数据驱动决策文化。
>
> ③ 我希望得到具体的组织变革管理策略，包括沟通方案、培训路径、激励机制调整等，而非一般性的"加强培训"建议。
>
> ④ 最好能结合制造业的成功案例，说明这些策略如何在实际环境中实施。
>
> 如果你认为技术与人的因素密不可分，也请指出它们的关联点和统筹考虑的方法。

【DeepSeek 回应】DeepSeek 迅速调整，提供了一个以人为中心的数字化转型框架，包括角色影响分析、分层培训策略和制造业特有的变革管理方法。它还指出："技术选择应考虑用户的接受度，如为老员工选择更直观的界面设计……"这展示了对技术与人的因素的整合思考。

这种明确的方向调整使对话能够灵活应对新发现的重点或之前被忽视的维度，确保最终成果的全面性和平衡性，避免讨论陷入单一视角。

（2）深度-广度平衡调整：在专注与全面间找到平衡。在连续深入探讨"智能工厂"概念几轮后，林睿注意到虽然获得了很多有价值的洞见，但整个数字化转型蓝图似乎变得失衡——只见树木，不见森林。他决定调整对话节奏：

> 我感觉我们对"智能工厂"这一主题的讨论已经相当深入，获得了有价值的洞见。现在我想调整一下对话策略：
>
> ① 先请你帮我总结关于"智能工厂"的主要结论和行动建议，确保我没有遗漏关键点。
>
> ② 然后，我想拓展讨论广度，简要探索数字化转型的其他两个关键领域：智能产品开发和数字化服务模式。
>
> ③ 对这两个新领域，我们先进行概览性讨论，识别与制造业最相关的要点。
>
> ④ 之后，我们可以选择其中一个重点领域再次深入探讨。
>
> 这种"深入一个领域-总结-拓展-再深入"的节奏是否合理？你认为哪种节奏更有利于构建全面深入的数字化转型框架？

【DeepSeek 回应】DeepSeek 先简明扼要地总结了智能工厂的核心结论，然后拓展到智能产品和数字化服务领域，指出："智能产品可以成为数据采集的前端，与智能工厂形成闭环……数字化服务则可以将生产数据转化为客户价值，创造新的收入来源……"最后建议："这种'深入一个领域-总结-拓展-再深入'的节奏非常有效，但建议在每次拓展前先梳理领域间的关联，确保形成一个有机整体而非孤立的点。"

林睿发现，这种有意识的节奏调整让讨论既有广度又有深度，避免了"只见树木，不见森林"或"只谈概念，不见细节"的常见问题。它像是在战术上的收缩与扩张，让整个对话更加动态和高效。

13.4 复杂问题的拆分与组合

1. 用户场景：问题过于复杂导致思路混乱

林睿拿到 CEO 的任务清单后，陷入了困境。清单上写着："设计一个全面的数字化路线图，涵盖从生产运营、供应链管理到客户服务的所有环节，考虑技术、人才、流程各方面，确保三年内实现全面数字化转型。"

他在笔记本上开始尝试梳理，很快页面就布满了杂乱的箭头和圆圈，思路越来越混乱。"这个问题太大了，"他自言自语，"我需要一种方法将它分解成可管理的部分。"

2. 系统性问题拆解方法：化繁为简，各个击破

（1）多维度拆解法：沿不同维度切割问题。就像解剖学家从不同角度剖析同一个器官一样，复杂问题也需要多角度拆解。林睿尝试了一种系统化的拆解方法：

> 制造业的数字化转型是一个复杂问题，我想将其拆解为以下维度分别讨论。
>
> A. 业务流程维度：
> ① 核心生产流程数字化（生产计划、执行、监控、质量管理）。
> ② 供应链管理数字化（采购、库存、物流、供应商协作）。
> ③ 客户关系与服务数字化（订单管理、定制化生产、售后服务）。
> B. 技术基础设施维度：
> ① 设备互联与数据采集（传感器、PLC 整合、边缘计算）。
> ② 数据平台与分析能力（数据湖/仓库、分析工具、AI 应用）。
> ③ 业务系统集成与互操作（ERP、MES、PLM、CRM 系统整合）。
> C. 组织能力维度：
> ① 数字技能培养与人才引进（技术技能、数据素养、创新思维）。
> ② 组织结构与决策机制调整（跨部门协作、敏捷机制、数据驱动决策）。
> ③ 数据驱动文化建设（从经验决策到数据决策的转变）。
> D. 变革管理维度：
> ① 变革沟通与抵抗管理（愿景传达、疑虑解答、参与机制）。
> ② 实施节奏与价值展示（快速见效与长期构建的平衡）。
> ③ 效果评估与持续优化（KPI 设定、监测机制、反馈闭环）。
>
> 请首先确认这个拆解框架是否合理，是否有遗漏的关键维度。然后，我们可以从业务流程维度开始，逐一深入讨论每个子问题。

【DeepSeek 回应】DeepSeek 肯定了这一框架的全面性，并建议增加"战略目标与商业模式"作为第五个维度，探讨数字化如何支持企业战略和创造新的商业模式。随后，它按照林睿的建议，从业务流程维度的核心生产流程数字化开始深入分析。

这种系统性的问题拆解使复杂的数字化转型任务变得可管理。林睿能够在保持整体框架的情况下，逐一攻破每个子问题，就像一位将军将战场划分为多个战区，集中兵力各个击破一样。

（2）层级式探究法：遵循系统的自然层次。复杂系统通常有其自然的层级结构。林睿尝试了一种从上到下的层级探究：

让我们采用层级式方法分析制造业的数字化转型。

战略层：

① 数字化转型将如何支持企业的整体战略目标（成本领先、差异化、专注细分市场）？

② 哪些业务领域应优先进行数字化？基于什么标准（痛点严重性、价值创造、实施难度）？

业务层：

① 这些优先业务领域的核心流程有哪些？它们之间有什么依赖关系？

② 这些流程当前面临什么问题？数字化如何具体改进（效率提升、质量改进、成本降低）？

技术层：

① 支持这些业务流程优化需要什么技术能力（数据采集、集成、分析、自动化）？

② 如何评估、选择和实施相关技术解决方案（自研对比购买、统一平台对比解决方案）？

实施层：

① 具体的实施路径、时间表和里程碑应如何设计？如何划分阶段确保可管理性？

② 如何管理实施过程中的变革和风险？包括资源分配、技能发展、阻力管理等。

请从战略层开始，帮助我逐层构建一个连贯的数字化转型框架，确保每层的决策都支持上一层的目标。

【DeepSeek 回应】DeepSeek 从战略层开始，讨论了如何将数字化转型与企业战略目标对齐，并提出了基于"痛点严重性×价值创造×实施可行性"的优先级评估矩阵。然后逐层深入，确保每层的决策和建议都与上一层保持一致。

这种层级式的探究方法使讨论既有战略高度又有操作细节，各层次之间逻辑连贯，形成了从战略到实施的完整思路，避免了孤立地处理各个环节。

3. 信息整合与综合分析：重构全局，形成整体方案

（1）系统性整合方法：超越简单累加。多角度分析后，如何整合成一个有机整体？林睿尝试了一种系统性整合方法：

> 我们已经从业务流程、技术基础设施和组织能力三个维度分析了制造业的数字化转型。现在，我想请你帮助我进行系统性整合：
>
> ① 总结每个维度的关键发现和建议，识别它们之间的相互依赖关系（例如，哪些技术能力是支持特定业务流程的必要条件？哪些组织能力是技术成功应用的前提）。
>
> ② 分析这三个维度之间可能存在的冲突点或协同效应（例如，快速技术部署与组织适应能力之间的张力，或数据集中与业务敏捷之间的平衡）。
>
> ③ 提出一个整合框架，说明这三个维度如何协同推进、相互支持，形成一个有机整体而非割裂的片段。
>
> ④ 基于整合视角，提出3～5个关键的战略建议，这些建议应体现多维度的综合考量，而非单一视角的优化。
>
> 目标是形成一个连贯的整体视角，而非简单罗列各维度的分析结果。想象你是在设计一种三维结构，各个部分需要精确咬合。

【DeepSeek 回应】DeepSeek 的回应超越了简单的总结，它创建了一个"数字化转型三维矩阵"，展示了业务流程、技术基础设施和组织能力三个维度如何在不同发展阶段相互支持与制约。它指出："技术部署速度必须与组织吸收能力匹配，否则会导致系统闲置或使用率低下……"并提出了几个整合建议，如"建立跨职能的数字化转型办公室，确保三个维度协调发展"。

这种整合方法将之前分散的讨论汇集成一个系统性的整体，发掘了各维度间的关联和互动，产生了超越单一维度的战略洞见。林睿发现，这就像将分散的拼图碎片组合成完整的图景一样，最终呈现的整体远比部分之和更有价值。

（2）矩阵决策法：综合评估，科学决策。面对多条可能的数字化转型路径，如何做出最优选择？林睿尝试了一种结构化的决策方法：

> 我们已经识别出三条可能的数字化转型路径：
>
> A. 以智能工厂为核心，优先升级生产系统（投资集中于车间数字化、设备互联和生产流程优化）。
>
> B. 以客户体验为核心，优先建设数字化客户界面（投资集中于订单管理、产品配置器和客户服务平台）。

C. 以数据能力为核心，优先构建企业数据平台（投资集中于数据基础设施、分析能力和决策支持系统）。

现在，我想使用矩阵决策法进行综合评估。请帮我：

① 建立一个评估矩阵，行为这三条路径，列为关键评估维度（如实施难度、投资规模、回报周期、战略契合度、风险水平、组织准备度等）。

② 对每条路径在每个维度上进行分析和评分（1~5 分），并提供简要理由。

③ 考虑我们企业的实际情况（传统制造企业，技术基础薄弱但管理层支持度高，面临成本压力与客户定制化需求增加），为不同维度分配权重。

④ 基于加权评分指出最合理的优先路径，并说明决策理由。

我希望这个分析既有定量评分，又有定性的决策逻辑解释，帮助我向管理层清晰呈现选择依据。

【DeepSeek 回应】DeepSeek 创建了一个详细的评估矩阵，对三条路径在六个维度上进行了评分和分析。考虑到林睿所在企业的特殊情况，它为"战略契合度"和"组织准备度"分配了较高的权重。最终分析显示："路径 A（智能工厂）获得了最高的加权分数，主要因为它直接减轻当前的成本压力、组织准备度较高且风险相对可控。但建议采用'主次结合'的策略，以 A 为主线同时启动 C 中的关键数据基础设施建设，为后续转型奠定基础。"

这种矩阵决策法将复杂的多因素决策变得系统化和透明化，使决策过程不再基于直觉或单一观点，而是建立在全面评估和明确的标准之上。林睿发现这种方法特别适用于向管理层解释决策依据，因为它既有数据支持，又有清晰的逻辑推理。

【专家视角】问题解构与重构循环

战略咨询专家李博士在一次行业研讨会上分享了她处理复杂问题的方法论。她指出，真正的复杂问题解决不是线性的"拆解-分析-组合"过程，而是动态的"解构-分析-重构-再解构"循环。

"当你开始重构分散的分析结果时，常常会发现新的问题和关联点，这又需要新一轮的解构和分析，"李博士解释道，"就像建筑师不断在整体设计和局部细节之间来回切换一样。"

她以自己参与的一个大型零售商数字化转型项目为例："我们最初从技术、流程、人员三个维度拆解问题。但在整合阶段，我们发现客户旅程贯穿了这三个维度但又不完全属于任何一个。这促使我们重新解构问题，以客户旅程为中心创建新的分析框架，最终设计出了更加统一和有效的解决方案。"

李博士强调，这种循环不是低效的重复，而是螺旋式上升的探索过程，每一轮都能带来更深入的理解和更精准的方案。"在复杂问题面前，坚持初始框架是危险的。真正的智慧在于知道何时需要打破自己建立的框架，重新设计更适合的结构。"

13.5 多轮对话中的记忆管理

1. 用户场景：信息连贯性挑战与记忆迷失

林睿与 DeepSeek 关于数字化转型的对话已经持续了两周，累积了 10 多轮深入讨论和数十页笔记。在讨论技术架构选择时，他发现 DeepSeek 推荐了云平台方案，但这与之前讨论时确定的"核心生产数据需本地部署"的约束相矛盾。

"我们是不是讨论过这个问题？"林睿翻查笔记，"还是我记错了？"他意识到，随着对话的延伸，一些早期确定的关键前提和决策被遗忘或混淆了，就像一场没有记录员的长时间会议一样，最终没人记清楚讨论的起点和已达成的共识。

2. 主动记忆管理方法：建立共享知识库

（1）关键信息锚定技术：设置不变的参考点。就像航海需要灯塔，长期对话也需要固定锚点。林睿开始主动管理对话记忆：

> 我想确保我们的讨论保持连贯性和一致性，所以我希望明确锚定以下关键信息。
>
> 企业背景与约束：
> -中型传统制造企业（500 人的规模，年营收 4.5 亿元）。
> -主要生产工业阀门和控制系统，客户集中在石化和能源行业。
> -设备平均使用年限超过 15 年，部分关键设备接近 20 年。
> -IT 团队仅 5 人，无专职数据分析师或数据工程师。
> -数字化预算限制为年营收的 2%（约 900 万元/年）。
> -核心生产数据必须本地存储（行业合规要求）。
>
> 已确认的战略方向：
> ① 优化数字化核心生产流程，提升效率和质量。
> ② 采用分阶段渐进式转型路径，避免全面革新的风险。
> ③ 选择行业专用解决方案，避免过度定制开发。
> ④ 数据安全与业务连续性是首要考量因素。

已做决策：

① 2023 年 3 月讨论：选择混合架构方案（核心生产系统本地部署，非核心系统云端部署）。

② 2023 年 4 月讨论：第一阶段聚焦生产流程优化和质量数据分析两个领域。

③ 2023 年 5 月讨论：采用"影子团队"模式（内部＋外部专家）开展能力建设。

在后续讨论中，请确保所有建议都符合这些背景约束和已做决策。如有任何与这些关键信息冲突的建议，请明确指出并解释合理性。

【DeepSeek 回应】DeepSeek 的回应立即体现了对这些锚定信息的关注："基于您提供的核心生产数据必须本地存储的约束，我之前建议的全云方案确实不合适。修正后的推荐是混合架构……"并在后续分析中始终参考这些关键前提。

林睿发现，这种明确的信息锚定极大地提高了长期对话的一致性和连贯性。它就像是在建立一个共享的"项目章程"或"讨论宪法"，确保无论对话如何发散，都能保持对核心约束和方向的一致理解。

（2）阶段性总结与记忆刷新：定期更新共识。就像长途旅行需要定期查看地图确认位置一样，长期对话也需要阶段性总结来刷新记忆。在几轮深入讨论后，林睿主动要求进行记忆整合：

我们已经进行了多轮关于数字化转型的讨论，现在请帮我进行一次记忆整合。

① 总结我们已经讨论并达成共识的关键点：

-确定的战略目标和优先领域。

-选择的技术路径和实施策略。

-已识别的主要风险和应对措施。

② 提炼我们的讨论中可能存在的不一致或矛盾之处（例如，我们对数据平台架构的讨论似乎有两种不同的方向）。

③ 列出尚未充分探讨但需要关注的重要问题（如我们讨论了技术和流程，但对预算分配讨论较少）。

这将帮助我们确保后续讨论建立在共同记忆的基础上，避免重复或遗漏关键问题。

【DeepSeek 回应】DeepSeek 提供了一个详尽的总结，不仅列出了已达成的共识，还指出了两处潜在的不一致："在讨论设备互联策略时，4 月 12 日我们倾向于分批升级方案，但 4 月 18 日又转向了保留老设备并添加外部传感器的方案，这两种思路需要统一。"它还识别了几个尚未充分探讨的关键问题，如"数字化转型的 ROI 计算方法"和"业务连续性保障措施"。

这种阶段性总结既整合了已有成果，又识别出了潜在矛盾和未解决的问题，为后续对话奠定了清晰的基础。林睿形象地将其比喻为"对话的定期体检"——检查健康状况，发现潜在问题，并制定改进计划。

3. 记忆结构化技术：组织复杂信息，便于检索和更新

（1）分层记忆框架：区分不同稳定性的信息。不是所有信息都具有相同的稳定性和重要性。林睿尝试了一种分层记忆框架。

> 为了使我们的数字化转型讨论更有效，我想建立一个分层记忆框架。
> 【第一层：基础前提】（保持稳定，除非有明确修改）
> -企业基本情况：中型制造企业，传统装备，IT 能力有限。
> -行业环境：竞争加剧，客户对交付速度和产品定制化的要求不断提高。
> -关键约束：预算有限，不能长期中断生产，员工数字技能偏低，核心数据本地存储。
> -合规要求：行业数据安全标准，生产系统稳定性要求。
> 【第二层：战略决策】（已确认，但可优化调整）
> -数字化目标：提升运营效率 20%，缩短交付周期 30%，减少质量问题 15%。
> -优先领域：生产计划、质量控制、库存管理（按此顺序）。
> -实施策略：模块化、渐进式、业务驱动技术选择，混合云架构。
> -实施节奏：三年完成核心系统的数字化，第一年聚焦于生产计划优化。
> 【第三层：战术讨论】（持续更新，反映当前焦点）
> -当前讨论的主题：生产计划数字化的具体解决方案选择。
> -待解决的问题：如何整合已有 ERP 系统与新的生产排程工具。
> -已探索的方案：A 方案（自主开发）、B 方案（商业软件）、C 方案（混合模式）。
> -初步偏好：倾向于 C 方案（利用商业软件核心引擎，定制开发接口和报表）。
>
> 请在回答中参考这一框架，尤其是确保建议与"第一层：基础前提"保持一致，并明确说明是否修改了第二层的任何战略决策。每次讨论结束时，我们将更新第三层的内容，反映最新进展。

【DeepSeek 回应】DeepSeek 的回应变得更加结构化和有层次："基于您的'第一层：基础前提'，特别是'不能长期中断生产'这一约束，我对 C 方案有几点优化建议……"并明确指出："这些建议完全符合第二层'模块化、渐进式'的实施策略，不需要修改任何战略决策。"

这种分层记忆框架极大地提升了长期复杂对话的结构化程度，明确区分了不同稳定性的信息，使 DeepSeek 能够在保持核心一致性的同时灵活处理当前讨论，避免了对话的混乱和飘移。

（2）决策轨迹记录：跟踪思考过程，而非仅记录结论。重要的不仅是做了什么决策，还有为什么做这个决策。林睿开始记录决策轨迹：

在制定数字化转型方案的过程中，我想开始记录关键决策点及其演变轨迹。

【决策点 1：技术路线选择】
—初始观点：初期倾向于采用全套云解决方案，认为其部署快速、成本可控。
—转变过程：经过 IT 安全评估和行业法规审查，认识到核心生产数据需本地存储。
—再转变：考虑到预算约束和 IT 团队规模，完全自建本地系统又不现实。
—当前决策：采用混合架构，核心生产数据本地部署，非核心系统迁移到云上。
—决策理由：平衡了安全合规、创新性与实施风险，符合现有 IT 能力和预算约束。
—潜在风险：系统集成挑战，需特别关注本地系统与云服务的数据同步和接口。

【决策点 2：实施优先级】
—初始观点：同时启动多个数字化项目以实现协同效应。
—转变过程：评估资源约束和业务痛点后认识到需要聚焦突破。
—当前决策：先实施生产流程优化，再推进质量管理数字化，最后整合供应链系统。
—决策理由：生产排程是当前最严重的瓶颈（延误率 42%），且实施难度相对较低，可快速产生示范效应。
—潜在风险：聚焦单点可能导致"系统孤岛"，需预先设计未来整合方案。

请在未来讨论中参考这些决策轨迹,提供符合决策方向的建议,并随着讨论的深入继续更新这一记录。如发现新信息导致某决策需重新评估,请明确指出。

【DeepSeek 回应】DeepSeek 在后续讨论中不仅参考了这些决策,还主动关联了决策背后的理由:"考虑到决策点 1 中对混合架构的选择是基于安全合规与资源约束的平衡,我建议在生产排程优化项目中……"同时,当发现新情况时,它也会主动提示:"最近披露的设备联网能力评估结果可能影响决策点 2 的实施顺序,因为……"

这种决策轨迹记录不仅保存了当前决策,还记录了决策的演变过程和理由,使对话双方对关键选择有共同且深入的理解,避免了后续讨论中反复质疑已做决策或忽略重要约束。林睿发现,记录"为什么做这个决策"比仅记录"做了什么决策"更有价值,因为这让调整和优化建立在对原始思考的理解之上,而非简单的推翻重来。

13.6　情境感知与上下文理解增强

1. 用户场景:上下文理解不足导致沟通障碍

一个月的密集讨论后,林睿发现了一个反复出现的问题:当他提出简短问题时,DeepSeek 有时会误解他的意图。

例如,当他简单地问"预算如何分配"时,DeepSeek 提供了一个通用的数字化项目预算分配框架,而不是他真正想知道的"我们之前讨论的三个优先项目之间的具体预算划分"。

"感觉就像在和一个每次都失忆的同事交谈,"林睿叹息道,"尽管我们已经建立了丰富的共同背景,但我每次都需要解释整个语境才能得到有针对性的回答。这太低效了。"

2. 情境明确化技巧:创建共享的语境理解

(1)情境锚定法:明确当前讨论的具体场景。林睿尝试了一种在每次关键讨论前明确设置情境的方法:

> 当前讨论情境:
> -我们正在分析制造企业引入预测性维护系统的可行性。
> -已经确定技术上可行,现在关注实施层面的挑战。

—设备类型是注塑机和数控加工中心，共 120 台，分布在 3 个车间。

—设备平均使用年限为 17 年，约 30% 没有内置传感器。

—主要目标是减少计划外的停机时间（目前每月平均 42 小时），提高设备综合效率（OEE）。

—当前的维护模式基于定时保养和故障响应。

—企业有一个 2 人的维护团队，无数据分析经验。

基于这一情境，我的问题是：在开始大规模部署前，如何设计和实施一个小规模的试点项目，包括设备选择、人员配置、目标设定和评估方法？

【DeepSeek 回应】DeepSeek 的回应立即变得极具针对性："考虑到您的设备状况和维护团队规模，我建议选择一个小型试点，集中在单一车间的 5～8 台关键设备上……由于团队缺乏数据分析经验，建议与供应商合作进行初始数据解读培训……"

通过明确设置当前的讨论情境，DeepSeek 能够提供极具针对性的回答，直接切入核心问题，而无须再重复基本信息或给出不符合前提的建议，大大提高了对话的效率和精准度。

（2）隐含前提显性化：避免假设不一致。在复杂的专业领域，双方常常基于不同的隐含假设进行讨论。林睿尝试了将这些假设显性化的方法：

我想讨论数字孪生技术在我们工厂的应用，请注意以下隐含前提：

① 当我提到"车间"，指的是三个主要生产车间（A 车间：注塑成型；B 车间：金属加工；C 车间：装配），不包括仓储和物流区域。

② 我们已有的系统包括 SAP ERP（2018 年实施）和西门子 PLC 控制系统（S7 系列），任何新解决方案都需要考虑与这些系统的集成。

③ 当讨论"短期"时指 6 个月内，"中期"指 1～2 年，"长期"指 3 年及以上。

④ 我们的技术团队熟悉 .NET 开发环境和 SQL Server 数据库，但缺乏使用 Python/R 等数据科学工具的经验。

⑤ 预算限制要求任何解决方案首年投资回报率（ROI）至少达到 15%，且总投资不超过 500 万元。

⑥ "成功"的定义是：设备停机时间减少 20%，计划外维护减少 30%，零件质量提升 10%。

这些前提适用于除非我明确表示的所有讨论。如果我的问题模糊或与这些前提可能冲突，请寻求澄清。

【DeepSeek 回应】DeepSeek 在随后的讨论中能够准确参考这些前提:"考虑到贵公司技术团队熟悉 .NET 而非 Python,我建议选择那些提供基于 .NET 的分析工具或直观可视化界面的数字孪生解决方案……"并在遇到可能的冲突时主动寻求澄清:"您提到希望覆盖所有三个车间,但考虑到 500 万元的预算限制,这可能面临挑战。您是否愿意考虑先从一个车间开始?"

这种隐含前提的显性化大大减少了误解和不必要的澄清问题,使对话更加高效流畅。林睿发现,这就像在项目开始前确立"共同语言"和"基本规则",使后续交流能在相同的理解基础上进行。

3. 上下文理解增强方法:提升对话的连贯性

(1) 连续性提问技术:保持对话流畅与聚焦。当需要围绕同一主题进行深入探讨时,林睿尝试了一种特殊的提问方法:

【前一轮讨论了制造执行系统(MES)的核心功能模块】

以我们刚才讨论的 MES 功能模块为背景,延续上文:

① 对于一个计划分三年完成 MES 实施的制造企业,这些模块的实施优先级应该如何排序?请考虑依赖关系、实施复杂度和价值实现速度。

② 基于上一问的优先级排序,第一阶段(前 12 个月)的具体实施路线图应该如何设计?包括时间节点、资源配置和风险管控。

③ 继续深入,在第一阶段的关键模块中,我们应该设定哪些具体的成功指标来衡量实施效果?如何确保这些指标既能反映技术成果,又能体现业务价值?

【DeepSeek 回应】DeepSeek 的回应展现了强烈的连续性,直接基于前一轮讨论的 MES 模块进行优先级排序,然后针对排序结果设计第一阶段的路线图,最后为这些优先模块制定了具体的成功指标。整个回答形成了一个连贯的分析链而非割裂的独立问答。

这种连续性提问技术通过明确引用前一轮的讨论内容并设计递进式的问题,增强了对话的连贯性,使 DeepSeek 能够在前一问的基础上深入回答后续问题,形成一个有机整体而非分散的问答。

(2) 视角切换提示:提供明确的思考框架转换信号。复杂问题需要从多个视角审视,林睿尝试了一种明确的视角切换提示:

到目前为止,我们主要从技术和流程角度讨论了数字化转型。现在,我希望转换视角,从人员与组织文化的角度重新审视同样的问题:

① 前面讨论的技术变革（如引入 MES、建设数据平台）将使一线员工、中层管理者和高层领导哪些的工作方式分别产生哪些变化？他们会失去什么？又会获得什么？

② 基于这些变化，我们需要为不同层级的员工设计什么样的技能提升和意识培养计划？特别是如何帮助那些数字素养较低但操作经验丰富的资深员工？

③ 如何调整绩效评估和激励机制，以支持数据驱动的决策文化？如何平衡"数据说话"与"经验判断"的关系？

请确保将这一人员视角与我们之前的技术和流程讨论整合起来，而非割裂对待。理想的分析应该展示人员、流程和技术三者如何相互支持与影响。

【DeepSeek 回应】DeepSeek 的回应体现了清晰的视角转换："从人员角度看，MES 的实施对一线员工意味着从纸质记录转向数字化操作，这将减轻手工记录的负担但增加系统操作学习的压力……"同时，它还将人员视角与之前的技术讨论整合起来："您之前选择的模块化实施策略恰好可以减轻员工的学习压力，建议将技术培训与实际模块上线紧密结合，而非预先大规模培训……"

这种明确的视角切换提示使 DeepSeek 能够在保持对话连续性的同时转换分析视角，将新视角与已有讨论有机整合，避免了分散的片段式分析，产生了更全面和系统的洞见。

4. 情境相关的案例引导：通过类比增强理解

（1）类比引导法：用类似案例建立共识。当讨论新的概念或方案时，林睿发现通过先引入类似案例可以大幅提升理解的精准度：

我们正在考虑为生产线引入实时监控系统。在讨论具体方案前，我想先分享一个类似案例，作为我们对话的参考背景。

【参考案例】

某汽车零部件制造商曾引入类似的系统。他们从关键生产线的瓶颈工位开始，安装了传感器监控设备状态和产出质量。初期他们面临数据过载的问题——大量数据涌入但缺乏足够的分析能力。后来他们调整策略，先确定核心 KPI，再有针对性地收集和分析数据。系统实施 6 个月后，他们实现了停机时间减少 23% 的目标，但也发现了预料之外的挑战，如数据安全问题和一些员工的抵触情绪。

基于这个案例背景，我的问题是：我们应该如何设计初期的实施范围和数据收集策略，既能快速验证价值，又能避免类似的"数据过载"问题？

【DeepSeek 回应】DeepSeek 的回应明显受到了案例的启发："借鉴您分享的案例经验，我建议采取'目标导向的数据策略'……先定义不超过 5 个核心 KPI，如 OEE、首次合格率和能源消耗……从单条产线或单个工位开始……"并提出了避免数据过载的具体方法："设置数据过滤规则，仅在参数超出预设范围时触发详细数据收集……"

通过类比引导，林睿成功地将复杂的数据收集策略讨论锚定在一个具体案例上，使 DeepSeek 能够准确理解问题的实际背景和潜在陷阱，提供更有针对性的建议。这种方法特别适合讨论那些较为抽象或缺乏明确边界的主题。

（2）情境演变提示：预设讨论发展路径。对于复杂或多阶段的讨论，林睿尝试了一种预设情境演变的方法：

> 我们正在规划数字化车间项目，这将是一个长期的讨论过程。为了保持讨论的连贯性，我想预先设定以下情境演变路径：
>
> 【第一阶段情境：可行性评估】
> 我们目前处于该阶段，主要探讨概念验证、ROI 测算和技术选型。
> 核心约束：预算有限，需要明确的价值证明才能获得后续投资。
>
> 【第二阶段情境：试点规划】（预计下周讨论）
> 假设可行性已确认，将聚焦于单一产线的详细实施计划。
> 核心约束：最小化对现有生产的干扰，6 个月内展示初步成果。
>
> 【第三阶段情境：全面推广】（预计两周后讨论）
> 假设试点成功，将讨论如何把经验推广到所有产线。
> 核心约束：标准化与定制化平衡，多团队协作，变革管理。
>
> 请根据我们当前所处的情境阶段提供建议。当我明确表示进入下一阶段时，我们将自动切换到相应的情境前提。

【DeepSeek 回应】这种预设情境演变使 DeepSeek 能够理解当前讨论是更大项目的一部分，并随时了解"我们现在在哪里"和"我们将去向何方"。当林睿一周后表示"我们现在进入试点规划阶段"时，DeepSeek 能够无缝切换思维框架，而无须重新解释整个项目背景。

林睿发现，这种方法特别适合长期、复杂的项目讨论，它不仅提高了每次对话的效率，还确保了整个项目在多次对话间的连贯性和一致性。

【常见错误】隐蔽式话题跳跃

在咨询实践中，林睿经常告诫新入职的顾问避免"隐蔽式话题跳跃"的沟通陷阱，有关事例对比如下。

✗ 之前的 20 轮讨论数据平台建设，突然问："这个方案的预算是多少？"（缺乏上下文转换。）

✓ "基于我们详细讨论的数据平台架构，现在我想转向实施层面：这套方案的大致预算范围是多少？应该如何分阶段投入？"

✗ 讨论中突然问："我们应该使用哪种云服务？"（假设对方知道你在想什么。）

✓ "我想探讨数据存储选项。考虑到我们之前确定的混合架构策略和预算约束，对于 AWS、Azure 和阿里云，哪个平台最适合我们的非核心系统部署？"

林睿解释道："在面对面交流中，我们可以通过肢体语言、表情和语调变化来暗示话题转换，但在文字对话中，这些提示都消失了。清晰的过渡和情境重置就像是文字对话中的'段落标题'，帮助双方保持在同一页上。"

本章小结：从简单问答到深度思维协作

本章探索了如何将 DeepSeek 从简单的问答工具转变为处理复杂问题的思考伙伴。通过精心设计的多轮对话策略，我们可以显著提升使用效果和纵拓解决问题的深度。

我们重点讨论了以下六大核心策略，以利于构建高效对话的完整框架。

（1）对话规划与目标设定：就像设计一场重要会议或研究项目，事先规划对话的整体结构和目标，确保每轮交流都向终极目标推进。关键工具包括对话路径图和进度追踪技术。

（2）渐进式信息引导：采用知识漏斗和背景递进等技巧，循序渐进地引导 DeepSeek 提供从广度到深度、从一般到特殊的高质量信息，避免一步到位的完美提问幻想。

（3）反馈利用与调整：通过结构化评估框架和引导性再提问，持续优化对话质量，灵活调整对话方向和深广度平衡，使每轮对话都比上一轮更加精准和有价值。

（4）复杂问题的拆分与组合：将复杂问题系统性地分解为可管理的子问题，然后通过系统性整合和矩阵决策等方法将分散的洞见重新组合，形成超越各部分之和的整体解决方案。

（5）多轮对话中的记忆管理：采用关键信息锚定、分层记忆框架和决策轨迹记录等技术，确保长期对话的一致性和连贯性，避免反复讨论已解决的问题或违背既定约束。

（6）情境感知与上下文理解增强：通过情境锚定、隐含前提显性化和连续性提问等方法，提高 DeepSeek 对特定对话情境的理解能力，减少沟通障碍，提升对话效率。

【实际应用】从理论到实践

林睿将这些策略应用到数字化转型项目中后，效果显著。项目组在三个月内形成了一个全面、实用的转型方案，获得了管理层的一致认可。CEO 评价道："这不是我见过的第一个数字化转型方案，但绝对是最系统、最符合我们实际情况的一个。它既有战略高度，又有操作细节；既考虑了技术可行性，又没有忽视人的因素。"

更令林睿欣慰的是，通过多轮深度对话，他自己对数字化转型的理解也达到了新高度："DeepSeek 不再只是我的答案提供者，而是成为我的思考催化剂。通过与它的对话，我能够发现自己思考中的盲点，拓宽视野，形成更全面的解决方案。"

【超越业务咨询】广泛的场景应用

多轮对话策略不仅适用于企业数字化转型等商业场景，也同样适用于：
- 学术研究：系统性地探索复杂理论，形成连贯的研究框架。
- 创意写作：从构思到成稿的迭代优化过程。
- 教育辅导：按照学习者的理解程度，逐步深入复杂概念。
- 产品设计：从需求分析到功能规划的系统思考。
- 个人决策：分解复杂的生活抉择，综合评估多方面的因素。

掌握这些多轮对话策略将帮助你从 DeepSeek 普通用户晋升为高阶对话设计师，充分释放 AI 助手在复杂问题解决中的潜力。如同一位优秀的指挥家不仅能让乐团成员进行演奏，更能引导乐团发挥出超越个体总和的卓越表现，你也能通过精心设计的对话策略，引导 DeepSeek 发挥出超越简单问答的强大能力。

【实践建议】

（1）选择复杂问题进行实践：选择一个当前面临的复杂问题（工作项目、研究课题或生活决策），尝试应用对话规划和问题拆解方法设计一个多轮对话框架。从小规模开始，如一个 10～15 轮的对话计划。

（2）对比有规划对话与无规划对话：在下一次的重要对话前，用 5 分钟设计对话路径图，然后比较与未规划对话的效果差异。记录两种方法的时间效率和结果质量差异。

（3）建立个人模板库：创建个人的"关键信息锚定"和"分层记忆框架"模板，用于长期复杂对话中的记忆管理。根据不同领域和用途逐步完善这些模板。

（4）练习渐进式的对话节奏：有意识地练习"渐进式询问→综合整合→检验应用"的对话节奏，处理下一个专业领域的复杂挑战。每一步都记录关键发现和疑问。

（5）分享成功案例：与同事或朋友分享一次你使用这些策略的成功案例，讲述转变前后的体验差异。教学是最好的学习，向他人解释这些策略将加深你自己的理解。

（6）保持对话记录：为重要的多轮对话保存记录，定期回顾和分析哪些策略效果最好，哪些方面还需改进，建立自己的"最佳实践"库。

（7）创新与适应：不要墨守成规，而是根据自己的需求和风格来调整和创新这些策略。最有效的方法总是那些适合你个人工作方式的方法。

最终，熟练掌握多轮对话策略不仅能提高你与 DeepSeek 的协作效率，更能锻炼你的系统思考能力、问题分解能力和知识整合能力，这些都是在信息丰富但复杂的时代至关重要的元技能。通过实践，你会发现这些技巧不仅改变了你使用 AI 的方式，也提升了你与他人交流和解决问题的整体能力。

第 14 章
{深度思考模式应用}

> 深度思考模式：让 AI 的思考过程全程可见。

"我不只需要答案，我需要看到解题思路。"这是高中数学老师李明在批改学生的作业时的想法。同样，管理顾问张丽为客户分析市场扩张决策时，发现展示完整的分析逻辑比简单给出结论更有价值。

DeepSeek 深度思考模式的核心价值正在于此：它让 AI 的思考过程变得透明可见，就像一位专业同事在你面前一步步分析问题一样，让你既能获得答案，又能学习思考方法。

14.1 适用场景与选择时机

14.1.1 何时选择深度思考模式

DeepSeek 的普通对话模式通常提供直接、简洁的回答，但在某些场景下，我们需要的不仅是结论，还有思考过程。深度思考模式的独特价值在于：

- 思考过程透明化：展示完整的推理链条，使结论更可信。
- 教育和学习价值：通过观察系统性的思考过程，学习解决问题的方法。
- 多角度分析：呈现全面考量，避免思维盲点。
- 决策依据透明化：清晰展示各种考量因素及其权重。
- 复杂问题分解：将复杂问题拆解为可管理的部分。

1. *最佳应用场景*

（1）复杂决策分析。
- 职业决策：职业转型评估、求职策略。

- 商业决策：市场进入策略、产品定价、投资评估。
- 生活重大决策：搬家评估、大额购买决策。

(2) 学习与教育辅助。
- 概念深度理解：抽象理论解析、复杂系统讲解。
- 解题策略学习：数学解题思路、算法设计方法。
- 批判性思维培养：论点评估、证据分析。

(3) 创意开发与完善。
- 写作创意发展：故事结构设计、人物关系深化。
- 设计概念完善：产品设计评估、用户体验规划。
- 项目创意评估：创业点子验证、活动策划完善。

(4) 复杂问题分析。
- 策略规划：长期发展计划、资源优化配置。
- 多维度评估：产品全面评测、候选方案比较。
- 跨学科问题：社会政策影响、技术伦理评估。

2. 何时不需要使用深度思考模式

普通对话模式更适合的场景：
- 简单事实查询：如"北京的人口是多少"。
- 基础创意生成：简单的写作灵感、基础内容创作。
- 日常对话交流：一般性问答、简单建议。
- 直接指令任务：文本格式转换、简单摘要生成。

14.1.2 判断是否需要深度思考的决策树

以下决策树可以帮助你快速判断是否应该使用深度思考模式。

(1) 这个问题是简单事实查询还是复杂分析？
- 简单事实→使用普通对话模式。
- 需要分析和推理→继续判断。

(2) 你是否需要理解思考过程而非仅获得结论？
- 只需要结论→使用普通对话模式。
- 需要理解过程→适合使用深度思考模式。

(3) 问题是否涉及多个变量或需要多角度分析？
- 单一维度的简单问题→使用普通对话模式。
- 多维度的复杂问题→适合使用深度思考模式。

(4) 答案的可靠性和全面性是否特别重要？
- 一般性参考即可→使用普通对话模式。
- 需要高可靠性和全面性→适合使用深度思考模式。

(5) 你是否有时间查看和理解详细的分析过程？
- 时间紧迫，需要快速的答案→使用普通对话模式。
- 有充分的时间深入了解→适合使用深度思考模式。

14.1.3 不同用户群体的应用价值

（1）教育工作者：获取复杂概念的多角度解释，创建能展示思考过程的示范解答。

（2）专业分析者：获得结构化的分析框架，检验分析思路的完整性，发现多角度视角。

（3）创意工作者：系统化发展创意概念，分析创意作品的结构和潜在问题。

（4）管理者与决策者：全面分析复杂决策，向团队展示决策的完整逻辑。

（5）个人用户：分析重大生活决策，获得系统性的问题解决框架。

14.2 问题构建与思考链引导方法

14.2.1 高质量问题设计的核心原则

1. 明确性与边界设定

高质量的思考需要有清晰的问题边界和足够具体。

（1）明确性要素包括：
- 具体目标：明确表达你希望通过分析达到什么目的。
- 范围界定：设定分析的时间、空间或领域范围。
- 分析维度：指明希望从哪些角度分析问题。
- 期望输出：说明你需要什么类型的分析结果。

（2）问题明确性对比示例：

✗ 模糊问题："电动汽车值得购买吗？"

✓ 明确问题："作为一名居住在北京市区、每周通勤距离约 100 千米、预算 30 万元以内的上班族，从使用成本、便利性和环保角度，分析我在 2024 年购买电动汽车与燃油车的优劣势对比。请特别考虑北京的充电设施现状和相关政策。"

2. 背景信息的策略性提供

充足且相关的背景信息能显著提升深度思考的质量。关键背景要素包括：

(1) 当前状况：问题的现状或你已有的理解。
(2) 相关约束：资源、时间、技术等方面的限制。
(3) 已有尝试：已经探索过的方法和结果。
(4) 个人情境：与问题相关的个人或组织特点。
(5) 现有知识：你已经了解的信息，避免重复基础内容。

3. 思考框架与维度引导

提供思考框架或分析维度可以引导更全面和结构化的思考。框架引导策略包括：

(1) 分析维度指定：明确希望从哪些角度进行分析。
(2) 思考方法建议：提示可采用的分析框架或方法。
(3) 平衡视角要求：要求考虑不同的立场或观点。
(4) 时间维度区分：明确区分短期、中期和长期分析。
(5) 结构期望提示：表明希望获得什么样的分析结构。

14.2.2 引导深度思考的有效技巧

除了基本的问题设计原则，以下技巧可以进一步提升深度思考的质量。

1. 思考过程的明确引导

通过明确要求展示特定的思考步骤，可以获得更透明和有条理的分析。思考步骤引导示例如下：

> 请分析我是否应该接受这个需要搬迁到另一个城市的工作机会。在分析中：
> (1) 首先明确列出需要考虑的关键因素。
> (2) 对每个因素详细分析利弊，解释推理过程。
> (3) 考虑至少两种不同的决策路径及其可能结果。
> (4) 识别此决策中的关键不确定因素和假设。
> (5) 基于以上分析提出建议，并解释这一建议的逻辑基础。
>
> 我目前在北京有一份稳定的工作，月薪 18 000 元，这个新机会在成都，月薪 25 000 元，但需要重新建立社交圈。

2. 多角度思考的激发

引导思考从多个视角和立场出发，可以获得更全面平衡的分析。多角度思考引导示例如下：

> 请分析在中小学引入人工智能编程教育的利弊。在分析中：
> （1）分别从学生、教师、学校管理者和家长的不同视角评估。
> （2）考虑短期教育效果和长期能力培养的潜在差异。
> （3）分析支持和反对的最强论点，各三个。
> （4）从教育学、心理学和技术发展三个学科角度进行评估。
> （5）考虑在资源丰富和资源有限的学校可能出现的不同情况。

3. 批判性思考的引导

鼓励对假设进行质疑和批判性评估，这可以提升思考的深度和全面性。批判性思考引导示例如下：

> 请分析"大数据分析必然提升企业决策的质量"这一观点。在分析中：
> （1）识别这一观点背后的关键假设并逐一检验。
> （2）评估支持和反对这一观点的证据质量。
> （3）分析在哪些情况下这一观点可能不成立。
> （4）考虑可能被数据驱动决策方法忽视的因素。
> （5）探讨已有研究中关于数据分析与决策质量关系的矛盾发现。

14.2.3 复杂问题的有效拆解

1. 逻辑分解策略

将大问题分解为相互关联但可独立思考的子问题。问题分解示例如下：

> 我计划创建一个专注于手工艺品的在线市场平台。请通过以下步骤分析这一创业想法的可行性：
> （1）分析目标市场规模和现有竞争格局。
> （2）评估关键的差异化机会。
> （3）分析核心运营挑战。
> （4）评估财务可行性。
> （5）综合以上分析，评估整体可行性并提出最关键的成功要素和风险点。
> 请在每个步骤中提供结构化思考，并在最后整合为完整评估。

2. 递进式分析策略

对于特别复杂的问题，可以采用多轮递进式分析，先获取总体框架，再深入特定方面。

14.2.4 思考创新与突破的引导

1. 创造性思维引导

通过特定的引导框架激发更具创新性的思考。创造性思维引导示例如下：

> 请为一家传统书店设计创新的业务转型策略。在思考过程中：
> (1) 借鉴三个非零售行业的成功模式并应用到书店场景中。
> (2) 探索"如果书店完全不卖书"的创新可能性。
> (3) 设计一个将书店的核心价值与数字技术深度融合的模式。
> (4) 考虑在资源极其有限的情况下可行的创新路径。
> (5) 提出三个看似矛盾但可能颠覆行业的创新理念。

2. 假设挑战与边界拓展

通过挑战既有假设，拓展思考边界，获得突破性见解。

14.3 结果解读与应用

14.3.1 深度思考结果的结构理解

1. 思考层次的识别

深度思考的输出通常包含多个层次，识别这些层次有助于更好地理解和应用结果。典型的思考层次有：
(1) 问题理解与框架设定：如何定义和使问题框架化。
(2) 信息组织与分类：如何组织和分类相关信息。
(3) 分析与论证过程：如何分析问题并论证观点。
(4) 权衡与决策点：如何在不同选项间做出权衡。
(5) 结论与建议形成：如何从分析中得出结论。

2. 思考路径与分支识别

深度思考通常包含主要思考路径和多个可能的分支，识别这些路径和分支非常重要。

14.3.2 思考质量的评估与改进

1. 质量评估的核心维度

评估深度思考的质量需要考虑以下关键维度。

(1) 全面性：是否考虑了所有重要因素和角度。
(2) 逻辑性：推理过程是否清晰、连贯、无矛盾。
(3) 证据基础：结论是否基于可靠数据和合理假设。
(4) 平衡性：是否公正考虑了不同观点和可能性。
(5) 实用性：分析是否与原问题相关并提供实际价值。

2. 思考质量提升策略

发现深度思考存在局限性后，可以采用以下策略来提升质量。
(1) 明确指出需要补充考虑的维度或因素。
(2) 请求更详细地解释特定的推理步骤。
(3) 提供额外的相关信息或背景。
(4) 指出可能的偏见或假设并进行修正。
(5) 要求探索被忽视的替代可能性。

14.3.3 从思考到行动的转化策略

1. 关键洞察提取与优先级排序

将复杂的深度思考结果转化为行动洞察是应用的关键一步。洞察提取示例如下：

> 请帮我从这份商业模式分析中提取最关键的行动洞察：
> (1) 核心发现：哪3～5个关键见解最应该影响我的决策？请按重要性排序。
> (2) 立即可行：未来4周内可以实施的具体行动有哪些？请按难易度排序。
> (3) 关键风险：分析中识别的哪些风险最需要优先关注和缓解？
> (4) 资源需求：实施关键建议需要哪些关键资源和能力？
> (5) 成功指标：如何衡量这些行动的有效性和进展？

2. 实施路径设计与调整

将思考转化为行动需要的具体实施路径并为适应性变化做准备。

14.4 与普通对话模式的协同使用

14.4.1 两种模式的优势互补

(1) 普通对话模式的优势如下：

- 响应速度快，适合快节奏交流。
- 简洁直接，信息密度高。
- 适合明确的问题和简单信息获取。
- 交互感更强，对话更自然流畅。

（2）深度思考模式的优势如下：
- 思考过程透明，推理更可信。
- 分析更全面系统，考虑多维因素。
- 适合复杂问题和重要决策分析。
- 教育价值高，展示完整的思维方法。

（3）最佳搭配场景如下：
- 使用普通对话模式进行问题的初步探索和界定。
- 切换到深度思考模式进行关键问题深入分析。
- 回到普通对话模式讨论实施细节和调整。
- 在需要重新评估时再次使用深度思考模式。

14.4.2 设计高效的混合工作流

1. 多阶段混合工作流

为特定任务设计结合两种模式的工作流可以最大化效益。教授为课程设计创建的工作流示例如下。

阶段一：需求和目标探索（普通对话模式）：
- 快速探讨课程主题和目标学生的特征。
- 初步确定教学目标和期望成果。

阶段二：课程框架设计（深度思考模式）：系统分析课程结构、学习路径和教学方法。

阶段三：教学活动设计（普通对话模式）：
- 根据框架设计具体教学活动和案例。
- 快速迭代教学材料和内容细节。

阶段四：实施计划评估（深度思考模式）：对课程设计进行系统评估和优化。

2. 迭代精进的协作模式

在长期项目中，可以建立深度思考和普通对话模式交替的迭代精进循环。

14.5 典型案例分析与经验总结

14.5.1 成功应用案例解析

1. 教育领域应用案例

高中数学教师张老师需要设计一个几何证明的教学单元，要兼顾不同学习能力的学生。张老师使用深度思考模式构建了教学方案。

请设计一个高二几何证明的教学单元，特别关注如何帮助学生理解和掌握证明思维。我需要：

(1) 系统分析学生在几何证明中遇到的典型困难和认知障碍。

(2) 设计一个渐进式的教学序列，从基础到高级证明。

(3) 创建能展示多种证明思路的关键例题，包括直接证明、反证法和代数方法。

(4) 设计适合不同学习能力学生的差异化练习和支持策略。

(5) 提出有效的评估方法，确保能检测真实的理解而非机械记忆。

请特别关注如何培养学生的逻辑思维能力和证明直觉，而不仅仅是教授证明技巧。

【DeepSeek 回应】系统识别学生的认知障碍，设计出更有效的教学方案，学生的几何证明能力显著提升。

2. 商业决策应用案例

中小企业主刘女士面临扩展业务线还是巩固现有业务的战略决策。刘女士使用深度思考模式分析这一关键决策。

我经营一家中小型室内设计公司（15 名员工），目前专注于高端住宅设计。现在我面临两个选择：

A. 扩展到商业空间设计（办公室、餐厅等）。

B. 继续专注并深化住宅设计业务。

请系统分析这两个战略方向：

(1) 比较两个方向的市场潜力、竞争格局和进入障碍。

(2) 分析我们现有能力和资源与这两个方向的匹配度。

(3) 评估短期（1~2 年）和长期（3~5 年）的业务发展路径和风险。

(4) 比较财务模型：投资需求、回报周期和利润潜力。

（5）提供如何做出这一决策的系统框架，以及需要收集的关键信息。

我们公司的当前情况：稳定盈利，年收入约 500 万元，在住宅设计领域有良好的口碑，但团队在商业项目方面经验有限。

【DeepSeek 回应】识别出原本忽视的关键因素，采取更明智的混合扩展策略。

14.5.2 常见挑战与应对策略

1. 问题设计不当导致分析不足

许多用户发现，即使启用深度思考模式，有时候得到的分析也不够深入或针对性不够。这通常是由于问题设计不足。有效应对策略如下：

（1）明确界定问题范围。
（2）提供充分相关的背景。
（3）设置思考框架。

2. 信息过载与关键点模糊

有效应对策略如下：
（1）要求结构化输出。
（2）请求优先级排序。
（3）要求行动提炼。
（4）分阶段请求信息。

14.5.3 最佳实践与使用建议

1. 深度思考的黄金提问法则

CRAFT 提问框架如下：
（1）背景（context）：提供充分相关的背景信息。
（2）需求（requirement）：明确期望得到什么样的分析和输出。
（3）分析框架（analysis framework）：指明希望采用的分析维度或方法。
（4）焦点（focus）：清晰界定问题范围和核心关注点。
（5）思考过程（thought process）：要求展示特定的思考步骤或推理方法。

通过使用这一结构化的提问框架，用户能够显著提高深度思考模式的分析质量和实用性。

2. 持续学习与优化技巧

持续改进策略如下：

（1）建立提问模板库：为不同类型的常见问题创建个性化的提问模板。
（2）分析成功案例：记录哪些类型的问题和提问方式获得了最有价值的回答。
（3）迭代式提问：对于复杂问题，采用多轮迭代提问策略。
（4）建立反馈循环：主动评估得到的分析质量，明确指出不足之处。
（5）多场景实验：尝试在不同工作场景中使用深度思考模式。

本章小结：让 AI 为你的决策分析与学习助力

深度思考模式是 DeepSeek 的强大功能，通过展示完整的思考过程，为用户提供了超越简单答案的价值。本章系统探讨了如何有效运用这一模式，从何时选择深度思考、如何构建高质量的问题、如何解读分析结果到与普通对话模式的协同，提供了全面的实用指南。

【关键启示】

（1）选择合适的场景：深度思考模式特别适合复杂决策分析、学习与教育、创意发展和多因素评估等需要看到完整思考过程的场景。
（2）构建高质量的问题：遵循 CRAFT 框架（背景、需求、分析框架、焦点、思考过程），提供充分的背景和明确的引导，显著提升分析质量。
（3）有效解读结果：学会识别思考层次和路径，评估思考质量，并将复杂分析转化为行动洞察和实施路径。
（4）协同使用两种模式：根据任务性质灵活切换普通对话模式和深度思考模式，设计多阶段的混合工作流和迭代精进循环，最大化效益。
（5）持续学习优化：建立提问模板库，分析成功案例，采用迭代式提问，不断提升深度思考模式的应用效果。

深度思考模式的价值不仅在于获得更好的答案，更在于通过观察系统化的思考过程，提升我们自己的分析能力和判断水平。正如古语所言，"授人以鱼，不如授人以渔"，深度思考模式不仅给出了结论，更展示了如何思考，这是它最独特的价值所在。

第 15 章
联网搜索高级应用

> 联网思维与知识生态：如何成为信息时代的助航灯塔？

在信息爆炸的时代，我们每天都面临海量数据的挑战。无论是专业的研究者、学生、职场人士还是普通用户，都需要具备高效获取、准确筛选和深度整合信息的能力。DeepSeek 的联网搜索功能正是为解决这一困境而生的，它不仅能访问互联网上的实时信息，更能通过智能分析帮助用户找到真正有价值的内容。

DeepSeek 联网搜索与传统搜索引擎的区别如表 15-1 所示。

表 15-1 DeepSeek 联网搜索与传统搜索引擎的区别

特性	DeepSeek 联网搜索	传统搜索引擎
信息获取方式	实时从互联网获取信息并进行智能分析	基于索引数据库返回匹配结果列表
结果呈现	将多个来源的信息整合为连贯的回答	提供链接列表，用户需自行点击访问和整合
用户交互	对话式体验，可基于结果进一步探讨	基于关键词搜索，每次搜索相对独立
搜索辅助	智能辅助关键词优化和问题重构	提供基础自动完成功能和相关搜索建议
多源整合能力	自动整合多个信息源的内容	用户需要自行访问多个页面并整合信息
时效性管理	提供信息时效性评估和更新建议	通常仅提供结果时间戳，时效性判断由用户完成

DeepSeek 联网搜索的优势在于，它不仅是信息的"收集者"，更是信息的"分析者"和"整合者"。

15.1 搜索策略与关键词设计

15.1.1 精准搜索的艺术

1. 用户场景

王丽输入"AI 零售应用"这一宽泛的查询后，获得了大量信息，但许多内容过于基础或不够聚焦，她还要花费大量时间筛选无关的信息。

2. 精准搜索三步法

步骤一：核心概念分解。将复杂查询拆解为核心概念组合，明确每个概念的具体含义。

> 请帮我分解以下市场研究主题的核心概念：
> "人工智能在零售行业的最新应用趋势，尤其是已产生实际业绩的案例。"
>
> 具体需要：
> （1）识别出需分别搜索的核心术语及其同义词。
> （2）列出可能的限定词（如应用类型、零售细分领域）。
> （3）明确时间范围和"最新"的具体定义。
> （4）提出可能需要排除的无关术语。

步骤二：搜索格式设计。基于概念分解，构建结构化的搜索请求，包括必要的限定条件和排除项。

> 基于前面的概念分解，请设计一个结构化的搜索请求，查找"AI 零售最新成功应用案例"。
>
> 请包含：
> （1）明确的时间范围（过去 3 个月）。
> （2）领域限定（实体零售、电商平台）。
> （3）技术关键词组合（计算机视觉、个性化推荐、需求预测、自动化库存管理）。
> （4）希望获取的信息类型（实际案例、业绩数据、实施挑战）。
> （5）可靠性指标（来自行业报告、公司财报、权威媒体）。

步骤三：递进式搜索。搜索是迭代过程，根据初步结果不断调整和深化查询方向。

我已获得了初步搜索结果，现在需要进一步聚焦于特定方向。基于以下发现，请帮我设计下一轮更精准的搜索。

初步发现：

－智能货架和自动结账系统在提升客户体验方面表现突出。

－几篇文章提到了"全渠道个性化推荐"的显著效果。

－沃尔玛和亚马逊在 AI 库存管理方面有新的部署。

请设计一个递进式的搜索策略，深入探索这些特定应用的实施细节和效果数据。

【逆向思维搜索技巧】

不直接搜索"解决方案"，而是先找到"谁最可能解决这个问题"。例如，不直接搜索"AI 零售成功案例"，而是先确定"哪些领先的零售商最积极投资 AI 技术"，再查找这些公司的案例分享。

15.1.2 关键词优化与组合策略

1. 用户场景

大学教师李明计划暑假带家人去日本旅行，但他发现搜索"日本旅游景点"获得的信息过于宽泛，缺乏针对性。

2. 关键词搜索矩阵构建

有效的关键词策略需要考虑同义词、上下位词和相关概念，构建完整的搜索矩阵。

请帮我构建一个完整的关键词搜索矩阵，用于规划一次日本家庭旅行。

需要涵盖的维度：

（1）目的地层级：从国家、地区到具体城市和景点。

（2）旅行类型：家庭友好、文化体验、美食探索等。

（3）季节因素：夏季特色活动、避暑胜地、季节限定体验。

（4）实用信息：交通方式、住宿选择、预算考量。

我计划今年 7 月与妻子和 10 岁的孩子一同前往。

15.1.3 语境化搜索请求

1. 用户场景

45 岁的张先生最近检查出胆固醇偏高，想了解饮食管理方法，但发现简单搜索"降低胆固醇的食物"得到的信息过于笼统。

2. 语境化搜索框架

高效的搜索不仅需要准确的关键词，还需要提供足够的背景信息和搜索意图。

我需要设计一个语境化的搜索请求，以获取更符合我健康状况的胆固醇管理信息：

（1）健康背景描述：我是一名45岁的男性，LDL胆固醇为3.8mmol/L（轻度偏高），无其他健康问题，每周锻炼2次。

（2）已有知识概述：我已了解基础的健康饮食原则，知道要减少饱和脂肪的摄入。

（3）搜索目的说明：寻找适合我情况的饮食计划和特定食物建议。

（4）文化背景考量：我习惯于亚洲饮食，希望找到符合中国饮食习惯的建议。

（5）实用性要求：需要具体、可执行的建议，包括食谱和餐厅选择指南。

15.1.4 常见问题与解决方案

常见问题及其可能的原因与解决方案如表15-2所示。

表15-2 常见问题及其可能的原因与解决方案

问题	可能的原因	解决方案
搜索结果缺乏针对性	搜索词过于宽泛	应用本章的精准搜索三步法，增加具体限定条件
无法获取最新信息	时效性问题	明确添加年份/月份和"最新""更新"等时间指示词
结果过于学术/技术	未指明目标受众和用途	在搜索请求中说明实用性需求和背景情境
信息来源可靠性不足	未限定信息源质量	使用"site:"运算符或要求高质量来源的信息
搜索速度较慢	请求过于复杂	将复杂查询分解为多个连续的简单查询

15.2 信息评估与筛选技巧

15.2.1 信息质量评估框架

1. 用户场景

李华计划购买一台新手机，但在网上看到了大量相互矛盾的评测和意见，难以辨别哪些信息是可靠的。

2. 多维度质量评估

信息评估需要综合考量多个维度，而非仅依赖单一标准。

> 请帮我建立一个系统的信息质量评估框架，用于筛选手机评测的可靠信息。
>
> 评估维度应包括：
> (1) 信息源的可信度：如何评估评测网站/平台的专业性和独立性？
> (2) 评测者的专业性：如何判断评测者的技术背景和经验？
> (3) 评测方法的严谨性：如何评估测试方法的科学性和全面性？
> (4) 利益相关的透明度：如何识别可能的商业赞助和偏见？
> (5) 用户反馈的一致性：如何评估专业评测与实际用户体验的一致程度？

15.2.2 专家观点识别与权重

1. 用户场景

新手妈妈王芳在网上查找婴儿辅食添加建议，发现不同专家有不同的推荐，有些甚至相互矛盾。

2. 专家识别框架

识别真正的领域专家是筛选高质量信息的关键。

> 请帮我建立一个框架，用于识别婴幼儿营养与喂养领域的真正的专家。
> 识别维度应包括：
> (1) 专业背景指标：哪些教育和专业资质最具相关性？
> (2) 实践经验评估：如何评估临床或实际工作经验？
> (3) 研究贡献分析：如何评估其在该领域的研究或出版物？
> (4) 机构关联参考：哪些机构的专家的观点更值得信赖？
> (5) 利益冲突的透明度：如何识别可能的商业影响或偏见？

3. 观点权重与矛盾解析

面对不同甚至矛盾的专家观点，需要有方法进行权衡和整合。

> 在婴儿辅食添加问题上，我发现存在三种不同的观点：
> A. 应严格按月龄添加特定食物，避免过早接触过敏原。

B. 应根据婴儿的发育情况而非年龄决定，可以早期谨慎引入常见过敏原。

C. 传统育儿方法建议从米糊开始，逐步过渡到其他食物。

请帮我建立一个观点评估与整合框架：

(1) 如何根据专家背景分配观点权重？
(2) 如何识别观点中的实证部分与文化偏好部分？
(3) 如何解析矛盾观点背后的研究依据差异？
(4) 如何从冲突建议中提取共识部分？

15.2.3 信息结构化与重点提取

1. 用户场景

大学生小张正在准备人工智能课程的期末考试，面对海量的教材、讲义和在线资源，他感到无所适从。

2. 信息结构化框架

将非结构化信息转化为结构化知识是应对信息过载的有效策略。

我正在准备人工智能课程的期末考试，获取了大量学习资料。请设计一个框架。

结构化框架应包括：

(1) 核心概念图谱：如何识别和组织课程中的关键概念？
(2) 知识依赖链：如何确定概念间的逻辑依赖和学习顺序？
(3) 问题类型分类：如何归类不同类型的考试问题和解题方法？
(4) 应用场景映射：如何将理论知识与实际应用案例相连接？
(5) 记忆与理解策略：如何区分需要记忆的内容和需要深入理解的概念？

15.3 搜索结果的深度整合

15.3.1 知识图谱构建

1. 用户场景

程序员小吴想系统学习人工智能，但面对网上琳琅满目的教程、课程和资源，难以构建清晰的学习路径。

2. 领域知识图谱构建

知识图谱可以将零散的信息连接成网络，展现概念间的关系，帮助形成系统认知。

> 请帮我构建一个"AI开发者学习路径"的领域知识图谱框架。
> 知识图谱应包括：
> （1）核心技能节点：从基础到高级的必备技能和知识点。
> （2）学习路径关系：不同技能间的前置和进阶关系。
> （3）资源类型分类：不同类型学习资源的特点和适用场景。
> （4）项目实践节点：关键阶段适合尝试的实践项目。
> （5）职业方向分支：不同专业方向的技能侧重和发展路径。

15.3.2 多源信息整合

1. 用户场景

个人投资者陈先生想了解电动汽车行业的投资机会，但信息来源多样且观点各异。

2. 多源信息整合框架

不同来源的信息有不同的特点和价值，需要使用系统方法进行整合。

> 我正在研究电动汽车行业的投资机会，收集了各类信息。请提供一个多源信息整合框架。
> 框架应包括：
> （1）信息源特性分析：各类信息源的优势、局限性和潜在偏见。
> （2）数据与观点区分：如何区分事实性数据和主观分析观点？
> （3）时间敏感性评估：如何判断不同类型信息的时效性要求？
> （4）利益相关分析：如何识别和考量信息源的潜在利益导向？
> （5）互补价值提取：如何从不同来源获取互补信息以构建全面视角？

15.3.3 信息时效性管理

1. 用户场景

医学专业的学生林佳关注新冠病毒研究进展，但担心自己掌握的信息可能很快过时。

2. 知识更新框架

在快速演进的医学领域，建立系统的知识更新机制至关重要。

> 我需要在新冠病毒研究这一快速发展的领域保持知识更新，请设计一个信息时效性管理框架。
>
> 框架应包括：
> (1) 知识半衰期估计：不同类型医学信息的预期有效期。
> (2) 更新触发机制：哪些信号表明需要更新特定知识点？
> (3) 渐进式淘汰策略：如何逐步调整对老旧信息的依赖？
> (4) 关键监测点设置：哪些概念或发现是需要持续监测的关键节点？
> (5) 信息源订阅体系：如何构建高效的医学信息获取渠道网络？

15.4 联网搜索＋深度思考组合应用

15.4.1 问题拆解与重构

1. 用户场景

35岁的软件工程师赵明想转型到人工智能领域，但面临的问题复杂多样，单纯搜索难以得到整合答案。

2. 复杂问题分解框架

复杂问题需要先分解成可管理的子问题，再进行有针对性的搜索和思考。

> 我面临一个复杂的职业决策问题："如何在35岁从传统软件开发转型到AI/ML领域，同时平衡学习时间、家庭责任和财务稳定性。"请帮我将这个复杂问题分解为可管理的组件。
>
> 分解应包括：
> (1) 核心子问题识别：哪些独立但相关的问题构成了这一复杂决策？
> (2) 逻辑依赖分析：这些子问题之间的依赖和优先级关系如何？
> (3) 知识类别划分：哪些部分需要技术信息？哪些需要市场洞察？哪些需要个人经验？
> (4) 搜索策略匹配：针对每个子问题的最佳信息获取方法有哪些？
> (5) 整合路径设计：如何将子问题的解决方案重新组合为整体决策？

15.4.2 批判性思维与信息评估

1. 用户场景

新手投资者林小姐对加密货币投资感兴趣，但面对网上铺天盖地的"稳赚不赔"项目和"专家建议"，不确定如何辨别真伪和风险。

2. 思维谬误识别框架

识别常见的思维谬误和推理缺陷是批判性思维的关键方面。

在研究加密货币投资信息时，我需要提高对常见思维谬误的识别能力。请帮我建立一个思维谬误识别框架。

框架应包括：

（1）投资领域常见的思维谬误类型及其特征。

（2）加密货币市场中特别需要警惕的推理缺陷。

（3）这些谬误在投资建议、市场分析和社交媒体中的典型表现。

（4）识别这些谬误的实用问题清单。

（5）区分合理投资分析与不合理宣传的方法。

15.4.3 创造性综合与洞察生成

1. 用户场景

自媒体创作者张明需要定期创作出关于科技趋势的原创内容，但他发现自己越来越陷入重复观点和思路枯竭的困境。

2. 创新思维框架

创新内容常常来自已有信息的新组合和跨域连接，需要系统方法激发创造性思维。

通过联网搜索，我已经积累了大量关于科技趋势的信息，但难以产生真正原创的洞察。请帮我设计一个创造性的综合框架。

框架应包括：

（1）跨领域连接技术：如何将科技趋势与其他领域（如社会学、心理学、艺术）连接？

（2）历史模式识别：如何从历史发展中提取可能适用于当前趋势的模式？

（3）反向思考工具：如何通过思考"反向趋势"或"反直觉结果"激发

新思路？

（4）受众视角转换：如何从不同人群的需求视角重新理解技术意义？

（5）矛盾整合方法：如何从表面矛盾的趋势中发现更深层的统一逻辑？

15.5　信息可靠性与时效性保障

15.5.1　信息源评估与筛选

1. 用户场景

中年女性李女士想了解更年期的健康管理方法，但网上充斥着各种"神奇疗法"和相互矛盾的建议。

2. 健康信息源分级框架

不同的健康信息源有不同的特点和适用场景，需要建立分级评估体系。

请帮我建立一个更年期健康信息的信息源分级评估框架。

框架应包括：

（1）信息源类型分类：医学期刊、专业医疗组织、医院网站、健康博客、商业网站、社交平台。

（2）可靠性评估维度：如何评估每类信息源的专业性和可信度？

（3）内容质量指标：如何判断内容是否基于科学证据而非个人经验？

（4）商业利益的透明度：如何识别可能的商业推广和利益冲突？

（5）关键可靠的信息源清单：更年期健康管理领域最值得信赖的专业来源。

15.5.2　时效性验证方法

1. 用户场景

计划国际旅行的刘先生需要了解最新的签证要求、入境规定和防疫政策，担心在快速变化的国际形势下使用过时的信息。

2. 旅行信息时效性评估框架

不同类型的旅行信息有不同的更新频率，需要使用系统方法评估其时效性。

请帮我建立一个国际旅行信息的时效性评估框架。

框架应包括：

（1）信息类型时效分级：不同类型旅行信息的一般更新周期。

（2）时效性标记识别：如何从官方网站识别最近的更新时间和版本信息？

（3）多源验证方法：如何使用领事馆、官方旅游局和航空公司的信息交叉验证最新规定？

（4）社交媒体补充策略：如何利用旅行论坛和群组获取实时反馈？

（5）时间敏感度评估：哪些信息必须以最新版本为准？哪些可以有一定的灵活度？

15.5.3 信息真实性验证

1. 用户场景

消费者钱女士计划在网上购买一款高价护肤品，但面对大量的五星好评，不确定哪些是真实用户体验，哪些可能是虚假评价。

2. 消费评价验证框架

电商平台的产品评价真伪难辨，需要使用系统方法进行筛选。

请帮我建立一个电商产品评价的真实性验证框架，专注于高端护肤品领域。

框架应包括：

（1）虚假评价特征识别：如何识别可能的刷单或付费好评？

（2）评价一致性分析：如何评估不同评价之间的一致性与矛盾？

（3）评价者档案检查：如何通过评价者的历史评价判断可信度？

（4）关键细节验证：哪些产品体验细节通常表明真实使用？

（5）负面评价价值分析：如何从中性和负面评价中提取更可靠的信息？

> 【三元验证原则】

要求任何重要产品的宣传至少需要三个不同类型来源的确认——官方技术说明、独立专业测评和真实用户长期使用报告，且这三个来源必须是真正独立的。

15.6 多源信息对比与综合

15.6.1 多视角信息整合

1. 用户场景

年轻的父母王先生和李女士正在为5岁的孩子选择合适的早期教育方法，但面对蒙特梭利、华德福、传统教育等不同体系的信息，感到无所适从。

2. 多视角分析框架

不同教育理念的信息需要使用系统方法进行对比和整合。

> 在研究儿童早期教育方法时，我发现不同教育理念的描述和评价差异很大。请帮我设计一个多视角的分析框架。
>
> 框架应包括：
> （1）核心理念对比：如何系统比较不同教育体系的基本理念和价值观？
> （2）实践方法分析：不同体系在日常教学活动中的具体区别。
> （3）适用性评估：如何评估不同方法对特定孩子的性格和需求的适合度？
> （4）科学依据比较：各教育理念背后的研究基础和证据强度。
> （5）长期效果分析：不同教育方法的长期发展结果比较。

15.6.2 信息综合与知识构建

1. 用户场景

大学生小周想自学编程，但面对繁多的语言、框架、课程和学习路径，难以构建系统的学习计划。

2. 个人学习体系构建

从信息搜索到构建个人学习体系需要系统的整合和规划过程。

> 通过广泛搜索，我收集了大量关于编程学习的信息，现在需要将这些信息转化为个人学习路径。请设计一个知识构建框架。
>
> 框架应包括：
> （1）技能地图构建：如何从混乱的信息中构建清晰的技能发展地图？
> （2）学习资源匹配：如何为不同学习阶段选择最合适的资源类型？
> （3）进阶路径设计：如何设计从基础到高级的合理学习序列？
> （4）项目实践整合：如何将项目实践有机融入学习过程？
> （5）知识缺口识别：如何系统发现和填补学习过程中的知识盲点？

15.6.3 信息导向的决策支持

1. 用户场景

自媒体创作者林女士需要为她的科技频道确定下个月的内容主题，希望找到既有热度又有深度的选题。

2. 热点选题发掘框架

自媒体创作者需要使用系统方法来发现和评估潜在选题的价值。

> 我是一名科技自媒体创作者,需要设计一个基于联网搜索的热点选题发掘框架。
>
> 框架应包括:
> (1) 热点来源多元化:如何从不同渠道发现潜在热点?
> (2) 话题生命周期评估:如何判断一个话题是处于兴起期、高峰期还是衰退期?
> (3) 竞争饱和度分析:如何评估特定话题在自媒体平台的覆盖程度?
> (4) 受众匹配度评估:如何判断话题与目标受众的兴趣的契合度?
> (5) 差异化角度挖掘:如何在热门话题中找到尚未被充分探讨的独特视角?

本章小结:掌控信息海洋的搜索与知识整顿艺术

本章探讨了如何充分利用联网搜索功能,将其发展成为知识探索和信息处理的强大工具。我们设计了一系列方法和框架,帮助用户在信息时代获取认知优势。

我们重点讨论了以下六个核心应用领域。

(1) 搜索策略与关键词设计:通过三步法进行精准搜索,优化关键词组合策略,以及设计语境化的搜索请求,大幅提高搜索效率和精准度。我们看到了市场分析师王丽如何优化 AI 零售应用的搜索,以及旅行规划者李明如何通过关键词搜索矩阵获取更精准的旅行信息。

(2) 信息评估与筛选技巧:建立多维度的信息质量评估框架,识别真正的专业意见,以及信息结构化和重点提取。从购买决策到育儿建议,这些技巧可帮助用户有效筛选可靠信息。

(3) 搜索结果的深度整合:构建领域知识图谱,整合多源信息,以及管理信息的时效性。无论是学习新技能还是研究投资机会,这些方法都能将分散信息转化为系统知识。

(4) 联网搜索+深度思考组合应用:分解复杂问题,应用批判性思维评估信息,以及生成创造性的洞察。从职业转型决策到内容创作突破,结合搜索与思考显著提升了问题解决的质量。

（5）信息可靠性与时效性保障：评估信息源的质量，验证信息的时效性，以及检验信息的真实性。这些方法在健康决策、旅行规划和消费选择中尤为重要，可以确保用户的决策建立在可靠信息的基础上。

（6）多源信息对比与综合：整合多视角信息，构建个人知识体系，支持基于信息的决策。特别是对于自媒体创作者，这些技巧可帮助他们发掘内容的空白点、深化内容的质量、平衡报道争议话题，显著提升内容的专业度和吸引力。

【实践建议】

（1）从一个当前面临的具体信息需求开始，应用本章的精准搜索三步法，如寻找最新的行业趋势或解决特定问题。

（2）为你关注的领域创建一个信息源分级评估清单，识别最值得关注的高质量渠道。

（3）尝试构建一个简单的知识图谱，将已有信息整合为结构化的知识网络。

（4）建立个人的"搜索–思考"节奏，确保在信息收集与深度思考间取得平衡。

（5）作为自媒体创作者，尝试应用内容差异化定位和深度拓展策略，提升内容竞争力。

通过这些方法，我们可以将联网搜索功能发展成为知识工作的强大助手，不仅提高信息获取的效率和质量，而且促进深度思考和创新洞察。关键是将搜索视为思考的延伸而非替代，利用联网能力拓展认知边界，同时保持批判性思维和创造性综合的能力。

在信息爆炸的时代，掌握高级搜索技能已不再是可选项，而是每个知识工作者必备的核心能力。联网搜索不仅是找到信息的工具，而且是构建个人知识生态系统的基础。通过系统的方法和持续的实践，我们每个人都可以在信息的海洋中找到自己的航向，将海量信息转化为有价值的知识和智慧。

知识的真正价值不在于简单的积累，而在于有效的整合、批判性的评估和创造性的应用。联网搜索高级应用的核心正是助力我们实现从信息到知识再到智慧的转化。

第 16 章
专业领域知识提取

> 专业知识的智能获取：如何突破领域壁垒？

医学研究生张伟面对"肿瘤微环境与免疫治疗"的论文写作时叹了一口气："我有基础了解，但要深入分析微环境的各种细胞因子如何影响治疗，还有很多知识空白。"创业公司的李梅则为金融科技项目的监管要求发愁："法规文件晦涩难懂，网上解读良莠不齐，希望有人能用我听得懂的语言解释。"

在信息爆炸时代，快速掌握陌生领域的知识成为普遍需求。本章将分享如何利用智能助手有效提取专业知识，模拟专业思维，突破专业壁垒。

16.1 领域专家模拟技巧

16.1.1 专家思维框架构建

专业人士之所以专业，是因为他们拥有结构化的思维框架。要提取这些框架，可以这样做：

> 请以资深商业合同律师的思维方式，帮我分析软件开发外包合同。
> 我希望你构建以下思维框架：
> (1) 合同审阅的关键步骤和优先级顺序。
> (2) 经验丰富的合同律师会关注的核心条款及其风险点。
> (3) 软件开发行业特有的合同陷阱和常见争议。
> (4) 评估和谈判关键条款的专业策略。
> (5) 识别模糊语言和潜在法律风险的方法。

这样提问将获得一个系统的法律思维框架而非零散建议。你会了解专业律师首先确认合同的基本要素，然后重点关注责任界定、知识产权归属、验收标准等关键条款，并特别注意软件行业特有的范围蔓延风险。有了这个框架，你在审读具体合同时就有了专业视角。

小李是一名医学院的学生，在临床实习中常感到理论与实际脱节。他决定主动学习专家的诊断思维：

> 我是医学院的学生，希望了解资深心内科医生诊断胸痛患者的专业思维流程。
>
> 请帮我构建一个临床专家的思维框架：
> （1）面对胸痛患者，专业医生的系统性问诊步骤和重点。
> （2）鉴别诊断的逻辑树构建方法。
> （3）基于风险分层的检查安排的优先级判断。
> （4）心绞痛与其他胸痛源的关键鉴别点。
> （5）需要紧急干预的危险信号识别。

这样提问会帮助小李理解医生不只是记忆症状与疾病的对应关系，而是基于病理生理机制建立结构化的推理过程，从危及生命的原因开始排除，同时权衡检查的必要性和紧急性。这种思考方式的学习比记忆孤立的医学知识点更有价值。

16.1.2 行业案例与实践经验提取

专业经验往往体现在处理复杂情境的能力上。初级项目经理张工可以这样提取经验性知识：

> 我是初级软件项目经理，现在面临需求变更冲突。请从资深项目经理的视角分享处理经验。
>
> 情境：客户在项目进行到 70% 时提出重大需求变更，但坚持不改变原定截止日期和预算。技术团队认为需要额外增加 30% 的工作量，而销售已向客户承诺可以满足。
>
> 我需要：
> （1）具体的沟通步骤和谈判策略。
> （2）量化展示变更影响以说服客户的方法。
> （3）内部冲突（技术与销售）的调和方法。
> （4）几种可能的妥协方案及其利弊。
> （5）客户关系和团队士气的平衡考量。

通过情境化提问，小李获得了实操性建议，如准备变更影响评估报告、进行分阶段交付谈判，以及如何平衡客户关系与团队士气。这些都是书本上难以直接学到的经验性知识。

16.1.3　专业决策与判断标准提取

专业判断的背后往往有一套结构化的评估标准。医院的管理者李主任需要评估新的医疗信息系统，可以这样提问：

> 我是三甲医院的信息化负责人，需要评估并选择新的医院信息系统（HIS）。请从医疗信息化专家的角度，提供专业的评估框架。
>
> 框架需包括：
> (1) 评估医院信息系统的关键维度及各维度的相对重要性。
> (2) 每个维度下的具体评估指标和判断标准。
> (3) 系统选择中的常见误区和专业人士特别关注的隐藏因素。
> (4) 不同规模/类型医院的差异化考量因素。
> (5) 评估过程中的信息收集方法和交叉验证策略。

这样可获得类似专家打分表的系统评估方法，涵盖功能完整性、技术架构、安全合规、扩展性等多个维度，以及各维度在医疗环境中的特殊要求。这种专业框架比简单的"推荐哪个系统好"更有价值。

16.1.4　专家模拟的常见问题与解决方案

专家模拟的常见问题及其可能的原因与解决方案如表 16-1 所示。

表 16-1　专家模拟的常见问题及其可能的原因与解决方案

问题	可能的原因	解决方案
模拟过于通用化	未指定具体专业背景和角色	明确指定专业背景和角色（如"拥有 10 年经验的心血管外科医生"）
缺乏深度专业洞见	未要求在特定专业领域深入思考	设计具体专业情境，要求分析特定专业概念或挑战
专业性与可理解性失衡	未明确自身知识水平和需求	说明自己的背景和期望的专业解释深度
分析框架不实用	未强调实际应用价值	明确要求可操作的决策框架而非理论概述
缺少关键专业视角	未要求多角度专业分析	明确要求从多个专业角度评估

医学教育专家朱教授建议："要有效学习专业思维，最好用'情境化角色扮演'。不要简单问'医生如何诊断肺炎'，而要设置具体情境：'我是急诊室值班医生，面对呼吸困难的老年患者，如何系统评估和诊断？'这种高度情境化的问题能获得更实用的专业思维框架。"

16.2 专业术语与概念澄清

16.2.1 多层次概念解析策略

金融初学者小林遇到"量化宽松"概念时感到困惑："教材中说'是指中央银行通过购买资产增加基础货币供应的非常规货币政策'，这对我来说太抽象了。网上的解释要么过于简化（'印钱'），要么充斥着更多专业术语。"

解决方法是采用多层次解析策略。

> 请对"量化宽松（QE）"进行多层次解析。
> 我需要以下层次的解释：
> （1）入门级：用简单的日常语言和比喻解释核心含义。
> （2）机制层：解释基本运作机制和实施方式。
> （3）目的层：分析实施 QE 的经济目标和预期效果。
> （4）理论层：阐述其在货币政策理论中的定位和基础。
> （5）争议层：介绍不同经济学派对 QE 的评价差异。
> （6）案例层：通过实际国家案例说明不同实施方式和效果。

通过分层请求，小林先获得了日常语言解释（如将 QE 比喻为"中央银行用新创造的钱购买政府债券，类似于往经济系统中注入更多的流动资金"），再逐步深入到技术细节和理论争议，根据理解程度选择合适的解释层次。

刚被诊断出患有 2 型糖尿病的王阿姨可以这样提问：

> 我刚被诊断出患有 2 型糖尿病，希望从多个层次理解这个疾病。
> 请提供：
> （1）基础解释：用日常语言简明解释什么是 2 型糖尿病。
> （2）机制解释：说明身体内部发生了什么变化才导致这个问题。
> （3）管理层面：日常生活中需要关注和管理的关键方面。
> （4）治疗原理：不同治疗方法如何影响病情。
> （5）进展层面：如果管理不当可能出现的并发症及其机制。
> （6）最新研究：目前医学界的新认识和治疗方向。

这样提问会从基础解释（"2 型糖尿病是身体无法有效利用胰岛素导致血糖升高的疾病"）开始，逐步深入到胰岛素抵抗机制和药物作用原理，建立从浅显到专业的完整认知框架。

16.2.2 专业概念的关系图谱构建

自学人工智能的小张对相关概念的关系感到混乱。理解概念网络比理解单个概念更重要。

> 请帮我构建"人工智能"领域的核心概念关系图谱。
> 图谱需包括：
> （1）层级关系：清晰展示人工智能、机器学习、深度学习、神经网络等概念的包含与从属关系。
> （2）平行分类：同一层级的概念如何分类（如有监督学习与无监督学习）。
> （3）发展脉络：概念的历史发展和演变路径。
> （4）技术关联：不同技术概念之间的关联和交叉。
> （5）学习路径：概念学习的合理顺序和依赖关系。

这样提问会获得结构化的概念图谱，说明人工智能是最广泛的概念，机器学习是人工智能的子领域，深度学习是机器学习的特定方法，神经网络是实现深度学习的主要技术架构。这种概念关系厘清比孤立理解定义更有价值。

16.2.3 专业概念的实例化与具象化

经济学专业的学生小林对"边际效用递减"等抽象理论概念的理解有困难。抽象概念需要通过具体案例和日常类比来深入理解。

> 请帮我通过多种方式具象化解释"边际效用递减"原理。
> 具象化需包括：
> （1）日常生活类比：用日常经验（如吃巧克力的满足感变化）解释。
> （2）数值实例：提供能直观展示该原理的具体数字案例。
> （3）视觉化描述：将这一概念转化为图表形式呈现。
> （4）实验设计：设计一个简单的亲身体验该原理的小实验。
> （5）实际应用案例：提供该原理影响实际经济决策（如定价策略）的案例。

这样提问会通过多种具体方式解释抽象概念，例如用"第一块巧克力带来极大满足，第十块几乎没有愉悦感"的日常体验类比，以及提供具体数值案例和应用实例，将抽象理论转化为直观理解。

16.2.4　专业术语的精确区分

药学专业的学生小陈在面对药效学与药动学等相似概念时感到困惑。构建结构化的对比框架有助于精确区分。

> 请帮我构建精确区分框架，比较以下容易混淆的药理学术语对：
> （1）药效学（pharmacodynamics）与药动学（pharmacokinetics）。
> （2）生物利用度（bioavailability）与生物等效性（bioequivalence）。
> （3）半衰期（half-life）与清除率（clearance）。
> （4）拮抗剂（antagonist）与反向激动剂（inverse agonist）。
> 对每对概念的比较需包括：
> -精确的学术定义及关键区别。
> -两者关注的核心问题或过程。
> -在药物研发和临床中的不同应用场景。
> -测量方法和表示单位的差异。
> -避免混淆的记忆技巧。

这样提问会获得系统对比框架，突出本质区别（如药效学关注"药物对机体的作用"，药动学关注"机体对药物的作用"），帮助建立清晰的概念边界。

16.3　跨领域知识整合方法

16.3.1　学科交叉点的识别与映射

研究生小陈想探索人工智能与心理学的交叉研究，但不确定从何入手。识别不同学科的有效交叉点是跨领域研究的第一步。

> 请系统分析人工智能与心理学的学科交叉点。
> 分析需包括：
> （1）核心交叉研究方向的系统分类与描述（如认知建模、情感计算、人机交互等）。
> （2）每个交叉方向的研究热点和未充分探索的潜力领域。
> （3）不同交叉方向的理论基础和方法论的特点。
> （4）这些方向的实际应用前景和社会影响。
> （5）适合不同背景研究者的入门路径建议。

这样提问会获得系统学科交叉图谱，包括认知建模（用 AI 模拟人类的认知过程）、情感计算（AI 识别和情绪模拟）、人机交互（基于心理学原理设计交互）等方向，以及每个方向的研究热点和入门路径，帮助找到有前景且适合自己背景的研究切入点。

16.3.2 跨领域概念迁移方法

市场营销经理张文想将物理学中"熵"的概念应用于品牌策略研究。有效的概念迁移需要系统的方法。

请设计一个将物理学中"熵"的概念迁移应用到市场营销领域的系统方法。

框架需包括：
(1) 源领域分析：物理学中"熵"的核心含义和关键特性。
(2) 目标领域映射：营销领域中哪些现象与"熵"的概念有相似性？
(3) 迁移路径设计：如何将熵的核心机制转化为营销原理？
(4) 应用模型构建：基于"熵"原理的品牌策略分析框架。
(5) 验证方法：如何测试这一概念迁移的有效性和局限性？

这样提问会获得系统概念迁移框架，分析"熵"的核心含义（系统无序度的度量）映射到营销中的信息复杂性、品牌差异化等现象，以及如何构建实用的营销决策模型，超越简单比喻达到的理论深度并获得实用价值。

16.3.3 多学科问题的解构与整合

城市规划师林工参与的老旧社区改造项目涉及建筑、社会、经济、环境等多领域问题。复杂问题需要从多学科的视角进行分解和重构。

请从多学科的视角分解"城市老旧社区改造"这一复杂问题。
分析需包括：
(1) 物理空间维度：建筑与规划视角下的结构更新和功能优化。
(2) 社会维度：社会学视角下的社区认同和邻里关系。
(3) 经济维度：经济学视角下的投资回报和可持续运营。
(4) 环境维度：生态与工程视角下的宜居性和能源效率。
(5) 政策维度：公共管理视角下的利益协调和规划执行。

对于每个维度，请提供：
- 核心关注点和专业概念框架。

−典型评估方法和指标。
−与其他维度的交互影响和潜在冲突。
−整合建议和权衡策略。

这样提问会获得系统的多维度分析框架，从建筑、社会、经济、环境和政策多个视角理解问题，识别各维度的核心关注点和交叉影响，避免"盲人摸象"的片面理解。

16.4 知识边界识别与补充

16.4.1 知识缺口识别与管理

医学研究生李明撰写"肿瘤免疫微环境"论文时，不确定自己已有的知识是否全面且最新。系统识别知识缺口需要先构建完整的知识地图。

请构建"肿瘤免疫微环境"领域的知识地图，并系统识别我可能的知识缺口。

我已了解：肿瘤相关巨噬细胞（TAM）的基本分型、T细胞耗竭的概念、PD-L1/PD-1免疫检查点通路。

请提供：
(1) 完整的知识结构图，包括核心概念、关键机制和研究方向。
(2) 基于我已知的内容，可能存在的知识缺口和盲点。
(3) 最近3年的重要研究进展和新兴概念。
(4) 跨领域连接点（如与代谢、表观遗传学的交叉）。
(5) 系统地了解该领域的学习路径建议。

这样提问会获得肿瘤免疫微环境的系统知识地图，除已知内容外，还包括髓源性抑制细胞、肿瘤相关中性粒细胞、细胞因子网络等关键组成部分，以及最新研究热点，如空间免疫组学技术。通过与已知内容进行对比，可识别知识缺口，有针对性地完善知识体系。

16.4.2 专业知识更新与前沿追踪

金融分析师张强在准备金融科技趋势报告时担忧："我的知识大部分来自两年前的学习，不确定哪些已过时，哪些是新兴重要概念。"不同领域知识的更新速度不同，需要系统评估知识的时效性。

请评估金融科技领域的知识时效性，并设计系统的知识更新策略。

我需要：

(1) 金融科技各子领域的知识半衰期分析（哪些变化快，哪些相对稳定）。

(2) 过去 2 年中出现的重要的新概念、技术和监管变化。

(3) 可能已经过时或显著演变的概念和理论。

(4) 系统追踪该领域前沿动态的高效信息源和研究方法。

(5) 知识更新的优先级框架和定期更新计划。

这样提问会获得金融科技不同子领域的知识更新速度分析（如技术应用变化快而基础金融理论相对稳定），以及过去两年重要的新概念（如嵌入式金融、监管科技 2.0）和已演变的观点，帮助建立持续学习机制，而非仅做一次知识"补课"。

16.4.3 跨专业合作的知识对接

项目经理王明负责一个需要工程师、设计师和市场专家协作的产品开发项目，但团队成员经常"鸡同鸭讲"。不同专业人士的有效协作需要识别知识边界并建立共享理解。

请设计一个跨专业团队（工程、设计、市场）的知识对接框架。

框架需包括：

(1) 各专业领域的核心关注点、思维模式和专业语言分析。

(2) 常见沟通障碍和误解的类型与根源。

(3) 建立共享理解的关键概念和词汇表。

(4) 跨专业协作的知识转译和可视化方法。

(5) 不同阶段（构思、开发、上市）的跨专业协作重点。

这样提问会获得跨专业知识对接框架，分析工程师（关注技术可行性）、设计师（关注用户体验）和市场专家（关注目标用户）的不同思维模式和专业语言，以及常见的沟通障碍。框架会提供建立共享理解的方法，如创建跨专业词汇表、使用用户故事作为共同语言、将复杂概念可视化等，帮助建立团队成员间的"翻译层"。

16.5 专业准确性保障与事实核查

16.5.1 专业信息可靠性评估

医学生小王在准备"新冠病毒长期影响"的报告时，对网上大量的信息感到困惑。不同类型的专业信息有不同的可靠性标准。

请建立一个医学信息可靠性的多层次评估框架。

框架需包括：

（1）不同类型信息来源（同行评议期刊、专家观点、官方指南、新闻报道、社交媒体等）的可靠性等级分类。

（2）评估学术研究质量的关键指标和检查点。

（3）识别常见医学信息误导和夸大的警示信号。

（4）评估信息时效性与相关性的方法。

（5）针对不同类型信息的综合评价体系。

这样提问会获得结构化的医学信息评估框架，包括不同来源的可靠性分级（同行评议期刊＞官方指南＞专家观点＞新闻报道＞社交媒体），以及评估学术研究质量的具体指标（样本量、研究设计、统计方法等）和识别信息夸大的警示词（有"突破性"但缺乏具体数据），以帮助在信息海洋中筛选出真正可靠的专业知识。

16.5.2　专业知识的事实核查

工程师小张在设计关键系统时，需要确保对材料强度的理解准确无误。关键的专业知识需要通过系统方法进行事实核查。

我需要确保以下工程材料知识的准确性，请设计一个系统的事实核查方法：

-特定钢材在高温环境下的强度变化规律。

-该材料的疲劳强度与循环次数的关系。

-应力集中对该材料断裂风险的影响。

请提供：

（1）权威信息源识别：该领域最可靠的标准、手册和数据库。

（2）多源交叉验证策略：通过多个独立来源核实关键数据的方法。

（3）数据一致性评估：处理不同来源存在的数据差异的方法。

（4）适用条件确认：验证知识在特定应用场景的适用性的方法。

（5）关键知识的安全边界确定：设置保守估计和安全系数的方法。

这样提问会获得系统的工程材料知识的事实核查方法，包括权威信息源识别（如 ASME 标准、材料手册）、多源交叉验证策略（至少 3 个独立来源交叉核实）

以及处理数据差异的方法（如采用最保守值）和建立适当安全系数的指导，确保关键工程决策基于准确可靠的信息。

16.5.3　专业知识边界的明确标识

金融顾问王女士在为客户提供投资建议时，希望明确区分确定性知识和专业判断。专业建议常常包含不同确定性程度的内容。

请设计一个投资建议中知识确定性的分级框架。

框架需包括：

（1）投资知识的确定性等级划分（如确定事实、高度共识、主流观点、争议话题、纯粹猜测）。

（2）不同确定性级别的语言表达规范和标记方法。

（3）清晰区分和标识"事实陈述"与"专业判断"的方法。

（4）不确定性和风险程度的量化表达方法。

（5）在客户沟通中传达知识确定性的最佳实践。

这样提问会获得投资知识确定性的分级框架，包括不同级别的定义（如"确定事实"指有明确数据支持的历史信息，"专业判断"指基于分析但含有不确定性的前瞻性观点），以及相应的语言表达规范（如"历史数据显示……"或"专业分析认为……"）和不确定性的量化表达方法（如使用概率区间），帮助更专业、负责任地传达投资建议，避免客户对预测性内容产生不切实际的确定性期望。

本章小结：领域专家思维复制
——从外行到内行的知识转化之道

本章探讨了如何利用智能助手高效提取和应用专业领域知识，从模拟专家思维到整合跨领域的智慧，从澄清复杂概念到确保专业准确性。

核心方法和见解包括：

（1）领域专家模拟技巧：通过构建专业思维框架、提取实践经验和专业判断标准，模拟专家的思考方式，而非仅获取碎片知识。最关键的是设置具体情境，如表明"你是急诊值班医生，面对胸痛患者"比简单问"如何诊断心脏病"能获得更深入的专业思维。

（2）专业术语与概念澄清：专业概念需要通过多层次解析（从日常语言到专

业术语）、关系图谱构建（厘清概念网络）和具象化实例（将抽象转为具体）来真正理解。学习概念间的关系结构比记忆单个定义更重要，如理解"机器学习是人工智能的子领域，深度学习又是机器学习的特定方法"。

（3）跨领域知识整合方法：识别学科交叉点、进行概念迁移和多维度问题分解能帮助打破学科壁垒，获得更全面的复杂问题解决方案。特别是解决"城市更新""健康管理"等多维度问题时，从不同学科视角进行分解尤为重要。

（4）知识边界识别与补充：系统性地识别知识缺口、追踪前沿动态和促进跨专业合作，能帮助保持知识的前沿性和完整性。构建知识地图并与自身已知内容对比是识别盲点的有效方法。

（5）专业准确性保障与事实核查：通过分层次的信息可靠性评估、多源交叉验证和知识确定性分级，能确保获取的专业知识准确可靠，并清晰地传达其确定性程度。特别是在医疗、工程、投资等关键决策领域，系统的事实核查流程至关重要。

【实践建议】

（1）从模拟专家思维开始，先理解专业人士的思考框架，再学习具体的知识点。

（2）构建专业概念的关系网络，而非孤立记忆单个定义。

（3）使用多层次的理解策略，从日常语言到专业术语逐步深入。

（4）通过具体案例和应用场景，将抽象概念具象化。

（5）系统识别知识缺口，建立持续更新机制。

（6）区分不同确定性级别的专业知识，准确传达确定性程度。

通过这些方法，我们可以突破专业知识的获取瓶颈，不仅快速掌握新的领域知识，还能确保这些知识的准确性、系统性和实用性。无论是学术研究、职业发展还是解决具体问题，专业知识的有效提取和应用都是取得成功的关键。

DeepSeek 不仅是信息的提供者，更可以看作专业思维的模拟者、概念的澄清者、跨域知识的整合者和准确性的守护者，帮助我们在知识爆炸的时代获取真正的专业认知优势。

第 17 章
{优化输出质量}

> 从"还行"到"完美":如何提升 DeepSeek 输出内容的专业水准?

周三下午 3 点,市场经理李明盯着屏幕上 DeepSeek 生成的市场分析报告初稿,眉头紧锁。"内容还不错,但总感觉少了点什么……这样拿去给董事会看,我心里没底。"

隔壁工位的张工瞥了一眼屏幕,点头表示理解:"我也经常遇到这种情况,AI 生成的内容有信息,但缺乏那种让人眼前一亮的专业感。别担心,这只是第一步,关键在于如何优化它。"

这正是许多 DeepSeek 用户面临的共同挑战——如何将 AI 生成的初始内容转化为真正高质量的专业输出。事实上,真正的价值不在于获取初稿,而在于知道如何一步步优化它。

无论你是准备商业报告、撰写学术论文、创建教育内容,还是进行创意写作,本章将为你提供实用的策略和具体步骤,帮助你将 DeepSeek 的输出从"基本可用"提升到"令人印象深刻"的专业水准。

17.1 结构化输出设计

17.1.1 结构框架的力量:从混乱到有序

1. 优化前的痛点

张老师收到了 DeepSeek 生成的一份"青少年心理健康"主题讲座的大纲,但内容杂乱无章,重点不突出。

青少年心理健康讲座内容：社交媒体影响，压力来源包括学业压力、同伴压力和家庭期望，焦虑和抑郁症状识别，应对方法有正念冥想、规律作息，家长如何支持孩子，学校资源，专业帮助的重要性，常见误区，案例分析，预防策略……

这样的内容虽有信息，但缺乏清晰的结构，难以有效传达。

2. 优化方法：结构框架设计

要优化这类输出，可以引导 DeepSeek 设计合适的结构框架。

请帮我优化这份青少年心理健康讲座的内容，我需要一个结构清晰、层次分明的大纲：
（1）目标受众：高中生的家长和教师。
（2）讲座时长：90 分钟，包括 Q&A 环节。
（3）核心目标：提高对青少年心理健康问题的识别能力，并提供实用的支持策略。

请设计一个有效的结构框架，包括：
- 主要部分和子部分的清晰层级。
- 合理的内容进展逻辑（问题→原因→识别→应对→资源）。
- 时间分配建议。
- 每部分的具体重点和关键信息。

请确保结构能引导听众从认识问题到获得解决方案形成完整闭环。

3. 优化后的效果

通过这种引导，DeepSeek 会提供结构清晰、层次分明的输出。

【DeepSeek 回应】提供了一个系统化的 90 分钟讲座大纲，包含六个主要部分：（1）认识当代青少年面临的心理健康挑战；（2）识别心理健康问题的信号；（3）影响青少年心理健康的关键因素；（4）有效支持策略：家长与教师指南；（5）资源与支持网络；（6）问答环节。每个部分都有详细的子部分和时间分配，形成了从问题认识到解决方案的完整闭环。

这种结构化的输出使内容层次分明，逻辑流畅，让听众能清晰把握讲座的核心内容，也使演讲者能更有条理地组织材料。

17.1.2 信息层次分明：从平铺到立体

1. 优化前的痛点

销售经理王强需要一份产品培训材料，但 DeepSeek 生成的初始内容信息平铺，主次不分。

　　XPS-2000 企业安全系统培训内容：系统架构、技术规格、安装流程、配置方法、用户界面、管理功能、故障排除、常见问题、最佳实践、版本更新、技术支持、价格方案、竞品对比……

　　这种平铺式的内容让销售团队难以抓住重点，无法区分必须掌握的核心内容和辅助信息。

2. 优化方法：信息层次设计

要优化这类输出，可以引导 DeepSeek 设计清晰的信息层次结构。

　　请帮我优化这份 XPS-2000 企业安全系统的销售培训材料，我需要一个信息层次分明的结构：

　　（1）目标学习者：销售代表，技术背景有限但需要向客户专业地讲解产品。

　　（2）培训目标：90 分钟后能自信地向客户展示产品价值并回答常见问题。

　　（3）使用场景：现场培训与后续自学参考材料。

　　请设计三层信息结构：

　　-必知层：所有销售必须掌握的核心信息（关键卖点、核心优势、基本工作原理）。

　　-应知层：能够应对大多数客户提问的内容（主要功能详解、典型应用场景、常见问题解答）。

　　-可知层：处理深入的技术提问的补充知识（技术细节、高级配置、与其他系统集成）。

　　请使用视觉区分（如颜色编码、图标标记、布局变化）明确标示不同层次的内容，并确保从销售视角而非技术视角组织内容。

3. 优化后的效果

通过这种引导，DeepSeek 会提供层次分明的输出。

【DeepSeek 回应】DeepSeek 提供了一个三层结构的销售培训手册，明确区分了必知层（核心销售知识，包括产品价值主张、目标客户和简明工作原理）、应知层（深入的客户对话，包括功能模块详解、客户场景应对和常见问题话术）和可知层（技术深入，包括技术规格、高级场景和竞品对比）。使用视觉标记（★★★/★★/★）区分重要性，并从销售角度而非技术角度组织内容。

这种分层设计使销售代表能快速识别不同重要性的内容，按需学习，有效提升培训效率和实际销售表现。

17.1.3 逻辑流优化：从跳跃到流畅

1. 优化前的痛点

演讲者李强收到了 DeepSeek 生成的一份关于"数字化转型"的演讲稿初稿，但内容之间衔接生硬，缺乏自然过渡。

> 数字化转型演讲内容：企业需要数字化转型。云计算可以提高效率。人工智能能分析大数据。物联网连接设备。区块链保证安全。企业文化很重要。技术投资需要规划。实施步骤包括评估、规划、试点和推广。案例研究显示成功企业的做法。未来趋势值得关注。

这种缺乏逻辑连贯性的内容让听众难以跟随思路，降低了演讲效果。

2. 优化方法：逻辑流和过渡设计

要优化这类输出，可以引导 DeepSeek 优化内容逻辑流和过渡连接。

> 请帮我优化这份"数字化转型"演讲稿的逻辑流和内容衔接：
> （1）演讲对象：中型制造企业的高层管理团队。
> （2）演讲目标：说服他们采取数字化转型行动并提供清晰的路径。
> （3）时间限制：25 分钟。
> 请重点优化以下方面：
> －设计一个引人入胜且逻辑清晰的叙事结构。
> －为各部分内容创建自然的过渡句，避免生硬跳跃。
> －建立一条贯穿全篇的核心主线（如从挑战到机遇再到行动）。
> －增加首尾呼应元素，形成完整闭环。
> －针对制造业的具体痛点和场景定制内容。
> 请提供完整的演讲结构框架和关键过渡句示例，确保内容流畅连贯，听众能轻松跟随思路。

3. 优化后的效果

通过这种引导，DeepSeek 会提供逻辑流畅、衔接自然的输出。

【DeepSeek 回应】DeepSeek 创建了一个 25 分钟的演讲框架："制造业的数字化转型：从生存挑战到竞争优势"，包含五个逻辑递进的部分，从现实情境导入到具体实施路径。每部分之间有精心设计的过渡句（如"正是这些挑战让数字化转型从锦上添花变成了生存必需"），形成从挑战认识到行动方案的连贯叙事。结语巧妙呼应开场，形成完整闭环。整个框架针对制造业场景定制，包含具体案例和数据。

这种优化后的结构不仅内容连贯，还通过精心设计的过渡句自然引导听众跟随思路，极大提升了演讲的专业感和说服力。

17.2 内容深度与广度平衡

17.2.1 从浅尝辄止到恰到好处

1. 优化前的痛点

自媒体作者陈明收到了 DeepSeek 生成的"人工智能在医疗中的应用"一文的初稿，但内容过于平均用力，既无深度洞察也缺乏广度覆盖。

> 人工智能在医疗领域有多种应用。可以用于诊断疾病，如读取 X 光片和 CT 扫描图像。能进行药物研发，加速新药发现过程。在医院管理方面，AI 可以优化排班和资源分配。还能分析健康数据，预测疾病风险。存在的挑战包括数据隐私和算法偏见问题。未来发展前景广阔。

这种"样样都提但样样不精"的内容缺乏价值，既没有对任何方面进行深入剖析，也没有覆盖领域全貌。

2. 优化方法：深度与广度策略调整

要优化这类输出，可以引导 DeepSeek 进行内容的深度与广度平衡。

> 请帮我优化"人工智能在医疗中的应用"一文的深度与广度平衡：
> （1）目标平台：面向医疗专业人士的行业媒体。
> （2）字数限制：2 000 字左右。
> （3）读者特点：具有医学背景但 AI 知识有限的医生和医疗管理者。
> （4）传播目标：既要提供行业全景，又要对关键应用提供有深度的分析。
> 请采用以下优化策略：
> －设计"广度概览＋深度聚焦"的混合结构。
> －前半部分提供 AI 医疗应用的全景地图（分类、发展阶段、应用场景）。
> －后半部分深入分析 2～3 个最成熟的应用方向（如医学影像诊断），包

括技术原理、实际效果、实施挑战和案例分析。

- 在深度部分提供具体数据和研究证据，而非泛泛而谈。
- 确保内容既有足够的广度让读者了解全局，又有实质性的深度提供实用价值。

目标是创作一篇既全面又有深度、能真正帮助医疗专业人士理解 AI 应用的高质量文章。

3. 优化后的效果

通过这种引导，DeepSeek 会提供深度与广度平衡的输出。

【DeepSeek 回应】文章被重构为"广度概览＋深度聚焦"的混合结构。前半部分"医疗 AI 应用全景"概述了 AI 的发展阶段、技术分类和应用领域，按成熟度分类展示。后半部分"重点应用深度分析"聚焦医学影像辅助诊断，详细解析技术原理（CNN 和 Transformer 架构的特点）、实际效果（引用多中心研究数据）、实施挑战（数据隐私、监管适应性和工作流集成）及 Viz.ai 脑卒中检测平台案例分析。全文既有行业全景，又对关键应用提供了有深度的具体分析和研究证据。

这种优化结构在前半部分提供了行业全景，后半部分深入分析关键应用，既有广度又有深度，并通过具体数据和研究支持深度内容，大大提升了文章的专业价值和实用性。

17.2.2 复杂信息的简化与分层

1. 优化前的痛点

技术总监张工收到了 DeepSeek 生成的关于"微服务架构"的技术说明，但内容要么过于技术性让非技术人员难以理解，要么过于简化缺乏技术深度。

> 微服务架构是将应用程序开发为一系列小型服务的方法。每个服务运行在自己的进程中，采用轻量级通信机制。服务围绕业务能力构建，可独立部署。采用多种编程语言和数据存储技术。使用 API 网关、服务发现、容器化和编排工具。相比单体架构有更好的可扩展性和故障隔离，但增加了分布式系统的复杂性。实施需要 DevOps 文化和 CI/CD 管道。

这样的内容难以同时满足不同技术背景读者的需求，缺乏分层理解的可能性。

2. 优化方法：复杂信息分层简化

要优化这类输出，可以引导 DeepSeek 对复杂技术信息进行分层简化。

> 请帮我优化这份"微服务架构"的技术说明，使其能同时满足不同技术背景读者的需求：
> （1）多样化的读者：从业务决策者到中级开发人员都需要理解这份文档。
> （2）使用场景：内部技术选型讨论和跨团队沟通。
> （3）目标：不同背景的读者都能在适合自己的层次上理解微服务架构。
> 请使用以下分层简化策略：
> （1）为每个技术概念创建三层解释：
> ① 战略层（业务决策者视角）：业务价值和战略意义。
> ② 战术层（项目经理视角）：实施影响和资源需求。
> ③ 技术层（开发者视角）：技术细节和实现考量。
> （2）使用视觉标记明确区分不同层次的内容。
> （3）为抽象概念提供具体类比和视觉化描述。
> （4）创建关键术语表，解释技术术语。
> （5）使用渐进式复杂度，先建立基础理解再增加技术深度。
> 目标是创建一份分层的技术说明，让不同读者都能找到适合自己理解水平的内容。

3. 优化后的效果

通过这种引导，DeepSeek 会提供分层简化的复杂技术说明。

【DeepSeek 回应】DeepSeek 创建了一份分层的微服务架构指南，为每个概念提供了三层解释：战略层（业务决策者视角）、战术层（项目经理视角）和技术层（开发者视角）。例如，将微服务比喻为"将大型公司重组为多个小型专业公司"（战略层），解释为"将大型项目分解为多个可独立开发的小项目"（战术层），以及提供技术实现细节（技术层）。文档还包含架构组件、优势与挑战的分层解释、实施路径建议以及附带业务类比的术语表（如"API 网关：客户服务中心，引导请求到正确部门"）。

这种优化结构分层次呈现复杂的技术信息，使不同背景的读者都能找到适合自己理解水平的内容，同时保持技术准确性与业务相关性的平衡。通过视觉标记和类比说明，进一步增强了内容的可理解性。

17.3 数据可视化与呈现

17.3.1 从原始数据到直观图表

1. 优化前的痛点

财务分析师王强收到了 DeepSeek 生成的销售数据分析,但内容只有文字和数字,缺乏直观呈现。

> 2023 年第二季度销售分析:总销售额达 1 780 万元,同比增长 12.3%,环比增长 5.7%。按产品线划分:A 产品线 645 万元(36.2%),B 产品线 523 万元(29.4%),C 产品线 422 万元(23.7%),D 产品线 190 万元(10.7%)。按地区划分:东区 713 万元(40.1%),南区 498 万元(28.0%),西区 356 万元(20.0%),北区 213 万元(11.9%)。按销售渠道划分:直销 961 万元(54.0%),分销商 498 万元(28.0%),在线渠道 321 万元(18.0%)。

这种纯文本数据难以快速理解和从中发现重要模式,无法有效支持决策。

2. 优化方法:数据可视化策略

要优化这类输出,可以引导 DeepSeek 将数据转化为有效的可视化呈现。

> 请帮我将这份销售数据分析优化为包含有效可视化的报告:
> (1) 目标受众:公司高管和销售团队负责人。
> (2) 使用场景:季度销售回顾会议,需要快速把握关键趋势。
> (3) 可用工具:可以使用简单的图表和数据可视化设计。
> 请提供以下优化:
> —为核心数据选择合适的可视化类型(饼图、柱状图、折线图等)。
> —设计一个逻辑清晰的报告结构,整合数据并可视化。
> —提供图表设计的具体建议(颜色选择、标签布局、强调的重点等)。
> —添加简明的数据解读,引导读者关注关键发现。
> —确保可视化既美观又有实际分析价值。
> 目标是创建一份能让高管快速理解销售状况的直观报告。

3. 优化后的效果

通过这种引导,DeepSeek 会提供包含有效数据可视化的输出。
【DeepSeek 回应】DeepSeek 创建了一份包含五个主要部分的可视化报告。

这种优化后的报告通过适当的数据可视化和清晰的结构，大大提高了数据的可理解性和决策支持价值。图表选择针对不同数据类型进行了优化，并结合了数据解读，帮助读者快速把握关键信息。

17.3.2　从静态图表到数据叙事

1. 优化前的痛点

市场研究员李萍收到了 DeepSeek 生成的消费者调研报告，该报告虽然包含一些图表，但缺乏有效的数据叙事，难以传达核心见解。

> 消费者调研结果：调查了 500 名 18～45 岁的消费者。产品认知度：65%的受访者知道产品 A，42%的受访者知道产品 B，38%的受访者知道产品 C。购买意愿：36%的受访者非常可能购买，29%的受访者可能购买，18%的受访者中立，12%的受访者不太可能购买，5%的受访者非常不可能购买。购买渠道偏好：线上商店 58%，实体店铺 32%，其他渠道 10%。主要购买因素：价格（68%），质量（62%），便利性（47%），品牌（35%），推荐（28%）。年龄段差异：18～25 岁更看重品牌，26～35 岁更看重质量，36～45 岁更看重价格。

这种报告虽然包含数据，但缺乏连贯的数据故事和核心洞察，难以指导决策。

2. 优化方法：数据叙事设计

要优化这类输出，可以引导 DeepSeek 创建有效的数据叙事结构。

> 请帮我将这份消费者调研报告优化为有说服力的数据叙事：
> （1）目标受众：产品团队和市场营销决策者。
> （2）业务目标：指导制定新产品的营销策略和渠道选择。
> （3）决策需求：确定目标人群、价值主张和营销渠道。
> 请提供以下优化：
> -设计一个引人入胜的数据叙事结构，从问题到发现再到建议。
> -将分散的数据点整合为连贯的洞察故事。
> -创建数据可视化序列，形成视觉化叙事流。
> -添加明确的"数据告诉我们……"解读部分。
> -突出关键发现并提供基于数据的明确行动建议。
> 目标是创建一份不仅展示数据，更能讲述有说服力的数据故事，指导实

际业务决策的报告。

3. 优化后的效果

通过这种引导，DeepSeek 会提供具有有效数据叙事的输出。

【DeepSeek 回应】DeepSeek 创建了一份标题为"消费者洞察：发现增长机会的数据故事"的报告，使用六部分叙事结构：引言（设定市场挑战）和四个数据章节（"认知鸿沟""决策因素""渠道偏好""购买意愿"），最后是"数据驱动的行动计划"。每个章节都有关键数据可视化、"数据告诉我们"解读部分和核心洞察。例如，在渠道偏好分析中发现，"虽然大多数消费者偏好线上渠道，但高价值订单在实体店完成的比例达到 63%"。最终转化为三项具体行动建议：差异化营销信息策略、产品 C 的价值主张重塑和渠道优化策略。

这种优化后的报告不仅展示数据，而且通过有效的叙事结构和视觉流将数据连接成一个连贯的故事，明确指出关键发现和行动建议，大大提升了数据的说服力和决策价值。

17.4 个性化风格定制

17.4.1 从标准化到品牌一致性

1. 优化前的痛点

市场专员张丽收到了 DeepSeek 生成的一段公司博客文字，但内容风格通用，缺乏品牌特色。

> 人工智能（AI）正在改变企业的运营方式。企业可以利用 AI 技术提高效率，降低成本，创新业务模式。我们的 AI 解决方案帮助企业打造自动化的流程，分析数据并提供决策支持。与传统方法相比，我们的方案处理速度加快了 40%，准确率提高了 25%。如果你想了解更多信息，请联系我们的销售团队。

这种通用风格的内容无法体现品牌特色，难以在竞争中脱颖而出，从而无法建立独特的品牌特色。

2. 优化方法：品牌语气与风格定制

要优化这类输出，可以引导 DeepSeek 根据品牌风格指南优化内容。

> 请帮我将这段博客内容优化为符合我们品牌风格的文字。
> 品牌风格指南：

（1）语气特征：大胆自信、前瞻性、略带挑战性，但不傲慢。

（2）句式偏好：简短有力的陈述句与问句结合，避免被动语态。

（3）用词特点：使用科技领域的前沿术语，解释复杂概念，偶尔使用生动的比喻。

（4）品牌信息：强调我们是"AI创新者而非跟随者"，突出"实际业务价值"而非技术本身。

（5）目标受众：大中型企业的创新决策者，了解技术且关注业务成果。

公司名称：TechNova AI。

目标是创建一段既传达关键信息又明确体现我们的独特品牌风格和语气的内容。

3. 优化后的效果

通过这种引导，DeepSeek会提供符合品牌风格的优化内容。

【DeepSeek回应】DeepSeek创建了一篇标题为"重新定义可能：AI不只是工具，而是业务转型引擎"的博客文章。内容采用大胆自信、前瞻性的语气，使用反问句开头——"AI真的只是另一个企业工具吗？绝对不是"。文章强调TechNova AI提供的不是渐进式改进，而是"交付转型式飞跃"，使用了生动的比喻"当竞争对手仍在处理昨天的数据时，你已经在预测明天的趋势了"。文章将技术数据（速度加快40%、准确率提升25%）转化为业务价值表述，并以挑战性的号召结尾："准备好挑战行业常规了吗？"

这种优化后的内容明确体现了品牌的大胆自信语气、挑战性表达和前瞻定位，通过独特的品牌声音传达产品价值，使内容从标准化博客转变为有辨识度的品牌传播。

17.4.2 从通用语气到受众共鸣

1. 优化前的痛点

教育内容创作者王老师收到了DeepSeek生成的一段关于光合作用的科学解释，但内容缺乏针对性，难以引起目标受众的兴趣。

光合作用是植物将光能转化为化学能的过程。在此过程中，植物利用叶绿素捕获光能，将二氧化碳和水转化为葡萄糖和氧气。光合作用包括光反应和暗反应两个阶段。光反应发生在类囊体膜上，产生ATP和NADPH。暗反应发生在基质中，利用ATP和NADPH将二氧化碳转化为糖。这个过程对于地球生态系统至关重要。

这种内容虽然在技术上正确，但缺乏教育魅力，难以激发学生的学习兴趣。

2. 优化方法：受众导向的表达调整

要优化这类输出，可以引导 DeepSeek 针对特定受众调整表达方式。

请帮我将这段关于光合作用的内容优化为面向 12～14 岁的中学生的科学教材内容：

受众特点：

（1）认知特点：处于具体运算到形式运算的过渡期，能理解抽象概念但需要具体例子。

（2）兴趣倾向：对实际应用和"为什么"问题感兴趣，喜欢动手实验和与自身相关的内容。

（3）语言偏好：活泼生动的表达，适当的提问，能想象的场景描述。

（4）学习挑战：难以维持对抽象概念的长时间的注意力，需要将新知识与已有知识建立联系。

教育目标：

－理解光合作用的基本原理和重要性。

－激发对植物生物学的兴趣。

－建立宏观现象与微观过程的联系。

请在保持科学准确性的同时，使内容更有吸引力、更容易理解，并与学生的日常生活建立联系。

3. 优化后的效果

通过这种引导，DeepSeek 会提供面向特定学生受众的优化内容。

【DeepSeek 回应】DeepSeek 创建了一篇标题为"植物的超能力：光合作用"的教育文章。内容以引人入胜的问题开始："你有没有想过，为什么地球上所有动物都需要吃东西才能活下去，而植物却只需要阳光、水和空气就能生存？"将光合作用描述为植物的"超能力"，并将叶子比喻为"神奇的太阳能食物工厂"。光合作用的过程被分解为三个易于理解的步骤：收集原料、能量转换工厂开工和成果转化。文章还包含简易实验建议、思考挑战问题和与日常生活的连接（"下次当你在树下乘凉时，记得感谢这些安静的'超级英雄'"）。

这种优化后的内容针对中学生的认知特点和兴趣倾向进行了定制，使用生动的比喻、提问和相关联系增强了内容吸引力，同时保持科学准确性，将抽象概念转化为易于理解和想象的形式。

17.5 迭代优化策略

17.5.1 从初稿到精品的系统方法

1. 优化前的痛点

许多用户在获得 DeepSeek 的初始输出后不确定如何系统性地改进它，优化过程缺乏结构和方向，常常只是进行表面修改而非实质性的提升。

2. 系统优化的框架方法

以下是将 DeepSeek 的输出从初稿优化为精品的系统性框架。

（1）第一阶段：结构评估与优化。

① 目标与读者契合度检查。

- 内容是否完全匹配预期目标？
- 结构是否适合目标受众的阅读习惯？
- 信息层次是否符合受众的认知模式？

② 结构骨架优化。

- 是否需要调整整体框架（问题-分析-解决方案、时间序列、对比结构等）？
- 各部分比例是否合理？关键部分是否得到了足够的篇幅？
- 逻辑流是否顺畅？各部分转换是否自然？

③ 信息层次重组。

- 是否需要更清晰的层级标题？
- 重点信息是否得到视觉强调？
- 是否需要添加导航元素（目录、摘要、关键点提示等）？

（2）第二阶段：内容深度与广度优化。

① 深度评估。

- 核心议题是否得到了充分深入的分析？
- 是否提供了足够的证据、案例或数据支持？
- 内容是否超越表面讨论，提供了独特洞见？

② 广度检查。

- 是否覆盖了主题的关键方面？
- 是否考虑了不同的视角和可能的异议？
- 是否缺失重要的背景信息或前提知识？

③ 内容丰富策略。
- 添加具体案例和实例。
- 引入相关数据和研究发现。
- 增加多角度分析和比较。

（3）第三阶段：表达与呈现优化。

① 语言表达优化。
- 语气和风格是否与目标受众和品牌一致？
- 是否使用了最有效的修辞手法（类比、比喻等）？
- 句式和段落结构是否多样且富有节奏感？

② 可视化增强。
- 哪些内容适合转化为图表或其他视觉元素？
- 如何设计可视化以最佳地传达信息？
- 可视化与文本的配合是否和谐有效？

③ 格式与排版改进。
- 文本布局是否易于阅读？
- 强调元素（粗体、斜体、项目符号等）的使用是否恰当？
- 空间分配是否平衡且引导注意力？

（4）第四阶段：质量保证与最终确认。

① 准确性与一致性检查。
- 事实和数据是否准确？
- 术语使用是否一致？
- 论点是否首尾一致，没有自相矛盾？

② 目标实现度评估。
- 内容是否有效实现了最初设定的目标？
- 是否解决了预期的问题或提供了所需的信息？
- 是否激发了预期的情感或行动动机？

③ 最终润色。
- 开头是否引人入胜？
- 结尾是否有力且能给人留下深刻印象？
- 整体节奏和流畅度是否达到最佳？

17.5.2 实战示例：从一般到优秀的具体操作

1. 初始输出：一般质量的产品描述

以下是 DeepSeek 生成的一段初始产品描述。

> 智能家居助手 HomeSmart 是一款智能设备，可以控制家中的灯光、温度、门锁和娱乐系统。它支持语音控制，可以与其他智能设备连接，并且可以通过应用程序远程控制。HomeSmart 具有人工智能功能，可以学习用户的习惯并自动调整设置。它安装简单，价格合理，是现代家庭的理想选择。

2. 第一轮优化：结构和深度改进

请帮我对这段产品描述进行第一轮优化：

（1）目标：这是面向普通消费者的产品描述，目标是引起兴趣并促进购买。

（2）需要解决的问题：

-结构不清晰，缺乏逻辑。

-内容过于概括，缺乏具体细节。

-价值主张不明确，没有说明为何与众不同。

请优化结构和内容深度，增加具体细节和价值主张，但保持使用消费者友好的语言。

【DeepSeek 回应】DeepSeek 创建了一个结构化的产品描述，分为三个主要部分：(1)"智能生活，从掌控开始"（介绍全方位的环境控制、增强安全系统和个性化娱乐体验的具体功能）；(2)"超越命令的智能"（详细说明学习用户习惯、预测性功能和智能场景联动的能力）；(3)"为忙碌生活设计"（解释无缝集成的兼容性、30分钟自助安装和多用户控制功能）。每部分都有明确的子项目符号，提供了具体细节，如"兼容市场上95％的主流智能设备"和"一个'电影模式'指令可同时调暗灯光、关闭窗帘、启动音响系统"。

3. 第二轮优化：表达和视觉呈现增强

请对产品描述进行第二轮优化：

（1）现在我们有了更好的结构和内容深度，但表达和视觉呈现仍有提升空间。

（2）需要解决的问题：

-语言风格可以更有吸引力，以产生情感共鸣。

−缺乏视觉元素和直观呈现。
−没有具体展示用户体验场景。
请优化表达方式和视觉呈现，增加情感连接和使用场景描述，使产品描述更具吸引力和说服力。

【DeepSeek 回应】进一步优化了产品描述，增加了生动的场景描述（如"周五傍晚，当您驾车驶入社区，HomeSmart 已悄悄为您预热了家……"），添加了视觉元素标记（如产品图片、用户互动示意图和系统连接图）并使用图标增强视觉吸引力，加入了具体用户体验引述，如"安装 HomeSmart 后的第三天，我 6 岁的女儿发烧了……"以建立情感连接。结构更加视觉化，使用分隔线和行动按钮描述增强销售感召力，并添加了"现在购买，享受 30 天无忧退货保证"等服务保证。

4. 第三轮优化：品牌一致性和受众定制

请对产品描述进行第三轮优化：
（1）我们现在有了结构清晰、表达生动的产品描述，但需要进一步定制。
（2）额外信息：
−品牌风格：TechLife 公司以简约现代、注重实用性而非炫技著称。
−目标受众：30～45 岁的都市专业人士和小家庭，重视时间效率和生活品质。
−竞争差异：产品最大的特点是业内最先进的学习算法和能源效率。
请调整内容，使其更符合品牌风格和目标受众特点，并突出核心竞争优势。

【DeepSeek 回应】DeepSeek 进行了最终定制，将标题调整为更符合简约品牌风格的"HomeSmart：简化生活，提升品质"。开头加入品牌理念："在 TechLife，我们深信真正的科技创新不在于复杂功能，而在于它如何无缝融入您的日常，为您节省最宝贵的资源——时间。"内容重心聚焦于专业人士的实际需求（早晨效率提升、离家安心保障、高效能源管理），突出了专利 DualLearn™ 学习算法的独特优势和业内领先的 26% 的能源节省数据。删减了过于花哨的表述，保持简约实用的品牌风格，并以"投资未来生活"而非简单的"购买"作为号召，更符合目标受众的价值观。

这个三轮优化的例子展示了如何从一般的产品描述，通过系统的优化步骤，逐步提升为具有专业水准、符合品牌风格、针对目标受众定制的高质量内容。每一轮优化都有明确的目标和重点，从结构和深度到表达和视觉呈现，再到品牌一致性和受众定制，形成了一个完整的优化流程。

本章小结：从普通输出到专业杰作的优化质量提升之术

本章探讨了如何系统地优化 DeepSeek 的输出质量，从初始生成到具有专业水准的完整路径。通过实际案例和具体方法，我们展示了优化不是简单的文字修改，而是一个结构化的提升过程。

关键策略和见解包括：

（1）结构化输出设计是优化的第一步，通过合理的结构框架组织内容，将混乱转为有序。无论是应用"问题-原因-解决方案"结构优化演讲稿，还是使用"必知-应知-可知"层次设计培训材料，结构优化都能显著提升内容的清晰度和有效性。

（2）内容深度与广度平衡是优化的核心挑战，需要根据目标和受众找到最佳平衡点。"广度概览＋深度聚焦"的混合策略和分层次的内容设计能有效应对这一挑战，确保内容既全面又有深度。

（3）数据可视化与呈现将抽象数据转化为直观理解，从原始数据到有效图表，再到完整的数据叙事，这一过程能极大提升信息的可理解性和说服力。

（4）个性化风格定制使内容从标准化转向独特性，通过品牌特色调整和受众导向的表达优化，使内容能够与特定群体产生情感共鸣，提升传播效果。

（5）迭代优化策略提供了从初稿到精品的系统方法，通过结构、内容、表达和定制的多轮优化，实现内容质量的持续提升。这种方法论使优化过程变得可控、系统和高效。

【实践建议】

（1）优化始于明确的目标和受众，这是所有后续决策的基础。

（2）优化是分阶段的，先解决结构问题，再深化内容，然后优化表达，最后进行针对性的定制。

（3）使用结构化框架（如本章提供的优化框架）指导每一步优化，避免主观随意性。

（4）对比优化前后的版本，分析改进点，积累个人的优化经验库。

（5）每轮优化聚焦于 1～2 个关键方面，避免同时处理过多问题。

通过这些方法，我们可以系统地将 DeepSeek 的初始输出转化为具有真正专业水准的内容，无论是商业报告、教育材料、技术文档还是营销内容，都能达到令人印象深刻的质量水平。

优化不是魔法，而是方法论。掌握了本章介绍的系统优化方法，你就能充分发挥 DeepSeek 的潜力，创造出超越初始期望的高质量内容。

第四部分 未来展望篇

第 18 章
DeepSeek 个人创业与收入倍增指南

如果你正在寻找一种低成本、高效率的创业方式，或者想要在现有工作之外开拓新的收入来源，那么这一章会给你带来实实在在的帮助。作为一款强大而灵活的 AI 助手，DeepSeek 不仅能提升你的工作效率，还能成为你创业致富的得力助手。

18.1 DeepSeek 创业者的市场机会

2025 年的今天，我们站在一个特殊的时间点上：DeepSeek 等 AI 工具已经从科技前沿走入普通人的日常生活，但大多数人还停留在浅层使用阶段。这种"普及但未精通"的状态正是个人创业者的黄金机会期。

18.1.1 2025 年 DeepSeek 创业红利期

1. 为什么现在正是用 DeepSeek 创业的最佳时机

你有没有发现，周围越来越多的人开始谈论 AI，但真正懂得如何用好它的人却不多。这就是我们面临的现状：AI 工具已经普及，但大多数人还停留在浅层使用阶段。

据调查，目前超过 70% 的职场人士已经尝试使用 AI 工具，但只有不到 15% 的人能够熟练地将其应用到工作中。这意味着什么？意味着懂得如何有效利用 DeepSeek 的人拥有巨大的先发优势。

2. 三个你不能错过的市场机会

（1）知识鸿沟填补市场。当大部分人还在问"DeepSeek 能做什么"的时候，你可以教他们"如何用 DeepSeek 做得更好"。

现实情况是，大多数人只用到了 DeepSeek 能力的冰山一角。他们可能知道如何问一些简单问题，但不知道如何利用深度思考模式解决复杂问题，不知道如何设计有效的提示词，也不知道如何将 DeepSeek 融入自己的工作流程。

这里有巨大的培训和咨询机会。之前是教师的李老师抓住了这个机会，开发了一套"DeepSeek 高效使用"课程，专门面向教育工作者。她每月举办两期线上培训，每期收费 298 元，平均每期有 60~80 人参加，月收入轻松突破 2 万元。

（2）垂直领域应用市场。通用型 AI 工具在特定专业领域往往表现一般，这就是为什么结合行业知识的 DeepSeek 应用如此有价值。

比如，一位有多年人力资源经验的赵女士利用 DeepSeek 开发了一套"智能简历优化＋面试指导"服务。她结合自己的专业知识，为 DeepSeek 提供了精准的行业上下文，使其能够针对不同岗位生成高质量的简历内容和面试建议。服务价格从基础版的 199 元到高级版的 899 元不等，月服务 100 多位求职者，收入超过 5 万元。

记住：DeepSeek＋你的专业知识＝独特的竞争优势。

（3）内容创作爆发市场。随着短视频、公众号、小红书等平台的持续火热，优质内容的需求量激增，但创作者的时间和精力有限。DeepSeek 可以成为内容创作者的"秘密武器"。

我的朋友小王原本是一名财经博主，每周最多能写出 2 篇深度文章。自从学会利用 DeepSeek 后，他的内容产量翻了三番，同时质量不减反增。更关键的是，他将多出来的时间用于拓展新的收入渠道——开发付费专栏和财经课程，月收入从最初的 5 000 元增长到现在的 3 万多元。

3. 这个窗口期能持续多久

坦率地说，像现在这样的黄金创业期不会无限延续。随着更多人学会有效使用 DeepSeek，一些简单的创业机会会逐渐饱和。但好消息是，根据技术扩散曲线分析，这个窗口期预计还会持续 3~5 年。关键是要尽早入场，建立自己的品牌和客户基础。先行者不仅能享受较低的竞争压力，还能在未来市场成熟时拥有更强的定价权和更高的客户忠诚度。

18.1.2　DeepSeek 创业者的独特优势

作为个人创业者，你可能会担心无法与大公司竞争。但事实上，在 DeepSeek

创业领域，个人创业者反而有着独特的优势。

1. 优势一：轻装上阵，成本低，效率高

传统创业往往需要大量的前期投入，但 DeepSeek 创业可以实现"轻资产"模式。除了 DeepSeek 的使用费外，你几乎不需要其他大额投资。

王先生原来经营一家小型内容创作公司，雇用了 4 名全职员工，月运营成本接近 5 万元。年初他转型为提供"DeepSeek 创作助手"服务，只需要他一个人就能完成之前团队的工作量，同时服务质量和客户满意度也都有所提升。他现在的月运营成本不到 1 万元，但收入却增长了 30%。

2. 优势二：专业知识变现更容易

DeepSeek 让你的专业知识和经验变得更加可扩展。过去，你的时间是有限的，服务客户的数量也受到限制。但现在，你可以将专业知识转化为 DeepSeek 提示词、工作流程和指导方案，大幅提升服务效率和扩大覆盖范围。

税务顾问张女士原来每月只能服务 10～15 位客户，收入上限很明显。自从使用 DeepSeek 辅助工作后，她开发了一套"小微企业税务规划"半自动化服务，每月可以服务 40～50 位客户，收入增加了两倍多。最关键的是，她的工作时间反而减少了，有更多时间陪伴家人。

3. 优势三：灵活应变，快速调整

相比大公司的层层决策流程，你可以根据市场反馈快速调整策略。这在快速变化的 AI 领域尤为重要。

林先生开发的"DeepSeek 文案训练营"最初反响平平。通过与学员深入交流，他发现人们更需要的不是通用文案技巧，而是针对特定平台（如小红书、抖音）的内容策略。仅用两周时间，他就重新设计了课程内容，并将价格从 199 元调整到 399 元。令人惊喜的是，报名人数不减反增，一个月内就实现了盈利。

4. 优势四：真诚连接，建立信任

在 AI 服务领域，用户信任至关重要。相比冰冷的公司品牌，个人创业者更容易建立真诚的人际连接和信任关系。

陈老师是一名英语教育工作者，她利用 DeepSeek 开发了针对初高中学生的"AI 英语写作辅导"服务。她不仅提供技术支持，还真诚分享自己使用 DeepSeek 的经验和心得，定期在社群中与家长和学生互动。这种个人化的服务方式使她的客户续订率高达 80%，远超行业平均水平。

5. 优势五：小众市场，大有可为

大公司通常专注于主流市场，而忽视那些规模较小但利润可观的细分领域。

作为个人创业者，你可以在这些小众市场中占据有利位置。

周先生注意到一个被忽视的需求：农产品电商卖家的内容创作。这些卖家大多来自农村地区，既缺乏写作技巧，又没有专业的摄影设备。他开发了"农产品上架全套服务"，利用 DeepSeek 生成产品描述和营销文案，帮助卖家提升产品展示质量。这个小众市场竞争少、需求真实，让他轻松月入过万。

18.2　DeepSeek 变现的黄金赛道

18.2.1　内容创作与优化领域

内容创作是 DeepSeek 最直观的应用场景之一，也是个人创业者最容易进入的领域。随着自媒体平台的普及和企业内容营销需求的增长，优质内容供不应求，而 DeepSeek 恰好可以解决这一痛点。

1. 实战方向一：内容创作服务

如果你有一定的写作基础或内容感知能力，可以考虑提供 DeepSeek 辅助的内容创作服务。不同于传统写手，DeepSeek 创作服务的核心竞争力在于效率和多样性。

我的读者小陈原本是一名自由写手，每篇 5 000 字的文章需要 2～3 天才能完成，月收入在 8 000 元左右。学习使用 DeepSeek 后，她将工作流程重新设计为：

（1）用 DeepSeek 的深度思考模式分析选题和目标受众。

（2）设计详细的内容大纲。

（3）分段生成初稿内容。

（4）人工编辑和润色。

（5）DeepSeek 辅助修改和优化。

现在她每天能完成 1～2 篇高质量文章，客单价也从过去的 800 元增加到 1 200 元，月收入突破 2 万元。更重要的是，她不再感到写作压力巨大和创作枯竭，工作也变得更加轻松。

如何起步？

- 从你熟悉的领域开始，结合 DeepSeek 打造 2～3 个内容样本。
- 在自由职业平台（如猪八戒、甜薪工场、小蜜蜂云工作等）发布服务。
- 为前几位客户提供特惠价格，换取真实评价。
- 建立项目管理流程，提高 DeepSeek 的使用效率。
- 逐步建立个人品牌，提高服务定价。

2. 实战方向二：多平台内容矩阵

现在的内容创作者面临一个挑战：要在多个平台保持活跃，但每个平台的内容形式和受众偏好各不相同。DeepSeek 可以帮助你构建高效的"一次创作，多平台分发"体系。

王女士是一位健康领域的内容创作者，过去只专注于微信公众号，每周发布一篇文章。通过 DeepSeek 的帮助，她建立了完整的内容矩阵：

（1）公众号内容保持深度长文。
（2）小红书发布实用小技巧和生活案例。
（3）抖音制作简短的健康科普视频。
（4）知乎回答相关的问题并引流。

她的工作流程是：先创作一篇核心文章，然后让 DeepSeek 将其改写为适合不同平台的多种形式。这种策略使她的总粉丝量从 1 万增长到了 8 万，带来了品牌合作和课程销售机会，月收入从 3 000 元增长到 2 万多元。

如何起步？
- 选择 1~2 个主平台和 2~3 个辅助平台。
- 利用 DeepSeek 分析各平台的内容特点和用户偏好。
- 设计"一文多发"的内容转化流程。
- 建立内容发布日历，保持各平台的更新频率。
- 利用 DeepSeek 分析内容表现数据，持续优化策略。

3. 实战方向三：SEO 内容优化服务

随着各类网站和电商平台竞争加剧，搜索引擎优化（SEO）的需求也越来越大。DeepSeek 对文本的深度理解能力使其成为 SEO 内容优化的理想助手。

李先生原本是一名网站编辑，偶然发现 DeepSeek 在 SEO 内容优化方面的强大能力后，他开发了一套"DeepSeek SEO 内容优化服务"：

（1）利用 DeepSeek 分析目标关键词和竞争情况。
（2）生成 SEO 友好的内容结构和大纲。
（3）创建包含适当关键词密度的高质量内容。
（4）优化标题、描述和元标签。
（5）提供内部链接建议。

他的服务特别受中小电商和内容网站的欢迎。基础服务包每月收费 1 500 元，高级服务包每月收费 5 000 元，目前已有 20 多位固定客户，月收入 4 万元左右。

如何起步？
- 学习 SEO 基础知识，了解主流搜索引擎的排名机制。
- 使用 DeepSeek 分析高排名内容的特点和模式。
- 为自己或朋友的网站做 SEO 内容优化，积累案例。
- 针对不同预算的客户，设计不同层次的服务包。
- 通过数据证明自己服务的价值（如排名提升、流量增长）。

18.2.2　个性化服务与咨询领域

DeepSeek 的强大之处在于它可以处理复杂信息并生成个性化建议，这使得提供专业咨询和个性化服务变得更加高效和可扩展。

1. 实战方向一：AI 增强型专业咨询

如果你在某个领域有专业知识和经验，DeepSeek 可以帮助你将一对一咨询转变为可规模化的业务。

赵律师有多年的法律咨询经验，但传统咨询模式限制了他的客户数量和收入。通过 DeepSeek，他创建了分层次的法律咨询服务：

（1）基础层（199 元/次）：客户填写详细情况表单，DeepSeek 生成初步分析和建议，赵律师进行简要审核。

（2）标准层（499 元/次）：除基础分析外，增加法律风险评估、相关法规解读和初步解决方案，赵律师提供个性化的意见。

（3）高级层（1 500 元/小时）：传统的一对一咨询，但赵律师会提前用 DeepSeek 做充分准备，提高咨询效率和价值。

这一模式使他的月咨询量从 30 人次增加到 150 人次，月收入从 3 万元增加到 5 万元，同时工作时间反而减少了。

如何起步？
- 梳理自己的专业知识体系，识别哪些部分可以由 DeepSeek 辅助完成。
- 设计标准化的客户信息收集表单。
- 为 DeepSeek 创建专业领域知识库和提示词模板。
- 制定明确的服务边界和免责声明。
- 建立质量控制机制，确保相关专业的准确性。

2. 实战方向二：个性化方案定制服务

许多人需要个性化的解决方案，但传统定制服务的价格往往过高。DeepSeek 可以帮助你提供经济实惠的"半定制"服务。

张教练是一位健身教练，过去只能为少数付得起私教费用的客户提供服务。现在，他利用DeepSeek开发了"智能健身规划服务"：

（1）客户填写详细的身体状况、健身目标和条件限制。
（2）DeepSeek生成初步的健身计划和饮食建议。
（3）张教练审核并微调方案。
（4）提供4周计划执行指导和调整。

这项服务的定价为299元/月，远低于私教费用（通常为2 000～3 000元/月），使更多人能够负担得起专业健身指导。张教练现在每月服务100多位客户，收入超过3万元，比之前做私教时高出50%。

如何起步？
- 将你的专业服务流程拆分为多个环节，识别出可由DeepSeek完成的部分。
- 设计标准化但可定制的方案模板。
- 建立客户反馈和方案调整机制。
- 提供不同价位的服务包，满足不同客户的需求。
- 突出人机协作的独特价值，既有AI的效率，又有人工的专业把关。

3. 实战方向三：情感与生活咨询服务

除了专业领域咨询，DeepSeek在情感支持、生活建议等方面也有独特的优势。这些领域虽然看似主观，但恰恰需要多角度的思考和共情能力。

陈女士曾是一名心理咨询师助理，她发现很多人都面临着日常情感困惑，但并不需要专业心理咨询。于是，她创建了"AI情感导师"服务：

（1）提供结构化的问题，引导客户详细描述情况。
（2）使用DeepSeek分析情况并生成多角度的解读。
（3）提供实用建议和沟通策略。
（4）根据需要提供后续跟进和调整。

她提供单次咨询（99元）和月度会员（298元/月，含4次咨询）两种选择。这一服务特别受年轻人的欢迎，目前约有500名活跃用户，月收入约3万元。

如何起步？
- 明确服务边界，区分日常情感困惑和需要专业心理咨询的情况。
- 设计有效的问题框架，帮助用户清晰表达困扰。
- 利用DeepSeek的角色扮演能力，设计不同风格的咨询模式。
- 建立严格的隐私保护机制。
- 收集成功案例（匿名处理），展示服务价值。

18.2.3 教育培训与技能提升领域

教育培训是 DeepSeek 的另一个黄金应用领域。在终身学习成为常态的今天，个性化、高效的学习方法和工具需求量巨大。

1. 实战方向一：学习辅导与答疑服务

传统教育资源分配不均，优质师资有限。DeepSeek 可以帮助你构建高效的学习辅导系统，满足大量学生的个性化需求。

李老师是一位高中数学教师，课余时间有限，无法满足所有学生的辅导需求。于是，他利用 DeepSeek 开发了"数学题解析助手"服务：

（1）学生通过小程序上传题目和自己的解题过程。
（2）DeepSeek 分析题目，生成详细解析和思路引导。
（3）对学生的解题过程给出有针对性的反馈。
（4）推荐相关知识点和练习题。

李老师每天晚上会花 1~2 小时审核 DeepSeek 的解析质量，确保专业方面的准确性。这项服务以 99 元/月的价格吸引了 300 多名付费用户，为李老师带来了近 3 万元的月收入。

如何起步？
- 选择你熟悉的学科或领域。
- 收集典型题目和问题，训练 DeepSeek 生成高质量的解析。
- 设计用户友好的提交和反馈系统。
- 建立质量监控机制，确保解析的准确性。
- 根据用户反馈不断优化服务。

2. 实战方向二：技能培训课程开发

传统课程开发耗时费力，而且难以满足个性化的需求。DeepSeek 可以帮助你快速开发针对性强、互动性好的技能培训课程。

赵先生是一名产品经理，擅长数据分析。他注意到许多职场人士希望提升数据分析能力，但缺乏系统学习路径。于是，他利用 DeepSeek 开发了"7 天数据分析实战营"。

（1）利用 DeepSeek 设计循序渐进的学习路径和课程大纲。
（2）根据不同学员的背景提供个性化的学习建议。
（3）每天布置实操练习，DeepSeek 提供详细反馈。
（4）学员可随时提问，获得有针对性的解答。

(5) 课程结束后提供个性化的技能评估和提升建议。

这个课程采用"小班制"运营，每期限制 30 人，售价 499 元/人。每月开班两期，为赵先生带来了约 3 万元的月收入。最重要的是，学员满意度高达 95%，复购率和推荐率也很高。

如何起步？
- 选择有实用价值且你擅长的技能方向。
- 利用 DeepSeek 进行市场调研，明确目标学员的痛点和需求。
- 设计模块化、可实践的课程内容。
- 建立学习社群，增强学员互动和学习动力。
- 收集学员成功案例，证明课程价值。

3. 实战方向三：DeepSeek 使用培训

随着 DeepSeek 等 AI 工具的普及，越来越多的人希望学习如何有效使用这些工具。作为 DeepSeek 的深度用户，你可以将自己的使用经验转化为培训服务。

张女士原本是一名内容运营人员，通过系统学习和实践掌握了 DeepSeek 的高级应用技巧。她开发了一系列的 DeepSeek 培训课程：

(1) 入门班：DeepSeek 基础功能和使用方法（99 元）。
(2) 进阶班：提示词工程和深度思考模式应用（299 元）。
(3) 专业班：行业特定场景下的 DeepSeek 应用（599 元）。
(4) VIP 班：一对一指导和定制化的应用方案（1 999 元）。

这些课程既有线上录播形式，也有直播互动环节。张女士每月能吸引 100 多名学员，月收入超过 4 万元。更重要的是，这一业务为她带来了大量咨询和合作机会。

如何起步？
- 系统整理你在使用 DeepSeek 过程中的心得和技巧。
- 针对不同行业和场景，开发专用的提示词模板和工作流程。
- 设计浅显易懂的教学内容，注重实用性。
- 提供学员实践机会并建立反馈机制。
- 持续关注 DeepSeek 的更新和新功能，及时更新课程内容。

18.3　DeepSeek 创业者的核心能力养成

要在 DeepSeek 创业中取得成功，除了基本的工具操作外，还需要培养一系列关键能力。这些能力将帮助你从众多普通用户中脱颖而出，获得真正的商业价值。

18.3.1 商业洞察与机会识别能力

在 AI 工具普及的今天，单纯的工具使用技巧已不足以形成竞争力。真正的差异化优势来自你识别市场需求和商业机会的能力。

1. 用户痛点挖掘

学会发现隐藏的市场需求是成功的第一步。最有价值的商业机会往往隐藏在人们的抱怨和困难中。通过关注行业社群中的高频问题、分析竞争对手评论区的用户反馈以及观察人们愿意花钱解决的问题，你可以发现潜在的创业机会。

张先生原本只是一名普通设计师，但他注意到小企业主经常抱怨"找不到既便宜又专业的品牌设计服务"。这个观察启发他创建了"7 天品牌设计包"服务，利用 DeepSeek 辅助快速生成多个设计方案，价格仅为传统设计公司的 1/3。这项直击痛点的服务一经推出就获得了大量订单。

2. 差异化战略思维

在竞争日益激烈的市场中，差异化是生存的关键。你需要清晰表达为什么客户应该选择你而非竞争对手。专注于特定目标客户群体，解决特定场景下的具体问题，并提供独特的服务体验或流程，这些都是有效的差异化策略。

陈先生没有简单地提供"AI 内容创作"服务，而是专注于"电商平台产品描述优化"这一细分领域。他开发了一套基于 DeepSeek 的"转化率提升系统"，通过分析高转化率产品的描述模式，为客户生成有针对性的内容。这个明确的差异化定位使他在众多内容服务提供者中脱颖而出，客单价也比通用服务高 40%。

3. 规模化与效率思维

DeepSeek 创业的独特优势在于可以实现个人服务的规模化，这需要特定的思维模式。将复杂的专业服务拆解为可重复的标准化流程，识别可模板化和自动化的环节，设计质量控制的关键检查点，这些都是实现规模化的基础。

周先生提供简历优化服务，他将整个流程分解为：信息收集（标准表单）→行业分析（DeepSeek）→关键词提取（自动化工具）→内容生成（DeepSeek）→专业审核（人工）→格式优化（模板库）→反馈调整（标准流程）。这种标准化使他能够同时处理数十份简历，同时保证一致的质量。

18.3.2 行业知识与 DeepSeek 融合之道

不少人误以为有了 DeepSeek 就不需要专业知识了,这是一个危险的误解。事实上,真正的竞争优势来自将你的专业知识与 DeepSeek 的能力深度融合,形成独特的价值组合。

1. 专业领域的深耕与积累

无论技术如何发展,深厚的专业知识永远是稀缺资源。系统地梳理你所在领域的知识体系,为 DeepSeek 提供准确的专业背景。绘制领域核心概念和原理图谱,整理行业特定术语和最佳实践,收集典型案例和解决方案。

陈医生是一位营养师,她将自己十年里积累的专业知识整理成一个结构化的"营养健康知识库",包含常见健康问题、饮食建议、食材属性和科学研究。当客户咨询时,她能够引导 DeepSeek 准确理解专业背景,生成既有科学依据又符合实际的建议,而不是泛泛而谈的通用答案。

2. 人机协作的最优平衡

找到人类专业判断与 DeepSeek 效率之间的最佳平衡点是成功的关键。根据专业价值和复杂度,合理分配人机任务。低复杂度、高重复性的任务交给 DeepSeek,高判断性、创造性的环节由人类负责,中间地带采用 "AI 辅助+人工审核" 的模式。

张顾问提供市场调研服务,她采用三层结构:数据收集和初步分析由 DeepSeek 完成;模式识别和趋势总结采用 AI 草拟+人工审核;战略建议和机会评估则完全由她亲自负责。这种分层设计既保证了服务效率,又凸显了她的专业价值。

将 DeepSeek 定位为强大的辅助工具而非替代品。专家设定问题框架和分析方向;DeepSeek 提供广泛信息和初步分析;专家评估、筛选和整合 AI 输出,最终做出决策和判断。

周先生是投资顾问,他使用 DeepSeek 协助分析财报和市场数据,但始终强调:"DeepSeek 帮我处理数据和发现模式,但投资决策需要考虑更复杂的因素,这是我的专业价值所在。"这种清晰的人机分工赢得了客户的信任,他们愿意为这种"数据+专业判断"的组合支付高额咨询费。

18.3.3 个人品牌与影响力构建

在 DeepSeek 创业中,打造个人品牌是一项关键投资。强大的个人品牌不仅可以降低获客成本，还能提高定价权和客户忠诚度。

1. 个人品牌定位与形象设计

明确你能为客户提供的独特价值和专业身份，包括你的专业领域和特长，你能解决的核心问题，你的方法论或特色理念，以及你的差异化竞争优势。

刘女士是一名人力资源专家，通过深入思考，她将自己定位为"AI辅助的人才发展教练"，专注于帮助年轻管理者快速提升团队领导力。这个清晰的定位帮助她从众多人力资源顾问中脱颖而出，成为这一细分领域的知名专家。

建立跨平台一致的专业形象，包括视觉识别系统（头像、配色、设计风格）、语言风格和表达特点、内容主题和专业立场，这些都有助于提高品牌识别度和增加记忆点。

2. 内容营销与社群运营

设计系统化的内容计划，内容主题聚焦于你的专业定位，内容形式适配不同平台的特点，内容深度满足不同阶段受众的需求，保持稳定和持续的更新节奏。

李教练是一名职业发展顾问，她规划了完整的内容矩阵：每周一发布职场技能提升文章（公众号），周三分享案例分析（知乎），周五推出简短的实用技巧（小红书）。DeepSeek帮助她高效创作这些内容，保持稳定更新，6个月内就建立了相当强的行业影响力。

建立以提供价值为核心的专业社群，包括明确的社群定位和价值主张、持续输出的专业内容和资源、促进互动和参与的活动设计。

陈老师创建了"新媒体创作者成长营"社群，利用DeepSeek帮助她生成每日行业动态、工具使用指南和创作灵感。她将重点放在设计有价值的互动活动和解决成员的实际问题上，使社群保持高活跃度，成为她业务的核心增长引擎。

18.4 DeepSeek实战变现模式详解

掌握了市场机会和核心能力后，下一步就是选择适合自己的变现模式。DeepSeek创业的优势在于可以灵活采用多种商业模式，构建多元稳定的收入来源。

18.4.1 知识付费与订阅服务模式

知识付费是个人创业者最易入手的变现模式，而DeepSeek能让这一模式更加高效和可持续。

1. DeepSeek 驱动的知识产品开发

（1）数字课程与学习系统。DeepSeek 可以帮你开发更有针对性、更具交互性的数字课程。

郑老师是一位投资教育者，过去她的课程只有标准的录播视频和 PDF 讲义。利用 DeepSeek 后，她增加了"智能练习系统"——学员输入自己分析的股票，获得个性化的点评和建议。这一改变使课程完成率从 35% 提升到了 78%，复购率大幅提高，课程定价也从 699 元上调至 1 299 元。

关键流程为：
- 用 DeepSeek 分析目标学员的需求和痛点。
- 设计循序渐进的学习路径和知识体系。
- 创建结构化的课程内容和个性化的练习。
- 设计社群互动和实践环节。

（2）专业工具包与模板库。将你的专业知识转化为即用型工具包和模板。

李先生将多年积累的营销策划方法论整理成"营销策划师提示词宝库"，包含 200 多个经过优化的提示词模板，覆盖市场分析、用户画像、创意构思等多个环节。这个产品以 299 元的价格上线，首月就售出了 500 份，获得了近 15 万元收入。

产品形态包括：
- 垂直领域的 DeepSeek 提示词库。
- 特定任务的工作流程模板。
- 专业文档和表格模板。
- 决策辅助工具和框架。

（3）数字社区与会员制。创建基于 DeepSeek 支持的专业社区。

张女士创建了"职场加速营"会员社区，每周使用 DeepSeek 生成行业动态简报、职场案例分析和实用工具，每月举办两次直播答疑。这个社区以每月 128 元或每年 1 280 元的价格吸引了 800 多名会员，月收入超过 8 万元。

2. 订阅服务设计与管理

（1）分级会员制设计。设计多层次的会员体系，满足不同需求和预算。

刘老师的英语学习社区设计了三级会员：
- 学习会员（99 元/月）：基础学习资料＋AI 批改。
- 进阶会员（299 元/月）：增加定制学习计划＋小组指导。
- VIP 会员（599 元/月）：增加一对一辅导＋深度学习反馈。

这种分级设计让不同预算的学员都能找到适合的服务。

（2）持续价值输出与内容复用。设计持续创造价值的机制，降低会员流失率。

赵先生的投资社区有固定的内容节奏：第一周是市场分析，第二周是投资策略，第三周是个股案例，第四周是答疑。这种稳定节奏让会员明确了预期，提高了续订率。

陈老师将两年来社群中的高频问题和回答借助 DeepSeek 整理成《新手投资者指南》电子书，作为新会员的入门资料，同时作为单独产品销售，创造了额外收入。

18.4.2 DeepSeek 辅助咨询与服务

如果你有专业知识和经验，DeepSeek 可以帮你将其转化为高效、可扩展的咨询服务。

1. 分层服务模式设计

（1）三层服务架构。大多数成功的 DeepSeek 咨询服务采用三层架构：

- 自助服务层：主要由 DeepSeek 提供（99～299 元）。
- 半定制服务层：DeepSeek 初步分析＋专业审核（299～999 元）。
- 深度咨询层：专家全程参与＋DeepSeek 辅助（1 000 元以上）。

赵律师过去只提供 1 500 元/小时的面对面咨询。现在他提供三种服务：199 元的合同条款审核（DeepSeek 分析＋简要检查）、599 元的法律文书定制（他设计框架，DeepSeek 生成初稿，他把关）和 1 500 元/小时的复杂案件咨询。客户群从小众精英扩展到普通中小企业主，月收入增长了 3 倍。

（2）"尝鲜"与升级路径。低价服务不仅可以创收，而且可以建立信任和引导升级。

王老师的入口服务是 99 元的"英语能力诊断"，DeepSeek 根据学生样本进行全面分析。约 60％ 的客户会升级到 699 元的"8 周英语提升计划"，30％ 的客户会选择 3 980 元/月的一对一辅导。

2. 专业服务流程再造

（1）标准化的服务前置工作。在许多专业服务中，数据收集和初步分析占用了大量时间，这部分可以高度标准化。

张顾问设计了一套企业财务状况调查表，客户填写后，DeepSeek 生成初步的分析报告和优化方向。这让他可以直接从有价值的咨询环节，而不是基础数据整理开始，效率提高了 70%。

（2）人机分工与协作设计。明确哪些环节由 DeepSeek 处理，哪些必须由专家把关。

李医生的营养咨询服务中，客户填写健康状况问卷后，DeepSeek 生成初步的评估和建议。李医生审核并根据专业判断调整，特别是针对特殊健康状况的客户。这种分工让她既保证了专业质量，又将服务效率提高了 3 倍。

18.4.3　DeepSeek 内容创作与 IP 开发

内容创作是 DeepSeek 最易上手的变现方向，无论是自媒体、出版还是 IP 开发。

1. 内容创业的新思维

（1）一次创作，多形态分发。DeepSeek 让一次创作、多平台分发变为现实。

刘女士每周只创作一篇深度文章，然后利用 DeepSeek 将其转化为公众号文章、知乎问答、小红书卡片和抖音脚本。覆盖人群从 2 万增至 15 万，月收入从 4 000 元增至 3 万多元。

（2）垂直细分与差异化定位。市场上通用内容已经饱和，垂直领域的专业内容有巨大的发展空间。

张先生将重点从普通科技内容转向"中老年人的数字生活"，用 DeepSeek 创作专为 50 岁以上人群设计的科技内容。这个精准定位使粉丝忠诚度大幅提升，广告和课程收入增长 300%。

2. DeepSeek 驱动的内容效率提升

（1）创意发现与批量创作。DeepSeek 解决内容创作最困难的起始阶段和持续更新问题。

陈女士负责公司的营销内容，她列出领域关键词，让 DeepSeek 生成 30 个以上潜在选题，再筛选出最有价值的角度。这不仅解决了选题困难，还提升了内容表现。

李先生每月初用 DeepSeek 规划整月的内容主题，每周日集中 4 小时完成一周的创作。更新频率从月均 3 篇提升至周均 2 篇，粉丝增长率提升 150%。

（2）多媒体扩展与 IP 打造。DeepSeek 帮助创作者突破单一形式的限制，构建系统化 IP。

郑先生将文章转化为视频脚本、图解和互动测试，提升内容的多样性和传播力。抖音粉丝量从 0 增至 20 万，带动付费社群和课程销售。

黄女士借助 DeepSeek 重新定位为"结构思维导师"，打造系统化个人 IP，包括视觉形象、语言风格和内容框架。半年内从默默无闻成长为职场 KOL，获得了品牌合作和出版邀约。

本章小结：DeepSeek 创富密码
——从零打造个人 AI 商业王国

通过深度融合专业知识与 DeepSeek 的能力，你能够创造出远超单纯工具使用者的价值。记住，在竞争日益激烈的市场中，专业深度和独特洞察将是你持久的竞争壁垒。

我们探索了 DeepSeek 创业的各个方面——从市场机会、核心能力到实战变现模式，希望你已经对如何利用这个强大的工具开创自己的事业有了清晰的认识。

正如我们所讨论的，DeepSeek 创业的美妙之处在于它的低门槛和高可能性。你不需要大量的资金投入，不需要复杂的团队结构，甚至不需要深厚的技术背景。无论你是想在现有工作之外增加收入来源，还是希望全身心投入一项新的事业，DeepSeek 都能成为你的得力助手。

但请记住，工具永远只是工具，创造真正价值的始终是你。DeepSeek 可以帮你更高效地工作，但决定成功的仍然是你的专业知识、服务品质和对客户需求的理解。在大多数人还在惊叹 AI 的神奇时，你已经思考如何将其转化为实际的商业价值了，这正是领先一步的智慧。

技术红利期不会永远持续，先行者总能获得更多机会。希望你能从本章中找到启发并付诸实践，开创属于自己的 AI 创业之路。

期待不久的将来，能听到你利用 DeepSeek 创业成功的故事。加油！

第 19 章

企业 DeepSeek 赋能与商业价值实现

在前一章，我们探讨了个人如何利用 DeepSeek 创业并实现收入倍增。现在，让我们将视角转向企业层面，看看 DeepSeek 这一强大的 AI 助手如何在组织中释放价值，推动业务增长与创新。无论是在中小企业还是在大型集团，DeepSeek 都能成为企业数字化转型的加速器和竞争优势的构建者。

19.1 企业 DeepSeek 转型战略与准备

当许多企业领导者看到竞争对手开始应用 AI 时，自然会产生跟进的冲动。然而，没有清晰战略和充分准备的 AI 导入很可能沦为昂贵的技术展示，无法获得真正的商业回报。DeepSeek 作为一种新型 AI 工具，要真正发挥其价值，需要企业从战略高度进行思考和规划。

19.1.1 DeepSeek 转型驱动因素与价值定位

1. 为什么现在是企业导入 DeepSeek 的关键窗口期

2025 年，我们处于生成式 AI 从早期探索向规模化应用过渡的阶段。一方面，这项技术已经足够成熟，能够解决实际业务问题；另一方面，应用模式和最佳实践正在形成，先行者依然可以获得显著优势。

王先生是一家中型制造企业的 CEO，他回忆道："一年前，我们只是听说过这项技术；半年前，我们开始小范围地试用；而现在，DeepSeek 已经融入了我们的日常运营，每月为企业节省超过 20 万元的成本，客户响应速度提升了 15%。

关键是我们行动得比竞争对手早了半年。"

2. 不同类型企业的 DeepSeek 价值定位

DeepSeek 的价值体现因企业规模和行业特点而异，找准自身的切入点至关重要。

（1）大型企业的价值定位。

对于大型企业，DeepSeek 最显著的价值在于提升组织效率、打破"信息孤岛"，并增强决策质量。徐女士是某跨国企业中国区的副总裁，她解释道："在我们这样的大型组织中，信息分散在不同部门和系统中，造成了决策延迟和资源浪费。DeepSeek 帮助我们打通了这些壁垒，我们建立了基于企业数据的专属知识库，使各级员工都能快速获取所需信息，减少了近 60% 的内部沟通成本。"

大型企业的 DeepSeek 战略通常围绕以下几个方面：构建企业专属知识库以融合内外部数据、推动跨部门协作与知识共享、优化复杂业务流程和决策系统、提升客户服务质量和响应速度。

（2）中小企业的价值定位。

与大型企业不同，中小企业通常资源有限，DeepSeek 对于它们的核心价值在于用有限的投入获得规模化的能力，实现"小团队，大产出"。张先生经营着一家 50 人的外贸公司，他分享道："以前我们 5 人的市场团队每周最多能处理 3~4 个国家的市场报告和营销内容。引入 DeepSeek 后，同样的团队现在能覆盖 12 个国家的市场，产出的内容质量还得到了提升。更重要的是，我不需要投入数百万元建设 IT 系统，月投入不到 2 万元就实现了这样的效能提升。"

中小企业的 DeepSeek 战略通常关注：扩展业务覆盖范围、减少重复性工作以释放人力资源、提升专业服务质量以增强市场竞争力、快速响应市场变化以提高业务敏捷性。

（3）特定行业的价值定位。

不同行业有各自的痛点和机会，DeepSeek 的价值也会有所不同。金融行业的核心价值在于风险控制和客户体验平衡。徐行长介绍："我们将 DeepSeek 应用于贷款审核辅助决策，既提高了 30% 的审批效率，又降低了 8% 的不良率。同时，客户满意度提升了 25%，因为系统可以提供更个性化、更及时的反馈。"

而在制造行业，工程师张先生发现最大的价值在于知识传承和问题诊断："我们将 30 年的设备维护经验和技术文档输入 DeepSeek 构建的知识库，新员工的培训时间从 6 个月缩短至 2 个月，故障诊断准确率提高了 40%。这在技术工人老龄化的今天，解决了我们的核心痛点。"

3. 四象限分析法：找准你的 DeepSeek 价值切入点

要确定企业的 DeepSeek 应用重点，可以使用"价值-难度"四象限分析法。

（1）高价值、低难度（立即行动区）：例如客户服务自动化、销售辅助工具等。

（2）高价值、高难度（战略投资区）：例如智能决策系统、产品创新平台等。

（3）低价值、低难度（选择性实施区）：例如内部文档管理、会议纪要生成等。

（4）低价值、高难度（暂缓实施区）：当前阶段投入产出比不高的应用。

李先生是某零售连锁企业的首席信息官（CIO），他分享道："我们对企业内 30 多个可能的 DeepSeek 应用场景进行了四象限评估。优先实施了客服自动化、商品描述生成和门店销售辅助三个'高价值、低难度'的项目，3 个月内就实现了投资回报，这使管理层充满信心，支持我们进一步推进其他应用场景。"

19.1.2　组织准备度评估与分阶段实施路径

在开始 DeepSeek 转型之前，企业需要客观评估自身的准备度，并据此制定合适的实施路径。我们发现，许多企业在引入 DeepSeek 时过于急躁，忽视了组织准备工作，最终导致应用效果不佳。

1. 企业 DeepSeek 准备度的五大维度

（1）数据资产与知识管理成熟度。DeepSeek 的价值在很大程度上依赖于它能够获取和处理的企业数据与知识。评估标准包括：企业是否有清晰的数据治理架构，关键业务数据是否具备完整性与准确性，企业知识是否有结构化沉淀和管理机制，是否具备必要的数据处理能力。

（2）流程标准化与文档化水平。DeepSeek 在标准化程度高的流程中发挥的效果更好。运营总监李先生表示："我们在销售流程上应用 DeepSeek 遇到了困难，因为每个销售代表都有自己的方式，没有统一的标准。我们先花时间进行了流程梳理和标准化，再导入 DeepSeek 辅助工具，效果才显著提升。"

（3）员工数字素养与学习能力。技术工具再先进，最终也需要人来使用。人力资源总监张先生分享道："我们低估了员工适应新工具的时间。最初推广 DeepSeek 时，只提供了简单培训，结果大部分员工只会使用最基础的功能。后来我们针对不同岗位设计了循序渐进的学习路径，使用效果才明显改善。"

（4）IT 基础设施与集成能力。DeepSeek 需要与企业现有系统进行整合才能发挥出最大价值。IT 总监王先生指出："很多企业忽视了系统集成的复杂性。我们花一个月的时间完成了 DeepSeek 与 CRM 系统的对接，让销售人员可以无缝获取客户信息和建议。这个投入是值得的，因为它将工具使用门槛降到了最低，大大提高了采纳率。"

（5）创新文化与变革管理能力。技术变革本质上是组织变革。CEO 赵先生感慨道："最初我以为 DeepSeek 转型是技术问题，后来发现最大的挑战是文化和心态。有些团队担心 AI 会替代他们，产生抵触情绪；有些则期望过高，认为 AI 能解决所有问题。建立正确的认知和积极的心态比技术导入本身更重要。"

2. 四级准备度模型与实施路径

基于上述五个维度的评估，企业可以确定自身准备度等级，并据此选择合适的实施路径。

- Level 1（起步期）：适合的路径是"打基础，小切口"，先夯实基础能力，同时选择非核心业务领域进行小范围试点。
- Level 2（发展期）：适合的路径是"双轨并行，重点突破"，一方面实施能力提升计划，另一方面在数据质量较好的领域先行应用。
- Level 3（成熟期）：适合的路径是"系统规划，全面推进"，制定全面的 DeepSeek 战略，系统性地推进应用落地。
- Level 4（领先期）：适合的路径是"价值创新，生态构建"，将 DeepSeek 深度融入企业核心竞争力，开发创新产品和服务。

3. 分阶段实施策略

无论企业的准备度如何，分阶段实施都是确保 DeepSeek 转型成功的关键。有效的分阶段策略通常包括：

- 阶段 1：探索与概念验证（2～3 个月）：明确目标、选择小型试点、评估价值。
- 阶段 2：扩展与优化（3～6 个月）：扩大应用范围、完善流程和集成方案。
- 阶段 3：规模化与制度化（6～12 个月）：企业级推广、建立完善的管理机制。

CIO 李先生分享道："最初我们规划了 18 个月的转型计划，第一阶段只投入了总预算的 15%，在验证价值后才逐步增加投入。这种渐进式方法降低了风险，也让各级管理者有足够的时间调整心态和理念，最终实现了顺利推广。"

19.2　企业 DeepSeek 核心应用场景

了解了企业 DeepSeek 转型的战略框架后，我们来深入探讨具体的应用场景。

这些场景已在众多企业实践中证明了其价值，可以作为你规划自身应用的参考。

19.2.1 运营效率提升与智能决策支持

企业运营中存在大量重复性的工作和复杂的决策场景，这些都是 DeepSeek 能够带来显著价值的领域。

1. 文档处理与知识管理自动化

企业每天要处理海量文档，包括合同、报告、邮件等，这些工作既烦琐又耗时。张律师是某大型企业的法务总监，他分享道："以前我们团队每周要审阅数百份合同，工作量巨大且容易产生疲劳失误。现在我们使用 DeepSeek 预审系统，它能自动识别合同中的关键条款和潜在风险点，为法务人员提供初步分析。这使我们的审核效率提高了 65%，准确率也上升了 15%，因为人工审核可以专注于复杂问题。"

主要应用模式包括：自动摘要和重点提取、文档分类与智能存档、合同分析与风险识别、多语言文档翻译和处理、知识库构建与智能检索。

2. 业务流程自动化与决策辅助

除了文档处理，DeepSeek 还能深度参与业务流程，辅助甚至部分替代人工决策，特别是在标准化程度高的业务环节。王经理负责某电商公司的客户服务中心："我们将 DeepSeek 应用于退换货审核流程，系统能根据政策、历史交易和图片证据自动审核 80% 的常规退货申请，只有 20% 的复杂案例需要人工处理。这不仅提高了效率，更重要的是实现了审核标准的一致性，客户满意度提升了 30%。"

主要应用模式包括：流程异常识别与预警、自动审核与批准、决策建议与依据生成、规则引擎与政策执行、情景分析与风险评估。

3. 数据分析与商业智能增强

数据分析是企业决策的基础，而 DeepSeek 能够使这一过程更加高效和智能化。分析师赵先生是某零售集团的数据主管："传统的商业智能（BI）系统提供的是静态报表，需要分析师解读和挖掘见解。我们将 DeepSeek 与 BI 系统集成后，管理层可以直接用自然语言提问并获得见解，如'上个季度哪类产品增长最快，背后的原因是什么'。系统会自动分析数据并生成解读，同时提出行动建议。这使数据真正成为决策工具，而不仅仅是参考资料。"

借助 DeepSeek 增强的数据分析系统，企业能发现隐藏的商机。吴经理分享道："我们发现了一个被忽视的市场细分——35～45 岁的中产阶层女性对高端厨房电器的兴趣正在快速增长。我们据此调整了营销策略，3 个月内相关品类的销售增长了 46%。"

4. 实际案例：中型制造企业的运营效率提升

江总经营着一家汽车零部件制造企业，员工约 500 人。他分享了 DeepSeek 带来的综合效益："我们从三个方面部署了 DeepSeek：首先是技术文档管理，将积累 30 年的设计图纸、工艺文件和问题解决案例构建成知识库；其次是生产计划优化，系统根据订单、库存和产能情况自动生成计划建议；最后是质量管理，使用 DeepSeek 分析生产数据，预测可能的质量问题。"

"三个方面的综合效果是：设计效率提升了 40%，生产计划优化带来了 15% 的产能提升，质量问题的预警准确率达到了 85%，挽回潜在损失约 200 万元/月。总体投资回报期不到 4 个月。最大的收获是，我们从一个依赖个人经验的传统制造企业转变为一个数据驱动、知识沉淀的现代企业。"

19.2.2 产品创新与客户体验革新

除了内部运营效率的提升，DeepSeek 在产品创新和客户体验方面也有巨大的潜力，这往往直接关系到企业的市场竞争力和增长机会。

1. 产品设计与创新加速

产品创新既需要创造力，也需要系统性的思考和市场洞察，DeepSeek 在这两方面都能提供有力支持。设计总监赵先生分享道："以前我们的产品创新依赖头脑风暴和市场调研，往往局限于现有思路。引入 DeepSeek 后，在开发新一代智能家电时，系统能基于海量市场反馈、技术趋势和竞品分析，生成数十个创新概念和功能建议，其中很多是我们团队未曾想到的。"

产品经理李先生补充了一个具体的例子："我们在开发健康监测手环时，DeepSeek 帮助我们发现了一个被忽视的用户痛点：夜间数据收集对睡眠的干扰。基于这一洞察，我们重新设计了佩戴感知和数据采集策略，产品在市场评测中因'几乎无感的睡眠监测'获得了高度评价，成为产品的最大卖点。"

2. 内容创作与营销优化

企业需要持续创作大量内容以支持营销和用户沟通，DeepSeek 在这一领域的价值已得到广泛验证。营销总监王先生表示："传统营销团队很难同时满足数量和质量的要求。借助 DeepSeek，我们重塑了内容创作流程。营销策略师专注于创意方向和关键信息，DeepSeek 则负责拓展内容，以适应不同渠道和受众。这使我们的内容产出提升了 400%，同时保持了品牌调性的一致性。"

主要应用模式包括：定制化营销文案生成、多语言内容本地化、产品描述和亮点提炼、社交媒体内容规划与创作、个性化电子邮件和营销活动设计。

内容总监吴先生分享道："传统 SEO 内容创作既费时又难以保证质量。我们使用 DeepSeek 建立了半自动化内容工厂，策略团队负责核心框架和关键洞见，DeepSeek 负责内容扩展和多形式变现。结果是内容产出增加 300％，转化率提高 25％，团队规模却无须扩大。"

3. 客户服务与体验提升

与客户的每一次互动都是体验的组成部分，DeepSeek 可以在多个维度提升这些互动的质量和效率。客服总监陈先生介绍道："我们将 DeepSeek 融入客服体系后，实现了三重价值。首先，简单问题由 AI 直接回答，复杂问题由 AI 辅助人工处理；其次，每位客服都能获得实时的话术建议和产品信息；最后，系统能自动识别情绪波动和潜在投诉，帮助及时干预。这使得整体客户满意度提升了 32％，客服效率提高了 40％。"

体验官李先生分享了一个细节："DeepSeek 最大的价值不仅在于自动回答问题，更在于它能理解问题背后的意图。例如，当客户询问'如何连接 WiFi'时，系统会进一步询问'您是在设置新设备还是解决连接问题'，然后提供更精准的帮助。这种理解意图的能力使解决问题的效率提高了 60％。"

4. 实际案例：新零售企业的客户体验革新

赵总是一家融合线上线下的新零售企业的负责人，他详细分享了 DeepSeek 是如何革新客户体验的："我们的业务横跨实体店和线上渠道，客户期望一致且个性化的体验。通过 DeepSeek，我们构建了'全渠道客户大脑'，连接了所有触点的数据。"

"线上方面，产品推荐变得更加精准，DeepSeek 不仅考虑购买历史，还分析浏览行为和内容偏好，甚至考虑季节和天气因素，转化率提升了 28％。线下方面，店员配备了 DeepSeek 助手应用，能够即时获取顾客的购买历史和偏好，提供更有针对性的服务。"

"售后服务实现了真正的无缝衔接，无论客户通过哪个渠道购买或咨询，系统都能提供完整的上下文。重复解释的情况减少了 80％，问题的解决时间缩短了 45％。最让我惊喜的是，DeepSeek 能够从日常互动中自动识别产品改进机会和新需求，指导产品迭代。这一系列变革使我们的净推荐值（NPS）从 42 提升到了 68，远超行业平均水平。"

19.3 垂直行业 DeepSeek 应用实践

虽然 DeepSeek 有许多通用的应用场景，但各行业也有其独特的挑战和机会。下面我们将探讨几个典型行业的实践案例，看看 DeepSeek 如何解决行业特定难题。

19.3.1 金融与零售行业的 DeepSeek 应用案例

金融与零售行业直接面向消费者，既需要严格的风控，又追求优质的客户体验，这一矛盾正是 DeepSeek 能够平衡的关键点。

1. 金融行业：风控与体验的平衡艺术

徐行长分享他的银行实践："我们将 DeepSeek 应用于三个关键场景。首先是智能客服，它能处理 90％的常规查询，并能准确识别需要人工介入的复杂问题；其次是贷款预审核，系统根据客户资料和历史数据给出初步评估，大幅缩短了审批周期；最后是反欺诈系统增强，DeepSeek 能从交易模式和客户行为中识别异常，欺诈检测率提高了 30％。"

金融行业 DeepSeek 的应用亮点包括：智能风控与欺诈检测、投资组合分析与建议、合规审查与文档处理、个性化金融产品推荐、客户行为分析与流失预警。

2. 零售行业：个性化体验的规模化实现

零售行业的核心挑战是如何在保持规模效益的同时提供个性化的体验。零售总监李先生分享道："我们的实体连锁店借助 DeepSeek 实现了三方面的突破。首先是智能商品管理，系统根据历史销售、季节因素和地域特点自动调整各店库存；其次是个性化的营销，每位会员收到的推送都基于其独特偏好；最后是店员赋能，前线员工通过应用能即时获取商品知识和客户建议，显著提升了服务质量。"

电商负责人王先生补充了线上应用案例："传统推荐系统以历史购买为基础，而我们的 DeepSeek 增强系统更进一步，能理解产品文本描述和用户评论。例如，当顾客搜索'适合徒步的舒适鞋子'时，系统不仅考虑徒步鞋类别，还会分析评论中提到的'舒适'的产品，这使推荐准确性提高了 35％。"

3. 实际案例：区域银行的全面转型

张行长领导的区域性商业银行通过 DeepSeek 实现了业务的全面提升："作为

中型银行，我们面临大型国有银行和互联网金融的双重竞争压力。我们将 DeepSeek 作为战略工具，在 3 年内推动了全面转型。"

"首先是风控体系升级。我们建立了基于 DeepSeek 的智能风控平台，整合了客户历史、行业数据和宏观指标。这使我们的不良贷款率降低了 0.8 个百分点，同时贷款规模增长了 15％。"

"其次是客户服务智能化。我们的智能银行应用能够提供 24/7 的服务，柜员和客户经理配备 DeepSeek 助手，能够提供更专业的咨询。这使客户满意度从行业中游提升到了前 20％。"

"再者是产品创新加速。例如，我们发现特定客户群体对'灵活期限、按需支取'的理财产品有强烈需求，据此设计的新产品在半年内吸引了 20 亿元的存款。"

"最关键的是人才效能提升。DeepSeek 帮助我们将核心业务知识体系化，通过智能学习系统，新员工的培训周期从平均 6 个月缩短至 3 个月。3 年下来，我们的成本收入比降低了 5 个百分点，客户数增长了 30％，市场份额提升了 2.5 个百分点。"

19.3.2 制造与医疗行业的 DeepSeek 应用案例

制造和医疗行业虽然看似传统，但恰恰是能从 DeepSeek 的使用获益最大的领域，因为这些行业拥有丰富的专业知识和数据，同时面临效率和精准度的双重挑战。

1. 制造业：知识传承与智能工厂

制造业正面临技术工人老龄化和数字化转型的双重压力，DeepSeek 能够帮助企业实现知识传承和生产智能化。工程总监李先生分享道："我们是一家有 50 年历史的精密制造企业，核心技术主要依赖资深工程师的经验。我们将图纸、工艺文件、问题解决案例和老师傅的经验进行系统化沉淀，形成了企业专属的知识库。现在，年轻工程师遇到问题，可以直接向系统请教，获得精准建议和相关案例。新员工的培养周期从原来的 3 年缩短至 1 年，大大降低了人才断层的风险。"

工厂总监夏先生补充了智能生产方面的经验："我们将 DeepSeek 与工厂自动化系统结合，构建了'数字孪生＋AI 决策'的智能工厂。系统能根据订单情况、材料供应和设备状态自动优化生产计划；同时通过分析传感器数据预测设备故障，实现预防性维护。这使我们的产能提高了 18％，能耗降低了 12％，设备故障停机时间减少了 35％。"

2. 医疗行业：精准诊疗与效率提升

医疗行业面临着专业知识繁复、人力资源紧张的挑战，DeepSeek 正通过私有化部署方式为医疗机构提供强大支持。陈主任介绍了三甲医院的应用案例："我们医院在 2025 年初完成了 DeepSeek 医疗版的私有化部署，经过严格的数据安全评估和临床验证后，系统已在多个科室投入使用。最显著的价值体现在三个方面。首先是辅助诊断。尤其在影像科，DeepSeek 能快速分析 CT、MRI 等大量图像，标记可疑区域并提供初步判读建议，使影像医生的效率提高了 40%，对于早期病变的检出率提高了 15%。系统特别注重提供判断依据和参考案例，提升了医生的信任度。"

"其次是临床决策支持。DeepSeek 能够整合患者病史、检查结果和最新医学文献，为复杂病例的诊治提供多角度的参考方案。在会诊讨论中，系统能实时提供相关研究和临床指南，帮助医生制定更精准的治疗计划。值得强调的是，所有决策都由医生做出，DeepSeek 只提供支持信息。"

"最后是行政效率提升。医生的大量时间被报告撰写和文书工作占用，DeepSeek 能自动生成初步报告，医生只需审核修改，节省了 30%～50% 的文书时间。这对提高医生的满意度和减轻倦怠感有显著帮助。"

技术总监赵先生补充了私有化部署的重要性："医疗数据极为敏感，必须严格保障安全和隐私。我们选择私有化部署 DeepSeek，确保所有数据处理都在医院内部完成，不对外传输。系统还实施了严格的访问控制和审计机制，每次操作都有详细记录。这种安全架构获得了伦理委员会和医院管理层的一致认可，是医疗 AI 应用的必要条件。"

3. 实际案例：某大型医院的 DeepSeek 全面应用

王院长领导的三甲医院是 DeepSeek 医疗应用的标杆案例，他详细分享了实施经验："我们医院拥有 2 000 多张床位，日均门诊量超过 5 000 人次。引入 DeepSeek 后，我们首先建立了基于本院历史数据的'医疗知识库'，包含典型病例、诊疗规范和专家经验。其次，我们将该系统与医院现有的医院信息系统（HIS）和图像存储与传输系统（PACS）深度集成，使 DeepSeek 能够获取完整的病历信息和检查数据。"

"在放射科，DeepSeek 能自动分析胸片、CT 等影像，标记可疑区域并给出初步判读，工作效率提高了 30%。在临床科室，DeepSeek 辅助医生完成病历书写、检查单生成等常规工作，同时能根据患者的情况提示潜在风险。在药房，DeepSeek 自动检查处方的合理性，识别潜在药物的相互作用和禁忌证，处方审核效率提高了 40%，药物相关不良事件减少了 25%。"

"我们特别重视医生在这一过程中的主导作用。DeepSeek 的定位始终是辅助工具，所有临床决策都由医生做出。实施效果超出预期：医疗质量指标全面提升，医生的工作满意度明显提高，患者等待时间减少了 30%。投资回报周期约 18 个月，考虑到医疗质量提升和风险降低的长期价值，这是非常成功的投资。"

19.4　DeepSeek 企业实施方法与人才建设

了解了各行业的应用案例后，接下来我们关注如何有效实施 DeepSeek 项目，并构建支持长期发展的组织能力和人才体系。

19.4.1　业务流程重塑与知识库构建

DeepSeek 的价值不仅在于技术本身，更在于如何将其与业务流程深度融合，并基于企业的知识资产构建专属能力。

1. 业务流程重塑方法论

简单地将 DeepSeek "添加" 到现有流程中通常难以发挥其全部价值，真正的转型需要重新思考业务流程。咨询总监赵先生分享道："我们辅导过数十家企业的 DeepSeek 实施项目，最成功的案例都遵循'诊断-重塑-融合-优化'的方法论。首先是全面诊断现有流程的痛点和瓶颈；然后基于理想状态重新设计流程；接着明确 DeepSeek 在各环节的角色定位和价值贡献；最后通过数据反馈持续优化。"

流程重塑的核心步骤包括：价值流分析、痛点与机会映射、流程再设计、变革管理、持续优化。李副总分享了一个典型案例："我们重塑了售后服务流程，通过价值流分析，我们发现 80% 的客户问题集中在 20% 的主题上。我们重新设计了流程，建立了统一的知识库，并明确了 AI 和人工的分工。结果是客户等待时间减少了 70%，问题一次性解决率提高了 45%。"

2. 企业知识库构建策略

DeepSeek 的强大之处在于它能够理解和应用企业特定领域的知识，因此构建高质量的知识库是成功的关键。知识管理部许总监解释道："企业知识库是 DeepSeek 发挥价值的基础，但许多企业低估了这一工作的复杂性。我们采用'四层金字塔'模型构建知识体系：底层是基础数据和文档；第二层是结构化的信息；第三层是经验和案例；顶层是原则和方法论。这种分层方法使知识库既有深度又有广度。"

知识库构建的核心策略包括：全面盘点与分类、质量评估与优化、结构化与关联、持续更新、安全与访问控制。技术总监丁先生补充："知识库不仅是资料的集合，更重要的是建立知识的结构和关联。例如，我们为每个产品创建知识图谱，连接其规格、功能、适用场景、常见问题和维护记录等信息。这种结构化的方法使 DeepSeek 能够提供更全面、更精准的回答。"

3. 提示词工程与行业适配

DeepSeek 的表现在很大程度上取决于提示词设计的质量，这已成为企业应用的关键技能。应用专家李先生解释道："提示词工程是连接业务需求和 AI 能力的桥梁。我们发现，即使使用同样的基础模型和数据，不同的提示词策略也可能导致 30%～50% 的性能差异。在企业场景中，良好的提示词需要结合行业术语、业务规则和质量标准，我们通常需要 10～15 轮的迭代才能达到理想效果。"

产品经理刘先生分享具体案例："在设计客服系统提示词时，我们不仅包含了技术问题解答，还融入了品牌调性指南和情感交流原则。例如，我们明确指导系统，对老年用户应提供更详细的步骤说明，对专业用户可使用更多技术术语。这些细节极大提升了客户满意度。我们最终形成了一套包含 60 多个场景的提示词模板库，成为公司的核心资产。"

4. 实际案例：制造企业的流程重塑与知识库建设

总工程师李先生分享了他们公司的全面实施经验："作为一家拥有 40 年历史的设备制造商，我们面临的最大挑战是技术知识传承和全球化服务支持。首先，我们进行了全面的知识资产盘点，整合了设计图纸、技术手册、维修案例、专家经验谈等各类资料，建立了统一的知识库。其次，我们重新设计了服务流程，引入了 DeepSeek 辅助分诊系统，对问题进行初步诊断和分类，约 60% 的问题能通过远程指导解决。"

"同时，我们特别重视提示工程的优化，设计了针对设备故障诊断的专业提示词模板。实施效果超出预期：服务响应时间从平均 24 小时减少到 4 小时，现场服务需求减少 40%，客户满意度提升 35%。更重要的是，我们将设备售后服务从成本中心转变为利润中心，开发了基于 DeepSeek 的远程诊断和预测性维护服务包，为公司创造了新的收入来源。"

19.4.2 员工赋能与人机协作的新模式

技术的价值最终取决于使用它的人。DeepSeek 转型成功的关键在于如何培养人才，建立高效的人机协作模式。

1. 员工培养与赋能体系

DeepSeek 的导入将改变许多工作岗位的职责和技能要求，企业需要系统性地帮助员工适应这一变革。人力资源总监李女士分享道："我们发现，单纯的工具培训效果有限，全面的员工赋能需要'认知-技能-应用-创新'四层进阶。首先是帮助员工理解 AI 的能力边界；其次是提供分层次的技能培训；然后是在实际工作中应用并获得反馈；最后是鼓励员工创新工作方式。"

有效的员工赋能策略包括：分层培训体系、赋能型学习社区、项目实战训练、创新激励机制、持续学习文化。培训经理李先生补充："我们设计了'DeepSeek 应用专家'认证项目，分为基础、进阶和专家三个级别。员工通过培训和实践项目逐级晋升，不仅提高了技能水平，也增强了积极性。"

2. 人机协作新模式设计

DeepSeek 不是简单的自动化工具，而是员工的智能助手，需要设计合理的人机协作模式。运营总监王先生解释："人机协作的最优模式是'人类＋AI'的优势互补。我们设计了'定义-创作-优化-决策'的协作流程：人类负责定义目标和标准，AI 负责初步创作和方案生成，人类进行审核并提供反馈，AI 持续优化内容，最终决策依然由人类做出。这种模式既发挥了 AI 的效率优势，又保持了人类的专业判断和创造力。"

不同业务场景的人机协作模式包括：内容创作模式、决策支持模式、专家增强模式、流程自动化模式、协同学习模式。李总监分享了销售团队的协作案例："我们的销售人员过去需要花费大量时间准备客户资料和提案。现在，系统自动收集和分析客户信息，生成初步的商业洞察；销售人员审核这些洞察，根据自己对客户的了解进行调整；系统据此生成个性化的提案初稿；销售人员进行最终的优化。这种模式使提案准备时间减少了 60％，质量却提高了，因为销售人员可以将更多精力投入到战略思考而非信息收集上。"

3. 人才发展与组织变革

DeepSeek 转型不仅改变工作方式，也将重塑组织结构和人才发展路径。CEO 赵先生分享道："我们看到，AI 浪潮正在创造三类新角色：AI 策略者，负责识别业务机会和定义应用方向；AI 实施者，负责技术实施和流程重塑；AI 赋能者，负责培训和支持其他员工。企业需要有意识地培养这些新型人才，并调整组织结构以支持新的工作模式。"

组织变革的关键策略包括：混合团队结构、新型职业路径、敏捷工作方法、分布式创新机制、绩效评估调整。人才总监王先生补充说："我们重新设计了绩效评估体系，不再仅关注产出数量，更关注价值创造和创新能力。我们增加了'AI应用创新'和'知识贡献'两个维度，鼓励员工探索新的应用模式并分享经验。"

4. 实际案例：金融机构的人才转型之路

徐副行长详细分享了他们银行的人才转型经验："作为一家传统银行，我们员工的平均年龄超过40岁，数字技能参差不齐。当我们决定引入DeepSeek后，最大的担忧是员工能否适应这一变化。我们采取了系统性的人才转型策略，成功使DeepSeek成为员工的得力助手而非威胁。"

"首先，我们进行了全员AI素养普及，打破了'AI很复杂'的心理障碍。其次，我们采用'双轮驱动'的培养模式，选拔各部门的业务骨干成为'AI应用大使'，同时所有员工都接受基础培训。再次，我们重新设计了工作流程和岗位职责，每个岗位都明确了员工与AI的分工，强调人类的判断力、共情能力和创造力的价值。最后，我们建立了持续学习机制，定期组织'AI应用分享会'，设立了'创新基金'奖励创新应用。"

"最让我惊喜的是，年龄较大的员工反而成为应用的主力军，因为他们拥有丰富的业务经验，现在有了AI工具的助力，能够更好地发挥这些经验的价值。两年下来，我们的人均生产率提升了42%，员工满意度提高了22%，人才流失率降低了35%。"

本章小结：企业智能化转型指南
——释放DeepSeek组织级红利

通过本章的探讨，我们可以清晰地看到，DeepSeek不仅仅是一项技术工具，更是企业转型的强大催化剂。从金融、零售到制造、医疗，各行各业都在通过DeepSeek重塑业务流程、提升运营效率和创新产品服务，并最终增强市场竞争力。

与个人创业相比，企业DeepSeek应用更加复杂，但也蕴含着更大的价值潜力。成功的企业应用不仅仅依赖于技术本身，更取决于组织的系统性变革——从战略定位到流程重塑，从知识库构建到人才培养，每一环节都需要精心设计和持续优化。

特别值得强调的是，DeepSeek不应被视为简单的自动化工具，而是人类能力的增强器。那些能够设计出最佳人机协作模式的企业将获得真正的竞争优势。正如许多案例所展示的，当人类的专业判断、创造力与 DeepSeek 的效率、知识处理能力相结合时，1＋1 的效果远大于 2。

现在，企业正处于 DeepSeek 应用的早期阶段，窗口期可能持续 3～5 年。那些能够先行一步，系统性规划和实施 DeepSeek 转型的企业，将有机会建立持久的竞争壁垒。而犹豫观望或仅停留在表面应用的企业，可能会在未来的竞争中逐渐落后。

希望本章的框架、策略和案例能够为你的企业 DeepSeek 之旅提供有益的指导。无论你是大型集团还是中小企业，都可以找到适合自身的切入点和实施路径，开启数智化转型的新篇章。

第 20 章

如何让 AI 成为你的超级助手：DeepSeek 生态让工作效率翻倍

　　DeepSeek 作为国产大模型的佼佼者，正通过全面的生态集对我们的工作方式产生变革性的影响。本章将带你走进 DeepSeek 的协同生态，通过实操指南和案例分析，展示如何利用这一强大工具提升工作效率，实现效能倍增。

20.1　随手可得的 AI 助手：无须下载，立即体验 DeepSeek

20.1.1　微信与百度搜索：无须下载，直接体验 DeepSeek

　　DeepSeek 已广泛应用于我们的日常生活。除了访问官网或下载 App，现在许多网站和应用也集成了 DeepSeek 的完整版或精简版。这意味着，无须安装额外软件，就能在这些平台上轻松体验强大的 AI 功能。

1. 微信中使用 DeepSeek

（1）打开微信，点击顶部搜索栏。
（2）在新打开的页面中点击"AI 搜索"选项，如图 20-1 所示。

图 20-1

（3）在新的页面中输入你的问题，就可以看到 DeepSeek 提供的 AI 回答，如图 20-2 所示。

图 20-2

微信 AI 搜索不仅能回答常规问题，还擅长处理复杂查询，如"杭州三日游最佳路线规划"或"如何准备一场技术分享"等。与传统搜索不同，它直接给出结构化的答案，而非仅仅提供相关链接的列表。

2. 百度搜索中的 DeepSeek

百度搜索也接入了 DeepSeek 增强搜索体验，使用方法同样简单。

（1）访问百度首页（www.baidu.com）。

（2）在搜索框下面点击"即刻体验 AI 搜索 DeepSeek-R1 满血版"，如图 20-3 所示。

图 20-3

（3）在新打开的页面中就可以使用满血版的 DeepSeek-R1，如图 20-4 所示。

图 20-4

适合在百度中使用 DeepSeek 的场景包括：

● 智能创作：工作总结、节日祝福、朋友圈文案、发言稿、写评语、小红书文案等。

● AI 阅读：智能分析上传的内容，进行总结、解释、翻译、推理、解题等。

● 画图修图：国风头像、涂鸦插画、卡通人物、变清晰、去水印、换风格等。

此外，纳米 AI 搜索和秘塔 AI 搜索也都接入了 DeepSeek 满血版，提供了更加专业的搜索体验，特别适合学术研究和专业领域的信息检索。

20.1.2　智能助手的全面升级：华为小艺、荣耀 YOYO 与其他手机助手

主流手机品牌的智能助手已普遍接入 DeepSeek，大幅提升了手机的使用体验。

1. 华为小艺助手

自 2025 年 2 月起，华为小艺助手全面升级，搭载 DeepSeek 引擎，使用方法如下。

（1）长按电源键或说"小艺小艺"唤醒小艺。

(2) 直接提问复杂问题，如"帮我写一封请假邮件"或"分析一下最近的股市趋势"。

(3) 小艺会调用 DeepSeek 的能力，提供详细的回答。

2. 荣耀 YOYO 助理

荣耀 YOYO 助理在接入 DeepSeek 后，增强了多项功能，使用方法如下。

(1) 长按电源键或上划屏幕底部唤醒 YOYO。

(2) 语音指令更加自然，能理解上下文连续对话。

(3) 支持复杂指令，如"总结我今天的会议记录并创建明天的待办事项"。

最实用的功能是屏幕理解与操作建议——当你遇到不熟悉的应用界面时，可以唤醒 YOYO 助理询问"这个界面怎么操作"，YOYO 助理能识别屏幕内容并给出指导。

3. OPPO 小布助手与 vivo 蓝心小 V

这两款助手同样接入了 DeepSeek，提供了类似的智能体验。

(1) 支持复杂任务处理和多轮对话。

(2) 能够理解屏幕内容并提供上下文相关的帮助。

(3) 提供跨应用的信息整合和任务执行。

【实用提示】

手机智能助手特别适合在以下场景中使用：
- 开车时通过语音控制完成复杂操作。
- 快速起草邮件、信息或社交媒体内容。
- 获取实时信息摘要和个性化的建议。

20.2 办公效率倍增：一站式 AI 办公体验让你事半功倍

20.2.1 WPS 灵犀实战指南：告别多工具切换

WPS Office 已通过灵犀模块免费接入 DeepSeek-R1 模型，成为办公效率提升的得力助手。

1. 三分钟生成 PPT：从大纲到完整演示的全流程实操

WPS 灵犀生成 PPT 的具体步骤如下。

(1) 打开 WPS Office，点击左侧的"灵犀"图标，如图 20-5 所示。

(2) 在助手面板中选择"AI PPT"功能，如图 20-6 所示。

图 20 - 5

图 20 - 6

（3）输入 PPT 主题和需求，例如：

　　主题：公司年度营销策略汇报。
　　要点：包括市场分析、目标客户、营销渠道、预算规划、KPI 设定。
　　风格：简约专业，以蓝色为主色调。

（4）选择使用"DeepSeek R1"，可以选择是否开启"联网搜索"开关，设置页数。
（5）点击"发送"按钮，等待 30~60 秒，系统将生成完整的 PPT 初稿。
（6）系统会出现"选择模板"选项，可以在此选择合适的 PPT 模板。
（7）确认后点击"生成 PPT"，不到 3 分钟，一份精美的 PPT 成功地自动生成。

♟【实用提示】

● 如果没有安装 WPS Office，也可以通过 WPS 灵犀网站（http://copilot.wps.cn/）直接访问。
● 指定配色和风格可保持与公司的 VI 一致。
● 可以上传参考资料让灵犀助手提取信息。
● 可以自行上传模板以达到最佳效果。

♟【适用场景】

● 快速准备会议演示材料。
● 创建培训课程幻灯片。
● 制作产品介绍或方案展示。
● 准备销售提案或投资路演。

与传统"DeepSeek+Kimi"的多步骤流程相比，WPS 灵犀的一键生成模式将制作时间缩短了 70% 以上，特别是对于初次创建的项目，效率提升更为显著。

2. 文档智能创作：让写作效率提升 10 倍的实用技巧

WPS 文字中的灵犀助手提供了全方位的文档创作支持，从构思到写作再到润色，实现了写作效率的质的飞跃。

快速创建专业文档的流程如下。

（1）打开 WPS Office，点击左侧的"灵犀"图标。
（2）选择"AI 写作"，指定文档类型（如作文、读后感、日记、计划、发言稿等）。
（3）输入关键信息，例如：

  文档类型：产品需求文档。
  产品名称：智能家居控制系统。
  主要功能：远程控制、场景设置、数据分析、语音交互。
  目标用户：家庭用户和小型办公场所。

（4）选择"短文创作""长文写作""生成思维导图"。

（5）点击"发送"按钮，系统将创建完整文档。

（6）点击"生成文档"按钮，将打开文档编辑界面，可以在其中对生成的文档进行编辑。

灵犀助手的其他实用功能有：

- 智能续写：在文档任意位置点击，选择"续写"，系统会根据上下文继续生成相关内容。
- 生成思维导图：将生成的文本复制并粘贴至对话框，可一键转换为思维导图。
- 格式智能调整：系统能识别文档结构，自动应用合适的格式和样式。

【实用提示】

- 使用"AI 阅读"功能可直接向文档提问，利用 DeepSeek 的强大功能解读课件、论文、网页。
- "AI 搜索"功能可以搜索和总结大模型中没有的知识并帮你进行整理、汇总。

使用 WPS 灵犀助手的用户报告，文档创作时间平均减少了 65%，专业文档质量显著提升，特别是在需要遵循特定格式和专业标准的场景中，价值更为突出。

20.2.2 飞书 DeepSeek 助手：让团队协作更高效

飞书于 2025 年 2 月与 DeepSeek 达成深度合作，通过 AI 助手功能全面提升了团队协作体验。DeepSeek 在飞书中的集成不仅带来了智能化的内容生成和分析能力，更重要的是通过流程自动化显著提高了团队效率，创造了全新的协作模式。

1. 在飞书多维表格中使用 DeepSeek

飞书多维表格是团队协作的重要工具，内置的 DeepSeek 功能使其成为数据处理和自动化创作的强大平台。

具体操作步骤如下。

（1）创建多维表格。

- 在飞书工作台点击"新建"→"多维表格"，如图 20-7 所示。
- 也可在任意聊天中使用"/表格"命令快速创建。

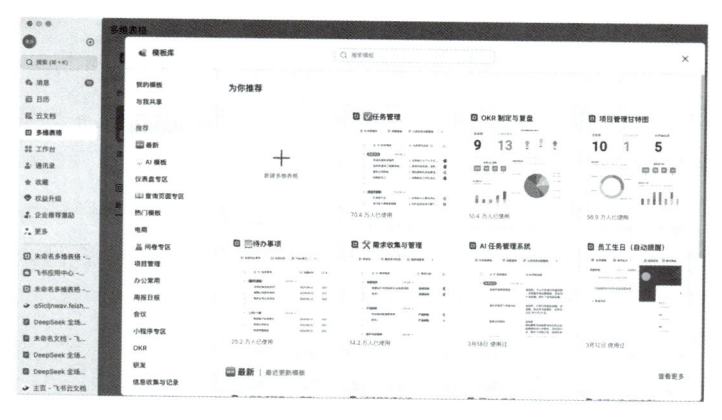

第 20 章　如何让 AI 成为你的超级助手：DeepSeek 生态让工作效率翻倍　　333

图 20-7

（2）配置字段。

根据业务需求添加并命名相关字段。常用字段类型包括文本、数字、单选、多选、日期等。例如，为电影介绍表设置"电影名称""电影简介"等字段。

（3）引入 DeepSeek。

- 在需要 AI 处理的列旁边，点击列名称的向下箭头。
- 选择"修改字段/列"。
- 在弹出的菜单中选择"探索字段捷径"。
- 搜索并选择"DeepSeek R1（联网）"功能，如图 20-8 所示。

图 20-8

(4) 设置指令和要求。

在"输入指令"区域输入对 DeepSeek 的指令。指令示例如下：

　　请编写［电影名称］电影的简介，仅保留简介内容，不需要思考过程和其他信息。

其中，"电影名称"是通过"引用字段"选项选择的，这样就可以实现在第一列输入不同的电影名称时，第二列 DeepSeek 会自动生成电影简介。效率得到了极大的提高。

(5) 自动更新和查看结果。

- 结果将显示在指定的新列中，可进一步编辑或引用，如图 20-9 所示。

图 20-9

- 列名称的状态指示器显示当前进度。

2. 批量创作，5 分钟创作 100 个短视频脚本

飞书多维表格结合 DeepSeek 的批量处理能力，为内容创作团队带来了革命性的效率提升，特别是在短视频内容批量生产方面。

批量创作短视频脚本的步骤如下。

(1) 准备基础数据。

- 创建多维表格，设置基础字段，如"标题""题材""目标受众""时长要求"等。
- 填入需要创作的短视频的基本信息，可以是产品列表、营销主题或内容创意。

(2) 设置 AI 创作指令。

- 添加 DeepSeek 字段，选择"标题"和"题材"作为输入。
- 在自定义要求中编写详细指令，例如：

　　请为短视频创作精确到秒的详细脚本，包括：① 开场白（5～10 秒）；

② 内容主体（分 3～5 个关键点，每点 15～20 秒）；③ 结尾和号召性用语（5～10 秒）；④ 字幕文案；⑤ 场景和转场建议。风格要符合［题材］特点，言简意赅，有吸引力。

为了生成更精准的结果，可添加品牌语言、禁用词或其他特定要求。
（3）批量生成与优化。
- 点击"确定"按钮，系统将开始处理所有行。对于 100 个短视频脚本的批量创作，通常只需 3～5 分钟就能完成。
- 生成完成后，可以进行人工审核和微调。

【实际案例】某快消品牌需为新产品线创建 100 个短视频脚本，覆盖不同产品特性和使用场景。传统方法需要创意团队花费 3～4 天才能完成脚本创作。使用飞书的 DeepSeek 批量创作功能后，整个脚本创作过程仅用 40 分钟就能完成：5 分钟设置表格和指令，5 分钟批量生成，30 分钟人工审核和优化。

效果对比如下：
- 传统方法：3～4 天，4 人团队，96～128 工时。
- DeepSeek 批量创作：40 分钟，1 人操作，约 0.67 工时。
- 效率提升：144～191 倍。

20.3 内容创作的革命性工具：图文视频一键生成

随着内容创作需求的爆发式增长，AI 驱动的创意工具正在彻底重塑创作流程。本节将深入探讨即梦这一搭载 DeepSeek 模型的创新平台，如何通过直观的操作让任何人都能轻松生成专业级图片和视频内容。

即梦 AI 是字节跳动推出的前沿 AI 创意平台，是内置了 DeepSeek 的强大的生成模型，它将复杂的创意构思转化为高质量的视觉作品的过程简化为几个简单操作。无论是专业设计师还是内容创作新手，都能借助这一工具释放无限创意潜能。

1. 高质量图片生成：DeepSeek 点石成金的创意魔法

即梦 AI 中使用 DeepSeek 生成图片的步骤如下。
（1）进入创作空间。
打开即梦 AI 应用或访问官网（https://jimeng.jianying.com）。
（2）启动 AI 引擎。
选择左侧的"图片生成"或者在中间选择"AI 作图"→"图片生成"，进入创作界面，如图 20-10 所示。

图 20-10

（3）激发创意火花。
- 点击界面中的"Deepseek-R1"按钮，激活高级 AI 引擎。
- 在对话框中输入你的创意构思，可以是简单的场景描述，也可以是详细的视觉要求。
- DeepSeek 会智能分析你的输入，提供几组优化的专业提示词。
- 从推荐中选择最符合心意的提示词，或进行个性化的调整。
- 点击"立即生成"，开启 AI 创作之旅，如图 20-11 所示。

图 20-11

（4）作品呈现与优化。
- 系统会生成 4 张精美的图片，展现不同的创意方向。

- 通过点击图片上的相关按钮，可对作品进行"超清""局部重绘""扩图"等操作。
- 保存喜欢的成品，或继续探索其他创意可能。

👤【专业用户分享】

一位资深设计师表示，使用即梦 AI+DeepSeek 替代了约 70% 的概念设计工作，将品牌视觉创意的初始阶段从 3 天缩短至 3 小时，同时产生了更多多样化的创意方向供选择。

2. 视频动起来：3 分钟制作精美动态内容

即梦 AI 平台的视频生成功能将 DeepSeek 的创意能力从静态扩展到了动态领域，让创作者能够轻松制作专业级的短视频内容。

文本直接转换为精彩视频的操作流程如下。

（1）进入视频创作中心。

- 打开即梦 AI 应用或访问官网（https://jimeng.jianying.com）。
- 从首页左侧导航选择"视频生成"或者在中间选择"AI 视频"→"视频生成"。

（2）选择创作模式。

点击"文本生视频"选项，进入 AI 视频创作界面。

（3）转化创意构思。

- 点击界面中的"Deepseek-R1"引擎，获得高级创作能力。
- 在创意输入框中描述你希望呈现的视频场景、风格和内容。
- DeepSeek 智能系统会分析你的创意，提供经过优化的专业提示词。
- 从建议中选择最契合的表达，或进行个性化的调整。
- 确认后点击"生成视频"，启动 AI 视频创作流程。

（4）实时预览与微调。

- 系统会在屏幕右侧实时展示基于 DeepSeek 提示词生成的视频作品。
- 你可以观看预览，评估效果是否符合预期。
- 满意后保存成品，可直接用于社交媒体分享或进一步编辑。

👤【视频创作进阶技巧】

（1）叙事结构优化。

- 在提示词中清晰描述视频的起承转合，如"开场显示城市全景，然后聚焦到咖啡店外观"。
- 明确的序列描述会产生更连贯的视频叙事。

(2) 运动元素控制。
- 通过关键词调整动作速度和流畅度，如使用"缓慢""平稳"或"动态""快速"等描述词。
- 精确描述运动方向和轨迹，如"相机从左向右平移"。

(3) 情绪氛围营造。
- 使用情绪相关的词汇，如"愉悦""神秘""激动人心"。
- 提及光线条件，如"温暖阳光""蓝调月光""电影级照明"。
- 添加音乐风格参考，如"适合配激励性的背景音乐"。

🎓 【专业用户分享】

某营销经理使用即梦＋DeepSeek 在一天内完成了 5 个产品宣传短视频的制作，而传统方式需要 2~3 周的时间来协调摄制团队。生成的视频质量达到了社交媒体的发布标准，经过简单后期调整后直接用于新品的推广活动，收获了超出预期的用户互动。

20.4 工具组合的魔力：DeepSeek＋专业工具让效率翻倍

在当今内容爆炸的时代，单一工具已无法满足创作者的全方位需求。DeepSeek 与其他专业工具的协同使用正在创造前所未有的效率提升和创意可能。本节将探讨如何通过工具组合构建高效的创意工作流，实现真正的效率倍增。

下面介绍 DeepSeek＋Canva 批量制作小红书图文的指南。

小红书作为当下最具影响力的内容平台之一，对高质量、高频次的图文内容有着强烈的需求。DeepSeek 与 Canva 的黄金组合为内容创作者提供了革命性的工作流，将传统耗时的图文创作过程转变为高效的批量生产线。

1. 从文案到设计：5 分钟生成 10 张营销图的全流程

传统的小红书图文创作涉及选题、文案撰写、图片设计等多个耗时的环节。借助 DeepSeek 强大的内容生成能力和 Canva 专业的设计能力，我们可以实现从创意到成品的超高速转化。

(1) 批量生成小红书图文的操作步骤。

步骤一：利用 DeepSeek 构建专业文案框架。

① 访问 DeepSeek 网页版（https://www.deepseek.com）。

② 在对话框中输入精心设计的提示词。

请给出 10 个中年人的养生选题，每篇包含 3 个专业的知识点：

-吸引人的标题。
-知识点 1。
-知识点 2。
-知识点 3。
-结尾互动句和标签推荐。
按照表格的方式输出。

提示词及输出结果如图 20-12 所示。

图 20-12

步骤二：准备 Canva 的批量设计工作。有两种方式将 DeepSeek 生成的内容与 Canva 连接。

• 方法 A：自动化工具集成。使用 Albato、IFTTT 或 Zapier 等自动化平台，创建从 DeepSeek 到 Canva 的自动工作流。这种方法适合长期持续的内容生产需求。

• 方法 B：结构化数据导入（推荐新手使用）。即将 DeepSeek 生成的内容存储为 Excel 文件或复制到剪贴板中待用。这种方法简单直接，不需要额外的工具，适合立即上手。

步骤三：在 Canva 中创建小红书图文模板。

① 输入网址 https://www.canva.cn 登录 Canva 账号，进入工作台。

② 点击"创建设计"，在搜索框中输入"小红书"或直接选择"社交媒体"→"小红书帖子"。

③ 选择符合你品牌调性的模板，或从空白画布开始设计。

- 确保模板包含文字区域、图片位置和品牌元素。
- 为提高效率，预设好字体、颜色和排版风格。

小提示

Canva 提供了大量的专业模板素材，可以在这些模板的基础上进行修改。

步骤四：启动 Canva 的批量创建功能。

① 在 Canva 工作台中，点击左侧菜单栏的"应用"功能。

② 在弹出的窗口中，选择"发现"→"精选推荐"→"批量创建"。

③ 点击"手动输入数据"，直接粘贴剪贴板中的内容。

④ 或者点击"上传数据"，导入准备好的 Excel 或 CSV 文件。

⑤ 设置字段映射关系。点击"关联数据"将表格列与模板中的文本元素进行匹配，例如：将"标题"列映射到模板中的标题文本框，将"主体内容"列映射到模板中的内容区域，如图 20-13 所示。

图 20-13

⑥ 点击"继续"。

⑦ 系统会提示将"生成 10 个设计",自动基于模板和数据创建 10 个独立设计,点击按钮开始生成,如图 20-14 所示。

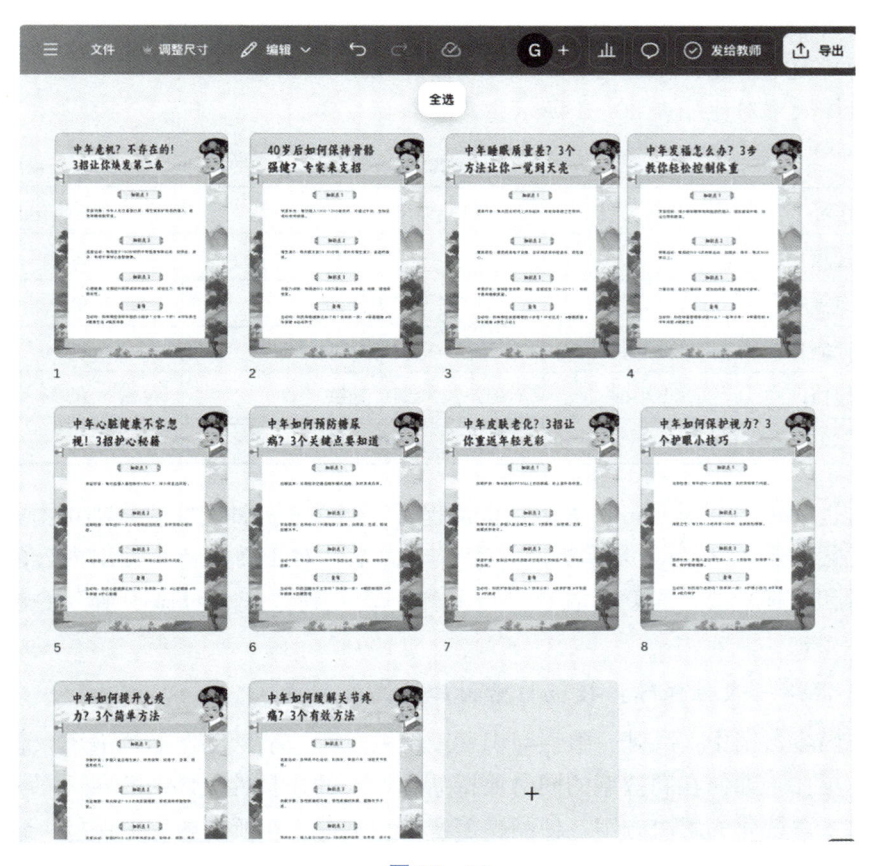

图 20-14

步骤五:优化和完善设计。

① 批量生成完成后,对每个设计进行快速检查。

- 修正任何文本溢出或排版问题。
- 调整图片位置和比例。
- 确保视觉层次清晰。

② 添加品牌标识和统一元素,确保视觉的一致性。

步骤六:导出与发布准备。

① 全部设计完成后,点击"下载"按钮。

② 选择"所有页面"和适合小红书的 PNG 或 JPG 格式。
③ 设置适当的图片质量（推荐高质量）。
④ 下载完成后，将图片与对应文案进行匹配整理。
⑤ 准备发布到小红书平台，可按计划排期推送。
（2）效率对比：传统与 DeepSeek＋Canva。
具体效率对比如表 20-1 所示。

表 20-1

工作环节	传统方法	DeepSeek＋Canva 方法	节省时间
选题策划	60 分钟	5 分钟	92％
文案撰写	3～4 小时	10 分钟	95％
设计制作	2～5 小时	15 分钟	90％
审核修改	1 小时	10 分钟	83％
总计（10 篇）	6～10 小时	40 分钟	90％＋

通过 DeepSeek＋Canva 方法，全流程可控制在 5 分钟内完成基础版本，加上细节优化约需 40 分钟，效率提升高达 90％以上。对于需要持续输出内容的个人创作者和品牌来说，这意味着从"一天做一篇"到"一小时做十篇"的革命性变化。

2. 品牌一致性保障：模板与素材库的高效利用

在内容营销中，品牌一致性与识别度至关重要。批量创作的挑战不仅仅在于速度，更在于如何在高效率的同时保持品牌形象的连贯性。DeepSeek＋Canva 组合提供了系统化的解决方案，使品牌声音和视觉语言在所有内容中保持一致。

【专业用户分享】

某高端护肤品牌应用这一系统后，实现了惊人的内容生产效率与品牌一致性。他们针对新产品线创建了 3 种内容类型的模板体系：产品科技解析、使用体验分享和成分功效说明。每种类型设计 4 个视觉变体，保持品牌识别性的同时避免视觉疲劳。

营销团队使用 DeepSeek 批量生成差异化的内容，填充到 Canva 模板中。两名团队成员仅用一天的工作时间，就完成了覆盖 30 天的社交媒体发布计划（包含 60 多个独立设计），同时保证了品牌表现的高度一致性和专业性。内容发布后，品牌互动率提升了 35％，识别度提高了 50％，转化率增长了 28％。

20.5 未来工作方式：智能体协作与行业创新案例分享

20.5.1 智能体协作：下一代工作方式的前沿探索

智能体（agents）技术代表了 AI 应用的未来方向，DeepSeek 正在这一领域积极探索，为用户带来更主动、更自主的 AI 协作体验。

1. 智能体技术的核心特点

（1）自主决策能力：不仅执行指令，还能规划执行路径，解决复杂问题。
（2）工具使用能力：能够调用不同软件工具和 API，完成跨系统的任务。
（3）记忆与学习：保持上下文理解，从过去的交互中学习改进。
（4）多智能体协作：多个专精不同领域的智能体协同工作，处理复杂任务。

2. DeepSeek 智能体的实际应用

（1）内容创作智能体。
- 功能：自动规划内容架构，研究相关资料，生成初稿，进行自校对，根据反馈进行修改。
- 使用方法：向 DeepSeek 描述内容需求和目标，叠加其他软件系统自动规划和执行创作流程。
- 适用场景：博客文章、产品介绍、研究报告、培训材料。

（2）数据分析智能体。
- 功能：自动清洗数据，探索关系，生成可视化，提取洞察，撰写报告。
- 使用方法：上传数据集并描述分析目标，智能体独立完成分析过程。
- 适用场景：销售数据分析、用户行为研究、市场趋势分析。

（3）项目协调智能体。
- 功能：跟踪任务进度，发送提醒，协调会议，汇总报告，预测风险。
- 使用方法：在飞书或钉钉中添加 AI 助手，授权访问项目管理工具。
- 适用场景：敏捷开发项目、营销活动执行、研究项目协调。

3. 如何开始使用智能体

（1）评估任务复杂度：智能体最适合处理包含多个步骤、需要协调多种资源的复杂任务。
（2）明确目标与约束：
- 提供清晰的最终目标和成功标准。
- 明确业务限制和品牌要求。

- 设定资源访问权限和操作边界。

（3）采用渐进式策略：
- 从单一智能体处理特定任务开始。
- 逐步扩展到多智能体协作。
- 建立有效的人机协作模式，保持适当监督。

（4）实践学习循环：
- 分析智能体的工作过程和结果。
- 提供反馈以改进智能体的表现。
- 不断优化任务描述和工作流程。

随着 DeepSeek 技术的不断进步，我们可以期待智能体系统在未来工作中扮演更核心的角色，从执行指定任务逐步过渡到主动识别问题、提出解决方案，最终成为真正的"数字同事"。

20.5.2 用户实践分享：各行业 DeepSeek 应用的创新案例

来自不同行业的实践者已经开始探索 DeepSeek 的创新应用，以下是一些启发性案例，展示了 AI 工具协同带来的变革。

1. 零售行业：全渠道营销自动化

某国内服装零售品牌通过 DeepSeek 打造了全渠道营销内容生产线，实现内容从创意到发布的一体化管理。

（1）技术架构：
- DeepSeek 与企业客户关系管理（CRM）、产品信息管理（PIM）系统集成。
- 部署 DeepSeek 驱动的内容生成系统，连接设计工具和社交媒体管理平台。
- 建立数据反馈循环，持续优化内容策略。

（2）实际应用：
- 产品更新自动触发内容生成任务。
- DeepSeek 分析产品信息，生成各渠道的营销文案。
- 调用设计工具创建配套视觉内容。
- 根据历史数据智能排期并发布到合适的渠道。
- 收集效果数据，自动优化后续内容策略。

（3）成果：营销内容产量增加 400%，客单价提升 15%，内容创作团队从 12 人精简至 4 人，工作重心转向策略和创意指导。

2. 教育行业：个性化学习内容快速开发

某在线教育机构使用 DeepSeek 重构了课程开发流程，实现课程内容的快速迭代和个性化。

(1) 技术架构：
- DeepSeek 与学习管理系统（LMS）深度集成。
- 视频课程生成系统连接 PPT 和剪映。
- 学习行为分析模块提供学习效果反馈。

(2) 实际应用：
- 内容专家提供知识点大纲和核心资料。
- DeepSeek 生成详细的课程内容，包括讲义、习题和 PPT。
- 根据学生的学习数据，自动调整内容难度和侧重点。
- 为不同学习风格的学生生成定制化的辅助材料。

(3) 成果：课程开发周期从 4 个月缩短至 3 周，学生完课率提升 35%，内容更新频率从每季度一次提高到每月一次。

3. 医疗健康：临床决策支持与患者沟通

某三甲医院将 DeepSeek 应用于临床工作流程，提升医疗效率和改善患者体验。

(1) 技术架构：
- 与医院信息系统（HIS）/电子病历（EMR）系统集成。
- 连接医学影像系统提供辅助分析。
- 对接患者 App 提供个性化的健康指导。

(2) 实际应用：
- 医学文献智能检索和总结。
- 患者病历自动分析和关键信息提取。
- 检验报告解读辅助和异常值提示。
- 患者教育材料个性化生成。

(3) 成果：医生文档工作时间减少 40%，患者满意度提升 25%，异常情况的早期识别率提高 30%。

4. 金融行业：智能投研与客户服务

某证券公司通过 DeepSeek 升级了投研和客户服务体系。

(1) 技术架构：
- DeepSeek 与金融数据库 API 集成。
- 通过 CRM 系统连接客户画像数据。
- 与交易系统对接提供实时建议。

（2）实际应用：
- 自动化财报分析和投资价值评估。
- 多源金融信息整合与风险预警。
- 个性化投资组合建议生成。
- 智能客服处理复杂金融咨询。

（3）成果：分析师效率提升60%，研报产出量增加300%，客户咨询响应时间从平均28分钟减少至3分钟，投资建议准确度提高22%。

这些案例展示了DeepSeek在不同行业和场景下的应用潜力。关键成功因素包括：
- 深度理解业务流程，找到AI最能创造价值的环节。
- 构建有效的人机协作模式，而非简单地替代人工。
- 设计闭环反馈机制，持续优化AI性能。
- 注重变革管理，帮助团队适应新的工作方式。

随着DeepSeek生态的不断丰富和技术能力的持续提升，我们可以期待看到更多创新应用和行业实践，推动AI从工具辅助向核心生产力转变。

本章小结：智能工具协同革命——开启AI驱动工作新纪元

DeepSeek的全场景应用和协同生态对我们的工作方式产生了变革性的影响。从随手可得的智能体验，到办公软件的一站式提效，再到跨工具协同的效率倍增，DeepSeek正在重塑各行各业的生产力模式。

本章探索了DeepSeek在微信、百度等主流平台的无缝集成，介绍了WPS灵犀、飞书助手等一站式办公增强工具，详细讲解了即梦AI等创意工具的实操流程，分享了DeepSeek+Canva工具组合的高效工作流程，深入探讨了智能体技术的前沿趋势。

通过一系列实用指南和实战案例，我们看到AI工具的协同使用不仅能提高工作效率，还能释放创意潜能，让专业人士更专注于高价值的工作。随着技术的不断进步和生态的持续扩展，DeepSeek将为更多行业和场景带来智能化转型的机遇。

期待每位读者都能够根据自身需求，选择合适的DeepSeek应用场景，构建个人或团队的AI增强工作流，在AI协同生态中探索无限可能。